Fritz Hohm
Die Waffen der Luftstreitkräfte



SEVERUS Verlag

Hohm, Fritz: Die Waffen der Luftstreitkräfte. Mit 247 Zeichnungen und Abbildungen im Text.
2015
Neuauflage der Ausgabe von 1935
ISBN: 978-3-95801-138-0

Umschlaggestaltung: SEVERUS Verlag

Bibliografische Information der Deutschen Nationalbibliothek: Die Deutsche Nationalbibliothek verzeichnet diese Publikation in der Deutschen Nationalbibliografie; detaillierte bibliografische Daten sind im Internet über https://dnb.de abrufbar.

Der SEVERUS Verlag ist ein Imprint der Bedey & Thoms Media GmbH,
Hermannstal 119k, 22119 Hamburg

---

SEVERUS Verlag, 2015
http://www.severus-verlag.de
Gedruckt in Deutschland

Fritz Hohm

# Die Waffen der Luftstreitkräfte

Mit 247 Zeichnungen und Abbildungen im Text

# Inhaltsverzeichnis.

# Vorwort.

Die militärische Ausrüstung der Flugzeuge wird verständlicherweise in der allgemeinen Literatur nur wenig Berücksichtigung finden können, da die ständig wachsenden Forderungen und die zu überbietenden Leistungen der vorhandenen Waffen eine etwas mehr zurückhaltende Art in der Bekanntgabe der modernsten Ausrüstungsteile bedingen.

Es war bisher kaum möglich, die modernsten Errungenschaften auf dem Gebiete „der Bewaffnung der Luftstreitkräfte", vor allem, solange sie noch in der Erprobung stehen, in Wort und Bild festzuhalten.

Mit vorliegender Niederschrift soll versucht werden, das gesamte Gebiet der Flugzeugbewaffnung, soweit es das erreichbare Material zuließ, zu umreißen. Sie beschränkt sich bewußt nur auf die fertigen im Dienstgebrauch befindlichen Ausrüstungsgeräte und nimmt daher nicht den Anspruch für sich, unbedingt das in den Arsenalen erprobte Material gezeigt und lückenlos das Gebiet behandelt zu haben. Sie will lediglich das eingeführte Gerät dem Leser ausführlich vor Augen führen.

Das Gebiet der Bewaffnung ist sehr groß, und es würde zu weit führen, wenn das gesamte Material, das zur Verfügung stand, in dem eng gesetzten Raum verarbeitet worden wäre. Die daraus ausgewählten wichtigsten und interessantesten Ausrüstungsteile reichen aber aus, um dieses unbekannte, noch nicht in dieser ausführlichen Art behandelte Gebiet der Flugzeugbewaffnung so erschöpfend zu behandeln, daß keine fühlbare Lücke entsteht und eine unbedingte Übersicht gewahrt bleibt. Die angeführten Ausrüstungsteile und die zugehörigen Erläuterungen gestatten, sich eingehend mit dieser Materie vertraut zu machen und sich selbst über den heutigen Stand der militärischen Flugzeugausrüstung zu unterrichten, da noch sehr unklare Vorstellungen über die Flugzeugbewaffnung und die hochentwickelte Militärluftfahrt der anderen Mächte herrschen.

Der Versuch ist unternommen und eine derartige Niederschrift gestartet. Es bleibt nur noch zu wünschen übrig, daß sie viele Anhänger findet und die darin festgehaltenen Gedanken mit der fortschreitenden Entwicklung der Flugzeugbewaffnung fortgesetzt werden können.

Berlin, Februar 1935.

Fritz Hohm

## Geschichtliche Entwicklung der Flugzeugwaffen.

Schon lange bevor sich das Flugzeug als brauchbares Luftfahrzeug Geltung verschaffen konnte, war das Luftschiff und vor allem der Freiballon längst ein Militärwerkzeug. Bereits in den ersten Entwicklungsabschnitten des Flugzeuges interessierten die einzelnen militärischen Stellen sich für diese neue technische Errungenschaft, und es dauerte nicht lange, bis nicht ruhende Konstrukteure Mittel und Wege ersannen, das Flugzeug in ein Militärgerät zu verwandeln.

Die ersten Versuche, das Flugzeug zu bewaffnen und es für seine Militärlaufbahn vorzubereiten, reichen bis zum Bau der ersten brauchbaren Flugzeuge zurück.

Schon im Jahre 1910 erwog man, die Luftschiffe, die bereits in verschiedenen Ländern eingeführt waren, mit Flugzeugen zu bekämpfen. Dieser Erwägung lag jedoch das Beschießen der Luftschiffe aus der Luft mittels Maschinengewehren nicht so nahe, als der Plan, Luftschiffe mit Bomben zu bewerfen. Man versprach sich hiermit einen größeren Erfolg, als mit einer Beschießung durch Artillerie von der Erde aus. Aber alle mit Wurfgeschossen aus einer einigermaßen wahrscheinlichen Höhe angestellten Wurfversuche blieben ohne Erfolg, da die Treffsicherheit zu gering war und damit die Aussicht, das Bombenwerfen zu einem brauchbaren Resultat zu bringen, sehr ins Schwanken geriet.

Erst der tatkräftige Entschluß des französischen Großindustriellen Michelin im Jahre 1911, der heutigen Abwurfvorrichtung Herstellerfirma, diese Versuche durch einen hohen Geldpreis zu fördern, führten zu dem ernstlichen Angriff auf das Problem des Bombenwurfes aus Flugzeugen. Der ausgesetzte Geldpreis förderte zunächst den sportlichen Sinn im Bombenwerfen, brachte aber später die Erkenntnis, daß der Bombenwurf eine wirksame Waffe werden könnte.

Im weiteren Verlauf der Versuche wurden die Behörden an der Entwicklung des Flugzeuges für militärische Zwecke immer mehr interessiert, und es währte nur geringe Zeit, bis das Flugzeug mit den möglichsten und unmöglichsten Erfindungen ausgerüstet und erprobt wurde.

So wurden z. B. Geschütze vorgeschlagen, die als Bewaffnung der Flugzeuge dienen sollten. Ihre Betätigung erfolgte durch komprimierte Luft und andere Gase, flüssige Luft oder durch Federkraft.

Abwurfgeschosse, mit der Hand geworfen, wurden in Erprobung gestellt, die Granaten glichen, und entweder mit Sprengstoff, Benzin, Benzingas oder Petroleum gefüllt waren. Auch die Stinkbomben mit giftigen Gasen, Lufttorpedos, Luftminen, fliegende Bomben, welche mit Fallschirmen versehen waren, Speere und andere Wurfgeschosse mit Sprengladungen zur Bekämpfung von Luftschiffen und Ballonen und nicht zuletzt Brandpfeile wurden gebaut und auf ihre Brauchbarkeit hin einem Studium unterzogen.

Trotz diesem eifrigen Bemühen, Geschosse zu entwickeln, die brauchbare Werte zeitigten, kam man zu der Erkenntnis, daß zum gezielten Bombenwurf nicht nur das richtige Geschoß erforderlich war, sondern auch über ein Hilfsmittel verfügt werden mußte, mit dem der Schütze das Ziel treffen konnte. Diese Hilfsmittel zu schaffen, verursachten vieles Kopfzerbrechen und boten ungemeine Schwierigkeiten, da jegliche Erfahrungen und Unterlagen über den Bombenwurf aus Flugzeugen fehlten.

Auch die Unterbringung und der einwandfreie Abwurf der Bomben mußte überlegt werden, da deren praktische Lösung zur Grundbedingung der eigentlichen Bombenwürfe wurde.

Zu den ersten grundlegenden Versuchen gehörten die Arbeiten des amerikanischen Leutnants Scott.

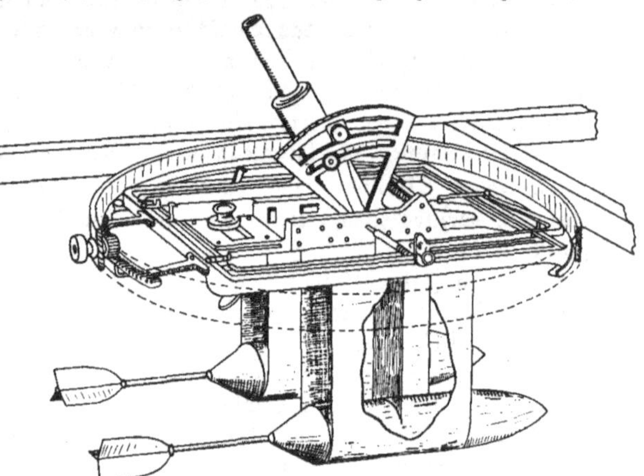

Bild 1. Bombenabwurfvorrichtung mit Zielfernrohr und Richtsegment des amerikanischen Leutnants Scott.

Seine konstruierte Bombenabwurfvorrichtung mit Zielfernrohr beruhte auf der Überlegung, daß man Höhe und Geschwindigkeit des Flugzeuges kennen muß, um den Einschlagpunkt der Bombe berechnen zu können. Unter Berücksichtigung der Beeinflussung der Bombe durch den Luftwiderstand und durch die Übertragung der Geschwindigkeit des Flugzeuges infolge des Beharrungsvermögens auf die Bombe warf Scott seine Geschosse mehr oder weniger weit vor dem Ziel ab. Scott maß die Geschwindigkeit gegenüber der Erde und Höhe, indem er durch ein Fernrohr ein Ziel in Flugrichtung anvisierte. Der Neigungswinkel des Rohres, in dem das Fernrohr eingestellt werden mußte, wurde an dem zugehörigen Kreisbogen abgelesen. Nach der Ablesung wurde das Fernrohr in senkrechte Lage gebracht und die Zeit bestimmt, die verging, bis das anvisierte Ziel wieder im Fernrohr sichtbar wurde. Die auf diese Weise erhaltenen Werte benutzte Scott, um Tabellen für alle in Betracht kommenden Höhen und Geschwindigkeiten aufzustellen, aus denen die Winkel abzulesen waren und das Fernrohr eingestellt werden mußte, um einen gezielten Bombenwurf durchführen zu können. Der Abwurf erfolgte, wenn das Ziel den Schnittpunkt des im Fernrohr angebrachten Fadenkreuzes durchwanderte. Der Gradbogen des Fernrohres wurde hierbei durch eine kardanische Aufhängung und ein Gegengewicht in der Normallage zur Erde gehalten.

Der genaue Bombenabwurf bedingte auch hier schon eine gleichmäßige und konstante Geschwindigkeit des Flugzeuges. Die Versuche brachten den gewünschten Erfolg. Nach den aus dieser Zeit stammenden Berichten soll Scott aus 500 m Höhe auf 30 m genau geworfen haben.

Einen anderen Weg beschritt Dr. Bendemann, der der abzuwerfenden Bombe die Geschwindigkeit des Flugzeuges, jedoch in entgegengesetzter Richtung erteilte. Die Lancierung und die Geschwindigkeitserteilung erfolgte durch Druckluft, wonach die Bombe senkrecht zur Erde fiel.

Inzwischen wurden auch in anderen Ländern eifrig Versuche unternommen, um brauchbare Werte zu erhalten. Die ersten Würfe wurden mit freier Hand durchgeführt, und zwar noch ohne Berücksichtigung der Anflugrichtung zur Windrichtung. Erst nach einigen Mißerfolgen baute man Vorrichtungen in das Flugzeug, die zur Unterbringung der Bomben und zur Auslösung derselben dienten. Sie waren noch sehr behelfsmäßig gebaut und jeder Abwurf glich einer Sensation, wenn auch das Wurfergebnis noch recht bescheiden war.

Aber immerhin, der Anfang war getan und die Entwicklung nahm einen raschen Verlauf. Wenn auch die Abwurfgeschosse noch in vielen Fällen, bevor sie die Erde und das Ziel erreichten, explodierten oder noch in den Vorrichtungen versehentlich hängen blieben, wurde die Vervollkommnung mit großer Energie betrieben. Zu Beginn des Weltkrieges waren die Arbeiten noch nicht zu einem befriedigenden Abschluß gekommen, so daß man nicht daran denken konnte, das Flugzeug für einen Bombenangriff einzusetzen, sondern sich darauf beschränkte, das Flugzeug für Erkundungen des Feindes heranzuziehen und zu verwenden.

Einige schüchterne Versuche und vor allem der erste mit Erfolg durchgeführte Bombenangriff französischer Flugzeuge brachten die Überzeugung, daß der Bombenangriff eine Waffe von Bedeutung zu werden verspricht.

Neben der Einführung der Bombe als Waffe für den Angriff aus der Luft, wurden ebenfalls von französischen Fliegern zuerst Fliegerpfeile, die in großer Menge auf lebende Ziele geworfen wurden, verwandt und auf Truppenkörper geworfen.

Der französische Fliegerpfeil ähnelte in seiner äußeren Gestalt dem Armbrustbolzen des Mittelalters. Am vorderen schweren Ende besaß er eine scharfe

Bild 2. Französischer Fliegerpfeil, der in großer Anzahl zu Beginn des Krieges auf lebende Ziele geworfen wurde.

Spitze, während sich hinten der leichtere Teil in kreuzförmigem Querschnitt mit einer Rippenstärke von nur dem Bruchteil eines Millimeters anschloß. Der 12 cm lange und etwa bleistiftstarke Stahlbolzen wog nur etwa 20 g; trotzdem war er eine furchtbare Waffe. Seine Aufschlagsgeschwindigkeit betrug oft mehr als 200 m/sec. Die Treffsicherheit war recht groß, zumal eine große Menge, gleichzeitig abgeworfen, für die angegriffene Truppe sehr gefährlich wurde. Bei einem Angriff, bei dem etwa 50 Pfeile abgeworfen wurden, sollen etwa 25 Verwundete gezählt worden sein.

Die Pfeile wurden auf höchst einfache Weise abgeworfen. Sie lagen wie Zigaretten in einem größeren Behälter, in oder unter dem Rumpf des Flugzeuges, und konnten vom Führer oder Beobachter durch einen Hebelzug alle auf einmal abgeworfen werden, worauf die Pfeile sofort, sich senkrecht einstellend, in die Tiefe sausten.

Während es im Jahre 1914 nur Revolver, Karabiner und Fliegerpfeile als Bordwaffen gab, trägt heute das Flugzeug nicht nur Maschinengewehre, sondern sogar Schnellfeuergeschütze bis zu 37 mm Kaliber, und die Ausrüstung der Flugzeuge mit Geschützen bis zu 75 mm Kaliber dürfte ebenfalls nur eine Frage der Zeit sein. Daneben ist das Tragvermögen bereits so hoch gestiegen, daß auch Torpedos von etwa 900 kg und Bomben bis zu etwa 1800 kg mitgeführt werden können.

Die Ende 1918 gebräuchlichsten Flugzeuge waren alle mit Maschinengewehren ausgerüstet, die teils starr eingebaut durch die Propellerbahn nach vorn, oder starr eingebaut nach schräg unten schossen, oder auf Drehringen montiert, so weit es die Flugzeugkonstruktion zuließ, nach allen Richtungen schießen konnten.

Jagdflugzeuge mit 2 bis 4 Maschinengewehren starr eingebaut, Aufklärungsflugzeuge mit einem starr und einem beweglichen Maschinengewehr auf dem Drehring oder Bombenflugzeuge mit nur beweglichen Maschinengewehren ausgerüstet, waren im Jahre 1918 nicht aus der Reihe der Kampfmittel wegzudenken, da ihre Leistungen alle Erwartungen, die noch zu Anfang des Krieges an die junge Waffe gestellt wurden, übertrafen.

Inzwischen hat sich an dem Prinzip der militärischen Ausrüstung der Flugzeuge nur wenig geändert, doch ist die Bewaffnung der gesamten Luftstreitkräfte zu einem hohen Stand der Entwicklung herangebildet worden. Es kann daher, ohne noch auf die Ausrüstung der ersten Kriegsflugzeuge näher eingegangen zu werden, die moderne Ausrüstung und deren Bewaffnung behandelt werden. In den folgenden Abschnitten ist absichtlich öfters auf den früheren Stand von 1918 zurückgegriffen worden, um die Zusammenhänge zu verfolgen und wichtige Lösungen der Materie nicht in Vergessenheit geraten zu lassen.

## Flugzeugangriffe, ihre aktive oder passive Abwehr.

Bevor zu den Abschnitten der eigentlichen Bewaffnung übergegangen wird, sei noch kurz der aktiven und passiven Abwehr gedacht, da, wie aus den nachstehenden Abhandlungen hervorgeht, die Waffen der Flugzeuge nicht nur für den Angriff bestimmt sind, sondern auch zur Abwehr von Flugzeugangriffen und zur Abwehr der Erdabwehr gegen Flugzeuge.

Die Erfahrungen der Kriegsjahre haben bewiesen, daß das Flugzeug zu einer Waffe herangewachsen ist, wie es nicht zuvor vermutet werden konnte und die sehr ernst zu nehmen ist. Wenn auch die Mittel, die zu Anfang des Krieges zur Verfügung standen, noch sehr mäßig waren und die Zweifler recht zu behalten schienen, daß die Fliegerei für den Kriegsfall keine ernste Rolle spielen könne, so sind die Erfolge 1918 der schlagendste Beweis dafür gewesen, daß gerade dieses technische Instrument eine Waffe geworden ist, die sich hohe Achtung und großen Respekt zu verschaffen gewußt hat.

Der vorhergegangene Abschnitt behandelte in kurzen Zügen die Entwicklung der Flugwaffe, aus dem hervorgeht, in welcher Zeit der Luftangriff die richtige Form erhielt, nach welcher Richtung sich die Entwicklung erstrecken wird und auf welche Faktoren der größere Wert in der Verbesserung und Vervollkommnung gelegt werden muß.

Das Fliegen mit Instrumenten, das gleichzeitig mit der Einführung des automatischen Piloten begann, hat die Frage der Abwehr aus der Luft und von der Erde von neuem aufgeworfen und zu ernstlichen Erwägungen Veranlassung gegeben. Eine Theorie, die heute viel behandelt wird, ist die der Fliegerabwehr gegen Bombenangriffe. Es hat sich bei Flugzeugübungen erwiesen, daß der Angriff, besonders in der Nacht, einen gewaltigen Vorteil vor der Verteidigung besitzt. Es steht daher in Frage, welcher Teil der vorhandenen Luftkraft vorteilhaft für die Verteidigung und welcher für den Angriff herangezogen werden muß.

Im Augenblick konzentrieren sich die verschiedenen Staaten hauptsächlich auf die Entwicklung von Kampfflugzeugen für Verteidigungszwecke. Die Theorie von der sogenannten passiven Verteidigung hatte bis vor kurzem noch das Übergewicht, doch gewinnt die Theorie der aktiven Verteidigung immer mehr Anhänger. Diese basiert auf dem alten Grundsatz, daß die beste Verteidigung im Angriff zu suchen ist. Ihre Haupttendenz, kurz zusammengefaßt, liegt darin, Bombenüberfälle unter allen Umständen zu verhüten und nur eine kleine Anzahl von Verteidigungsflugzeugen gegen einen gelungenen Durchbruch bereit zu halten. Die alte Ansicht über den Verteidigungsschutz führt auf die Erfahrungen der zweidimensionalen Land- und Seeunternehmungen zurück, die aber nicht auf die dreidimensionale Luftoperation angewandt werden können. Die Luft bietet ein zu großes Feld für einen praktisch wirksamen Verteidigungsgürtel. Die aktive Verteidigung ist daher die richtige Methode zur Verhütung großer Bombenunternehmungen.

Die aktive Verteidigung wird wesentlich verstärkt durch die wachsenden Leistungen der Bomber und durch die Möglichkeit, auch bei ungünstigen Witterungsverhältnissen fliegen zu können. Die neuesten Nachtbomber eignen sich besonders gut für den Schlechtwetterflug, und es ist bestimmt anzunehmen, daß der aktive Kriegsdienst dem Nachtbombenangriff eine viel größere Bedeutung, ohne Rücksicht auf die Wetterlage, zumessen wird, als zur Zeit des Krieges 1914–18. Bomber, die unter dem Mantel von schlechtem Wetter arbeiten, werden für die Verteidigungsflugzeuge eine fast unüberwindliche Aufgabe darstellen. Der Nachdruck bei der Verteidigung würde dann automatisch vom Kampfflugzeug zum Bomber übergehen. Es ist daher anzunehmen, daß schon aus diesem Grunde heraus die Bedeutung der Kampfflugzeuge für die Verteidigung sinkt und das Bombenflugzeug an seine Stelle treten wird.

Verteidigungssysteme müssen daher, wenn sie wirksam bleiben wollen, immer die Werte von Bombern und Kampfflugzeugen gegeneinander abwägen, sowie die Frage der aktiven und passiven Luftverteidigung, die nur von Fall zu Fall entschieden werden kann.

## Die Kriegsflugzeuge und ihre kriegsmäßige Ausrüstung.

Die verschiedenartigsten Aufgaben, die der jungen Waffe gestellt wurden, zwangen ihre Konstrukteure, Wege zu gehen, die zu dem Bau von Spezialflugzeugen führen mußten. Schon der Trennung zwischen Zweisitzer und Einsitzer ging die Forderung voraus, ein Flugzeug zu schaffen, daß den zweisitzigen Arbeitsflugzeugen überlegen war und das gegnerische zweisitzige Flugzeug bekämpfen konnte.

Den ersten Anlaß, die beiden Grundtypen bezüglich ihrer Verwendung zu unterteilen, gab die Bewaffnung und Ausrüstung der Flugzeuge mit M.G.s, Photoapparaten, Radioanlagen und Bomben.

Es entwickelten sich nacheinander Grundtypen, die je nach ihrer Eigenschaft zu Sonderformationen zusammengestellt wurden und bestimmte Aufgaben erhielten.

Die Unterteilung der Flugzeuge und die dadurch notwendig gewordene Klassifizierung wurde bereits während des Krieges vorgenommen.

Die bis zum Kriegsende bereits feststehende Einteilung wurde durch die Einführung neuer Sonderflugzeuge ergänzt, so daß heute unterschieden werden kann zwischen:

a) Kampfein- und -zweisitzern,
b) Aufklärungs- und Arbeitsflugzeugen,
c) Mehrzweckeflugzeugen und Kampfmehrsitzern,
d) Tag- und Nachtbombern,
e) Flugbooten und
f) Torpedoflugzeugen.

Im weiteren Verlauf dieser Niederschrift werden die verschiedenen Flugzeuge in bezug auf ihren militärischen Aufbau behandelt, um an Hand von Beispielen die nachfolgenden Abschnitte zu ergänzen.

## Jagd-Ein- und -Zweisitzer.

Der Jagdeinsitzer ist, wie der Name schon sagt, ein einsitziges Flugzeug, das dem Gegner auflauert und den Kampf mit ihm aufzunehmen versucht.

Sein Aufbau ist verschieden und weicht je nach den Forderungen der betreffenden Luftstreitmacht mehr oder weniger nur von dem Bau und von der Anzahl der Tragflächen ab.

England zieht wegen der erhöhten Wendigkeit und wegen der größeren Manövrierfähigkeit, zum Teil bedingt durch die beengten Platzverhältnisse, den Doppeldecker vor. Frankreich dagegen neuerdings den Eindecker als Tiefdecker oder Hochdecker mit großem Flügelmittelstückausschnitt, wegen der Forderung nach bestmöglichster Sicht und ungehinderter Aussteigmöglichkeit mit dem Fallschirm. Aus den ähnlichen Forderungen heraus baut Polen den Schulterdecker mit Knickflügeln, der bezüglich der Sicht und Sicherheit für den Piloten die beste Lösung darstellt.

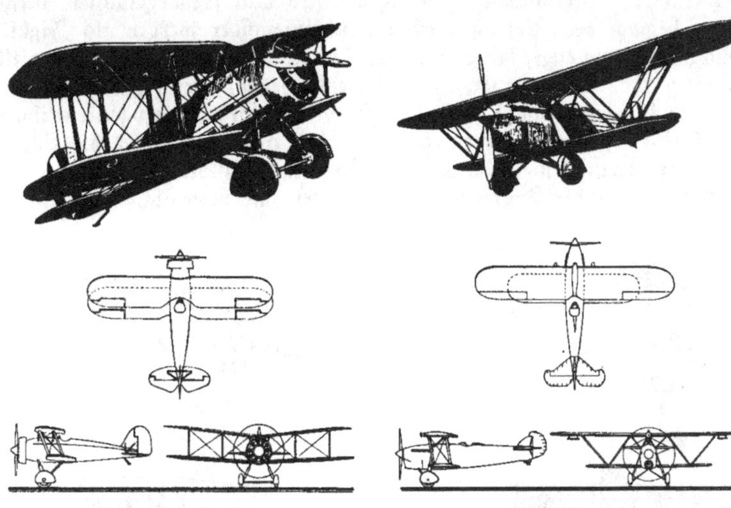

GLOSTER SS-19
Spannweite 9994 mm. Motorleistung 560 PS
Geschwindigkeit 355 km/h. Gipfelhöhe 10600 m

FIAT CR 30
Spannweite 10500 mm. Motorleistung 600 PS
Geschwindigkeit 360 km/h. Gipfelhöhe 9300 m

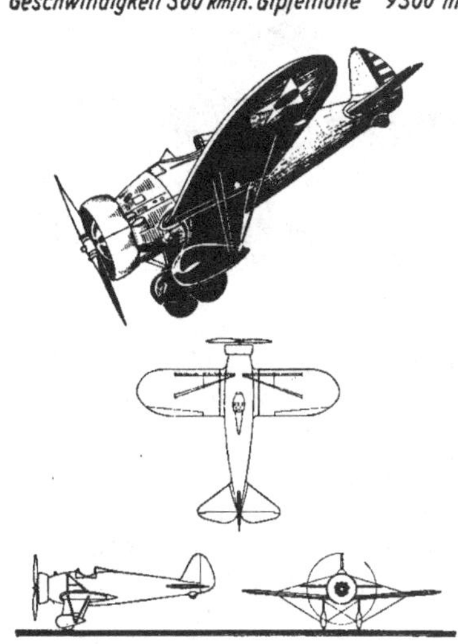

PRAGA BH-44
Spannweite 9250 mm. Motorleistung 355 PS
Geschwindigkeit 350 km/h. Gipfelhöhe 9300 m

BOEING P-26
Spannweite 8230 mm. Motorleistung 550 PS
Geschwindigkeit 370 km/h. Gipfelhöhe 8000 m

Bild 3. Jagdeinsitzer.

Auch die Motorenfrage beeinflußt den Aufbau der Flugzeuge und die Wahl der Flächenkonstruktion. Während Amerika, Polen und zum Teil auch England den luftgekühlten Sternmotor bevorzugen, wird dem wassergekühlten Reihenmotor nur bedingt der Vorzug gewährt. Kampfeinsitzer werden als Jagdflugzeuge und Kampfflugzeuge, die an und für sich denselben Charakter und dieselben Eigenschaften besitzen, verwandt. Ihre Aufgabe besteht darin, dem Gegner aufzulauern und ihn zum Kampf zu stellen, ferner den Gegner anzugreifen, ihn von seinem gesteckten Ziel abzuwehren, den Verband zu sprengen und die einzelnen Mitglieder zu vernichten. Auch werden Jagdeinsitzern die Aufgaben zufallen, in den Bodenkampf der Truppe mit einzugreifen und bewegliche Ziele im Tief-

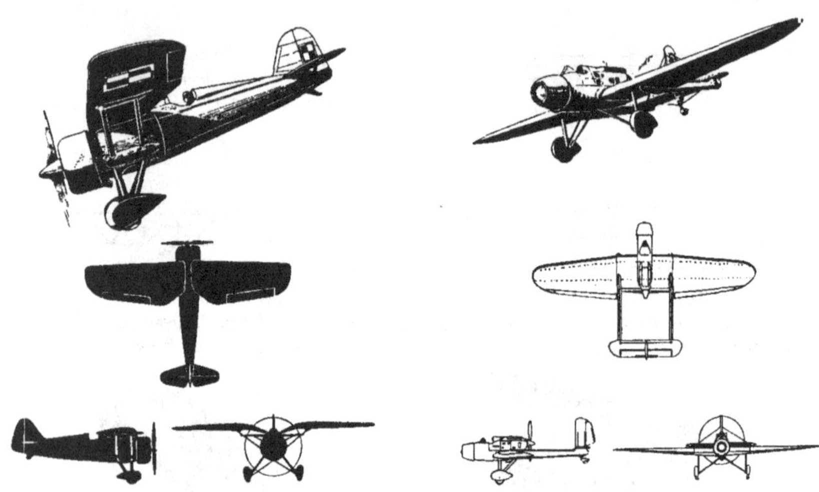

Bild 4. PZL 24.
Spannw. 10 570 mm. Motorleistg. 760 PS.
Geschwindigkeit 404 km/h.
Gipfelhöhe 10 000 m.

Bild 5. Hanriot 110 C 1.
Spannw. 13 500 mm. Motorleistg. 650 PS.
Geschwindigkeit 360 km/h.
Gipfelhöhe 11 000 m.

angriff mit Splitterbomben zu bewerfen. Kurz gefaßt, der Hauptzweck dieser Flugzeuggattung liegt im Angriff und in der Vernichtung des Gegners. Zweckentsprechend wird daher die größte Stärke dieser Flugzeuge in der Überlegenheit ihrer Leistungen und erst in zweiter Linie in der Bewaffnung zu suchen sein.

Die durchschnittlichen Leistungen betragen in der Geschwindigkeit 380 km/h in 4000 m Höhe und die Dienstgipfelhöhe 8000 m. Spitzenleistungen sind erreicht worden in der Horizontalgeschwindigkeit mit 410 km/h und in der Dienstgipfelhöhe mit 11 000 m.

Diese Leistungen sind erforderlich, um einerseits den anderen Arbeitsflugzeugen mit ihren beachtlichen Leistungen weit überlegen zu sein, andererseits um im Luftkampf durch das starke Manövrieren ein Abkommen vom Kampffeld rasch wieder ausgleichen zu können, bevor der Gegner seine Position ändern kann.

Die Bewaffnung der Jagdeinsitzer besteht zur Zeit hauptsächlich noch aus den festeingebauten Maschinengewehren. Es sind bereits Versuche im Gange, den Jagdeinsitzer mit einer oder mehreren Schnellfeuerkanonen von 2 cm Kaliber auszurüsten, aber es bleibt abzuwarten, wie sich diese Jagdeinsitzer bewähren. Die Vorteile einer derartigen Ausrüstung werden bestimmt neue Möglichkeiten erschließen, an die vorher nicht gedacht werden konnte. Der Fernkampf wird von der Schnellfeuerkanone geführt werden, der Nahkampf dagegen bleibt immer noch mit erhöhter Feuerkraft dem Maschinengewehr überlassen.

Der Einbau der Schnellfeuerkanone wird den Aufbau der Flugzeuge unbedingt beeinflussen müssen, da ganz andere Gesichtspunkte zu berücksichtigen sind.

In Frankreich werden verschiedene Flugzeugmuster versuchsweise mit Schnellfeuerkanonen ausgerüstet und in Erprobung genommen. Wenn auch noch nicht ein abschließendes Urteil darüber gefällt werden kann, welcher Flugzeugbauart der Vorzug zu geben ist, so verspricht doch der Jagdeinsitzer von Hanriot mit Druckschraube die meisten Anhänger zu gewinnen.

Die Maschinengewehranordnung ist sehr verschieden.

In den meisten Fällen werden die englischen Jagdflugzeuge mit 2 Maschinengewehren ausgerüstet, die seitlich im Rumpf eingebaut sind. Dies hat den Vorteil, daß sie nahe am Führer liegen, demnach leicht überwacht und Ladehemmungen bequem beseitigt werden können.

Andere Anordnungen zeigen wieder den Einbau der Maschinengewehre auf der Rumpfoberseite, direkt vor dem Führer. Dieser Einbau gehört zu den am häufigsten verwandten Anordnungen, da deren Handhabung bequem und leicht vorzunehmen ist.

In Polen werden die Maschinengewehre in dem Flügelknick des Jagdeinsitzers PLZ 24, eingebaut, die außerhalb des Propellerkreises nach vorn schießen.

Der neue englische Supermarine-Tiefdecker trägt die beiden Maschinengewehre in den Flügelanschlußstellen außerhalb des Propellerkreises.

Eine andere Art zeigt den Einbau in dem neuesten Westland-Jagdeinsitzer mit 4 Maschinengewehren, die alle, mit dem Motor gekuppelt, durch den Schraubenkreis nach vorn schießen. Beide Paare sind in der Rumpfseitenwand untergebracht, und zwar übereinander, nach rückwärts gestaffelt. Die Anordnung ist nicht ganz günstig, da die Maschinengewehre außerhalb der Reichweite des Führers liegen. Dies bedingte jedoch der neuartige Motoreinbau, der in diesem Sonderfall in dem Rumpfmittelteil untergebracht ist, während zwischen Motor und Luftschraube der Führersitz liegt.

Amerika nützte die verkleideten Fahrwerke zum Einbau der Maschinengewehre aus, die in diesem Falle ebenfalls am Propellerkreis vorbeischießen. Auch wurde der in großer Anzahl gebaute Boeing P 12 C mit zwei in der Rumpfseitenwand eingebauten Maschinengewehren mit der Schußrichtung nach hinten erprobt, wobei die Visierung über einen Rückblickspiegel erfolgte. Diese Art der Rückendeckung hatte sich, wie voraus zu sehen war, wegen der allzu großen Zielschwierigkeiten nicht als günstig erwiesen.

Die Höchstzahl an Maschinengewehren, die starr eingebaut waren und nach vorn schossen, besaß der englische Jagdeinsitzer Gloster SS 18. Dieser besaß 6 starre Maschinengewehre, die alle auf einen Punkt eingestellt waren, aber später paarweise auf drei verschiedene Entfernungen eingestellt wurden. Von

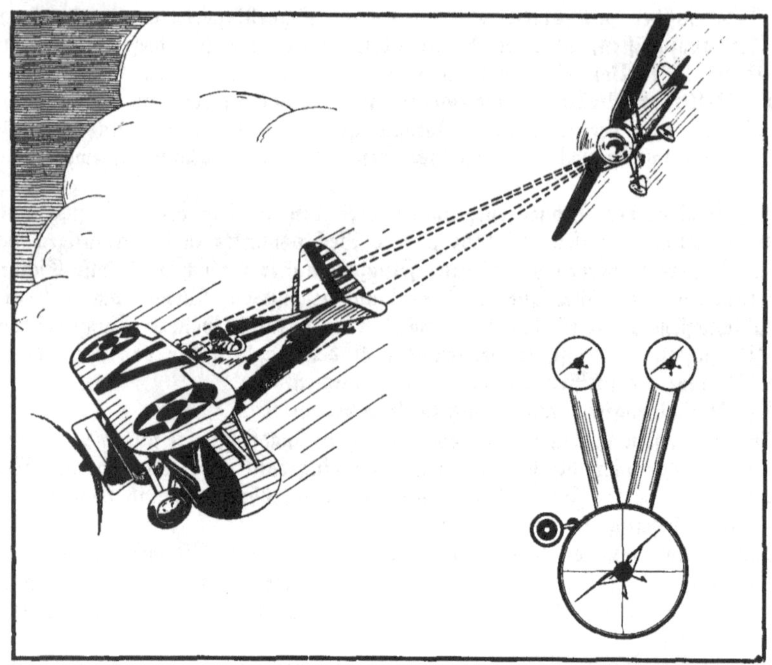

Bild 6. Amerikanischer Jagdeinsitzer Boeing P 12 mit nach hinten gerichteten, starr eingebauten Maschinengewehren zur Sicherung der Rückendeckung. Der Führer zielt über einen Rückblickspiegel und Zielperiskop.

diesen Maschinengewehren waren 2 in der Rumpfseitenwand mit dem Motor gekuppelt und durch die Propellerbahn schießend eingebaut, während die 4 anderen zu je 2 im Ober- und Unterflügel außerhalb des Luftschraubenkreises untergebracht waren. Diese Bauart bot zwar eine besondere Überlegenheit bezüglich der Feuerkraft, doch war der Munitionsverbrauch gegenüber dem Erfolg so groß, daß man von einer weiteren Verfolgung dieser Höchstausrüstung wieder Abstand nahm. Die Vorteile wogen die Nachteile bei weitem nicht auf. Die Standardausrüstung wird daher stets die Ausrüstung mit 2 Maschinengewehren bleiben, die aber wegen einbautechnischer Gründe immer mehr vom Motor getrennt und außerhalb des Luftschraubenkreises eingebaut werden. Zweifellos bietet diese Einbauart viele Vorteile, doch machen sich bereits in der Abzugsführung Mängel fühlbar, die zu Störungen Veranlassung geben. Auch werden Ladehemmungen nicht mehr so einfach zu beheben sein, da die Maschinengewehre durch eine derartige Anordnung außerhalb der Reichweite liegen.

Auch die Maschinengewehr-Einbauten werden, je höher die Forderungen an die Schußzahl und Maschinengewehre gestellt werden, Veranlassung geben, von der üblichen Form der Flugzeuge abzugehen und auf den Aufbau mit Druckschrauben, demnach mit hinten liegendem Motor, wieder zurückzugreifen. Damit wird die Frage der Kupplung der Maschinengewehre mit dem Motor ein für alle

Male endgültig entschieden sein, da sie nicht mehr benötigt wird, und die Maschinengewehre wieder in die Reichweite des Führers gerückt werden.

Die jüngsten Erfahrungen mit den verschiedenartigsten Einbauten der Maschinengewehre, die erhöhten Schußleistungen der modernen Schußwaffe und das immer stärker auftretende Problem der Ausrüstung mit Schnellfeuerkanonen wird dazu führen, die Jagdeinsitzer in absehbarer Zeit mit 1 bis 2 Maschinengewehren und einer Schnellfeuerkanone auszurüsten.

Die Munition ist stets in allernächster Nähe des Maschinengewehres untergebracht. Sie liegt auf Maschinengewehr-Patronengurten aufgereiht in einem Patronenkasten im Rumpf, im Flügel oder im Fahrwerksstummel, je nach dem Einbau der Maschinengewehre. Die Kästen können, einschließlich des vollen

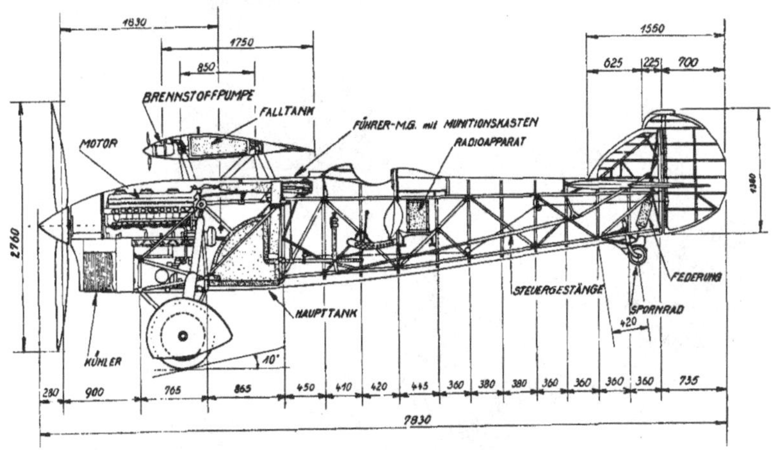


Bild 7. Längsschnitt eines modernen Jagdeinsitzers.

Gurtes, in der Waffenmeisterei gefüllt und vorbereitet, ohne Zeitaufwand gegen die leeren Patronenkästen ausgetauscht und der Gurt in den Patronenzuführer der Maschinengewehre eingeführt werden.

Der Munitionsvorrat beträgt durchschnittlich 300 bis 600 Schuß je Maschinengewehr.

Die Betätigung der Maschinengewehre erfolgt meistens durch Bowdenzüge mittels Drückern, die am Steuerknüppel befestigt sind. Für den Angriff auf Erdziele im Tiefflug sind vor allem die englischen Jagdeinsitzer mit einer Bombenabwurfvorrichtung für 4 bis 6 Splitterbomben von je 10 kg Gewicht ausgerüstet. Die Bomben, unter dem linken unteren Flügel aufgehängt, werden vom Führer mittels eines Hebels an der linken Innenseite des Rumpfes abgeworfen.

Der frühere Alleinflug der Jagdeinsitzer ist wegen der erhöhten Anforderung an den Jagdflieger einerseits, und wegen der stärkeren und besseren Bewaffnung des Aufklärers und Bombers andererseits, durch das Fliegen im Verband abgelöst worden. Der Jagdeinsitzer wird daher stets im Verband, entweder in der Kette zu 3, in der Staffel zu 9, oder im Geschwader zu 27 Flugzeugen, angreifen.

Die mangelnde Rückendeckung der Jagdflugzeuge, infolge ihrer starren Maschinengewehr-Bestückung mit der Schußrichtung nach vorn, gab den Anstoß zu der Frage der Rückensicherung.

Obwohl in Amerika Versuche unternommen wurden, Maschinengewehre mit ihren Mündungen nach hinten gerichtet einzubauen, gewann die Ansicht, den Rücken durch einen Schützen zu decken, immer mehr Anhänger.

Bild 8. Englische Jagdeinsitzerstaffel zu drei Ketten formiert.

Die Forderung nach Rückendeckung führte zu dem Bau von Jagdzweisitzern. Dieser glich einem Einsitzer mit zusätzlicher Maschinengewehranlage, mit der Schußrichtung nach hinten und oben. Zwar ist das Problem der Jagdzweisitzer noch lange nicht gelöst und daher ein sehr umstrittener Punkt, doch ist zweifellos der Jagdzweisitzer für den modernen Luftkampf erforderlich, sogar unentbehrlich.

Der unumstrittene Vorteil der Jagdzweisitzer liegt tatsächlich in der Kampfweise. Während eine Staffel Jagdeinsitzer, wenn sie von einer feindlichen Staffel angegriffen wird, in den meisten Fällen sich auflösen muß, um die Verteidigung im Einzelkampf mit dem Gegner aufzunehmen, kann die Staffel der Jagdzweisitzer geschlossen den Flug fortsetzen, da der Schütze den Rücken vollkommen decken kann. Hierzu kommt das Sicherheitsgefühl durch den Vorteil der rückwärtigen Sicht, die vor Überraschungen aus dem Hinterhalt unbedingt schützt.

Diese Vorteile den Jagdeinsitzern gegenüber bedingten, den Jagdzweisitzer zu entwickeln, zumal der Mangel an Defensivwaffen bei dem Jagdeinsitzer dem Feinde gestattete, sich ihm in den Rücken zu setzen. Auch konnten Einsitzer nicht für Aufträge eingesetzt werden, die sie beträchtlich über die Front führten. Die Front bildete demnach für den Jagdeinsitzer die äußerste Grenze seines Arbeitsgebietes. Selbstverständlich wird eine Differenz zwischen den Leistungen der Jagdeinsitzer und Jagdzweisitzer immer bestehen bleiben. Wenn die Differenz nicht so groß ist, daß eine Änderung der taktischen Anschauung und Wertbemessung bedingt wird, dann gebührt dem Jagdzweisitzer, als dem Jagdflugzeug der Front, unbedingt der Vorzug. Handelt es sich aber um rein örtliche Abwehr im Heimatgelände, wo es heute nur noch auf Spitzenleistungen in bezug

Bild 9. Amerikanischer Jagdzweisitzer B/J. P 16 mit geknicktem Flügelmittelstück, einer Bewaffnung von zwei starren und einem beweglichen Maschinengewehr. Auf dem Bilde sind der M.G.-Schütze, der mit dem Rücken gegen die Flugrichtung sitzt, und die beiden Schußkanäle der Führermaschinengewehre deutlich erkennbar.

auf Steig-, Horizontalgeschwindigkeit und Wendigkeit ankommt, ist ein Rückenschutz wegen der von den feindlichen Bombenabteilungen sicherlich immer beibehaltenen Geschwaderform und Fehlen von Einsitzern nicht unbedingt notwendig. Bei dieser einen Art der Verwendung von Kampfkräften ist daher dem Einsitzer der Vorzug zu geben. Das über die Verwendung von Jagdflugzeugen zur Abwehr von schweren Bombern Gesagte behält nur seine Gültigkeit, wenn diese noch mit Maschinengewehren mit beschränkten Schußfeldern bewaffnet sind.

In verschiedenen Ländern erprobt man daher den Jagdzweisitzer schon über eine geraume Zeit, doch kam man noch zu keiner restlos befriedigenden Lösung.

Alle streben nach dem einen Ziel, eine äußerst günstige Rückendeckung zu schaffen, wo der Schütze mit dem Rücken gegen Flugrichtung sitzt und mit einem auf einem drehbaren Zapfen beweglichen Maschinengewehr in beschränkter Schwenkbarkeit das rückwärtige Feld deckt.

Bild 10. Curtiß A 10, amerikanischer Jagdzweisitzer mit verspannten Tragflächen. und verkleidetem Schützenstand. Die Führer-Maschinengewehre sind in den verkleideten Fahrwerkstreben außerhalb des Luftschraubenkreises untergebracht.

Der Hauptwert wird hierbei auf die Ausbildung des Schützenstandes gelegt, da infolge der hohen Fluggeschwindigkeit und Flugzeugleistungen, der verbesserten Flugeigenschaften und nicht zuletzt der hohen Beschleunigungskräfte, die im Kurvenkampf auftreten, der Schütze nicht mehr imstande sein wird, seine volle Kampfkraft einzusetzen.

Bild 11. Englische Jagdzweisitzer Hawker Demon im Staffelflug. Der Maschinengewehrring zeigt deutlich die Neigung nach vorn, um dem Schützen in sitzender Stellung besseres und bequemeres Schießen zu ermöglichen.

Bild 12. Jagdzweisitzer der A. B. Flygindustri K 47 mit Wiegenlafette und geteiltem Seitenruder zur Vergrößerung des Schußfeldes.

Ein Schützenstand, der den heutigen Anforderungen voll entspricht, muß also dem Abwehrschützen nicht nur die Möglichkeit geben, seine Waffe im Sitzen zu bedienen, sondern ihn auch von den starken Beschleunigungskräften frei zu machen. Gleichzeitig muß ausreichendes Schußfeld und gute Sicht verlangt werden.

Diese Forderungen wurden auf die verschiedenartigsten Weisen zu lösen versucht.

Bei dem amerikanischen Jagdzweisitzer B/J P 16 versuchte man, den Forderungen dadurch nachzukommen, daß der Schütze, etwas erhöht, auf einem fest eingebauten Platz sitzt und sein Maschinengewehr, auf einem Drehzapfen befestigt

Bild 13. Blick auf den Schützenstand des Jagdzweisitzers K 47. Auf der Wiegenlafette ist ein einfaches Madsen-Maschinengewehr befestigt, das am hinteren Ende in einer halbkreisförmigen Gleitschiene geführt wird.

nach hinten schießend, bedient. Die Schwenkungen genügten zwar, doch ist das verspannte Leitwerk für den Schuß nach hinten sehr hinderlich.

England versuchte, dem Schützen eine große Freiheit zu geben durch die Konstruktion der Fairey-Lafette. Die Lafette, die das Schußfeld wegen ihrer seitlichen Ausladungsmöglichkeit wesentlich vergrößert, kann jedoch nicht voll ausgenutzt werden, da die im Kampf auftretende Beschleunigungskraft dem Schützen gar nicht die Möglichkeit gibt, sich vom Sitz zu erheben (s. Bild 109).

Bild 14. Die Wiegenlafette der K 47 in höchster Schußstellung für den Beschuß senkrecht nach oben. Der Schütze hat durch sein Körpergewicht die Wiege nach unten gedrückt und die Lafette mit dem Gewehr nach oben gerichtet.

Die Ausrüstung des Hawker Demon zeigt daher einen nach vorn geneigten Maschinengewehr-Ring, bei dessen Bedienung der Schütze sitzend seinen Platz beibehält.

Zu den den Anforderungen am nächsten kommenden Anlagen gehört die Wiegenlafette der in Schweden nach Junkers Patenten gebauten A. B. Flyg. K 47. Ihr Prinzip beruht auf dem Wagebalken, dessen eines Ende als Schützensitz und dessen anderes Ende als Lafettenträger der Waffe ausgebildet ist.

Die Wiegenlafette ist an den Seitenwänden des Rumpfes drehbar aufgehängt. Der Drehpunkt ist so gelegt, daß der Schütze leichtes Übergewicht hat und durch den Druck mit den Beinen gegen eine Abstützvorrichtung jede beliebige

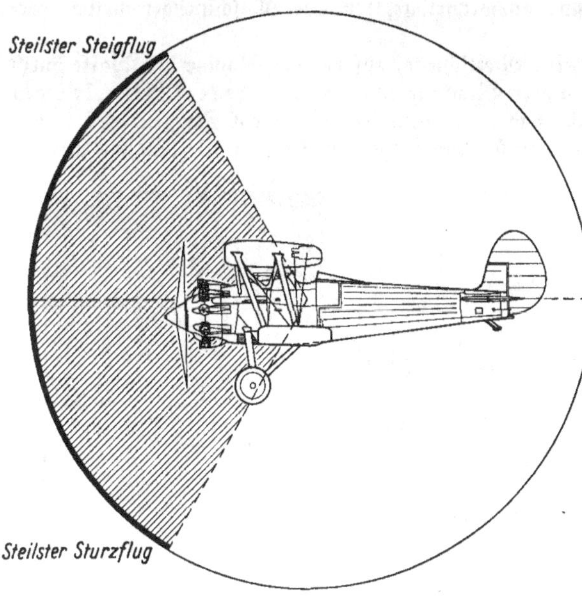


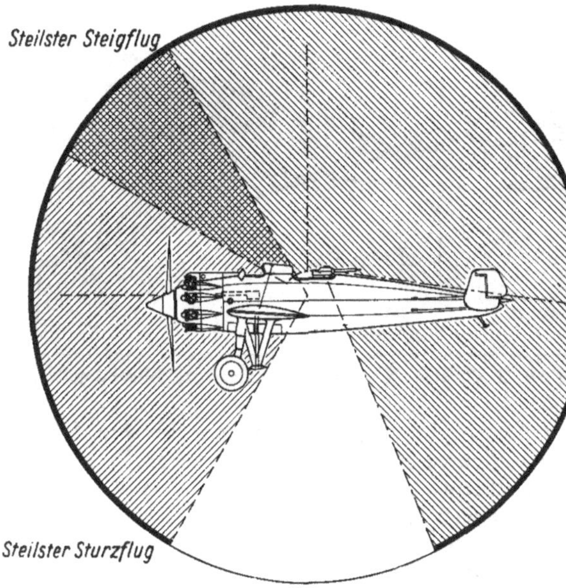


Bild 15. Vergleich des Schußfeldes eines normalen Jagdeinsitzers mit dem eines Jagdzweisitzers.

Drehung in vertikaler Richtung bewirken kann. Die Stärke des hierzu benötigten Druckes ist so bemessen, daß die vertikale Beweglichkeit ohne Anstrengung in jeder Fluglage sichergestellt ist. Die Wiege hat nur in der obersten Lage eine Feststellvorrichtung, so daß der Schütze stets die Stellung einnehmen kann, die den jeweiligen Bedürfnissen im Kampf oder im Ruhestand entspricht. Da die Feststellvorrichtung in der Ruhelage die Beine des Schützen vollkommen entlasten, sind ihm dadurch gleichzeitig Ruhepausen möglich.

Der Sitz der Wiege, auf dem der Schütze entgegengesetzt der Flugrichtung sitzt, hat eine Rückenlehne, die so weit heraufreicht, daß sich der Kopf des Schützen auch in höchster Stellung im Windschutz befindet. Diese Rückenlehne hat weiterhin eine Ausbuchtung für die Aufnahme eines Rückenfallschirmes, System Irvin. Der Schütze selbst ist auf seinem Sitz gut angeschnallt, um in allen Fluglagen gesichert zu sein.

Der dem Sitz gegenüberliegende Teil der Wiege trägt die Befestigung für das Maschinengewehr. Diese Teile sind auswechselbar, um jede Maschinengewehrtype verwenden zu können.

Die Lafettierung trägt eine Gleitschiene, auf der der Schütze die Waffe durch einen Handgriff in horizontaler Richtung um 18° nach beiden Seiten bewegen kann. Eingehende Versuche haben ergeben, daß bei einem Flugzeugmuster, wie die K 47, der Bestreichungswinkel von insgesamt 36°, in Verbindung mit der

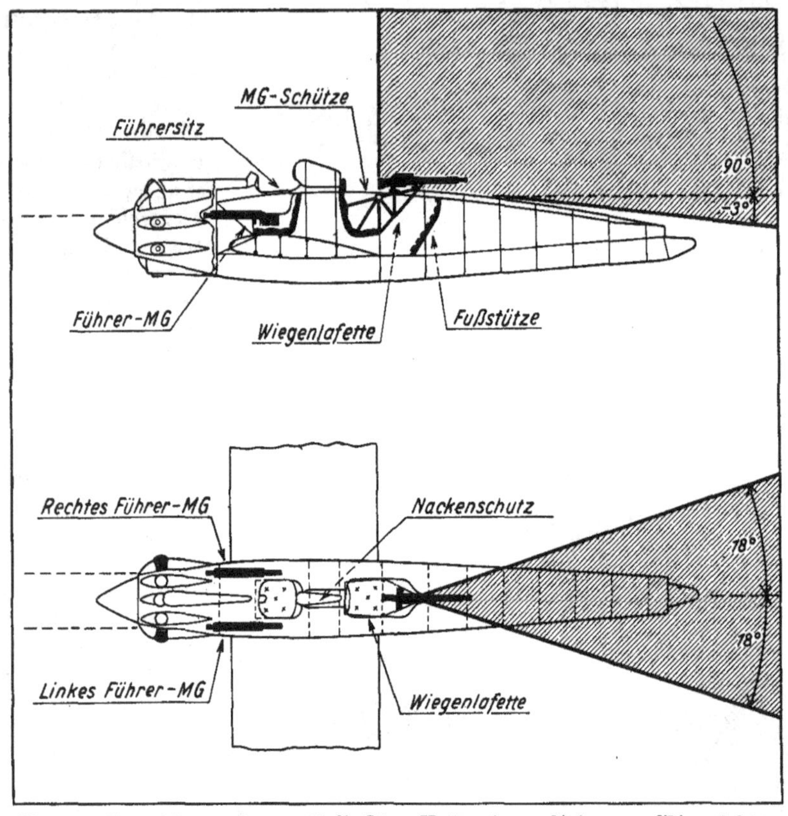


Bild 16. Rumpflängsschnitt der A. B. Flyg. K 47 mit der Anlage der Wiegenlafette.

vertikalen Beweglichkeit der Waffe, sämtlichen Forderungen für den Schußbereich des Schützen in allen denkbaren Kampflagen gerecht wird.

In der vertikalen Richtung bestreicht die Waffe insegesamt etwa 90° von der Horizontalen bis zur Senkrechten nach oben. Der infolge der großen Geschwindigkeit des Flugzeuges auftretende Winddruck auf die Waffe wird zur Erleichterung der Schwenkbarkeit durch einen Winddruckausgleich aufgehoben.

Um Beschädigungen der Ruderorgane zu vermeiden, ist an dem Maschinengewehr ein Hülsenfänger angebracht.

Der Munitionsvorrat beträgt 500 Schuß, die in den üblichen Trommeln untergebracht sind. Die Reservetrommeln liegen in Trommelhaltern im Handbereich des Schützen.

Die Lafettierung bietet die Möglichkeit, auch ein Doppel-Maschinengewehr zu verwenden. Da aber die Rückendeckung des Piloten, infolge sehr guter Zielmöglichkeit und Treffsicherheit, durch die Wiegenanordnung schon mit einem Maschinengewehr ausreichend gewährleistet ist, wird von einer Ausrüstung mit einem Doppel-Maschinengewehr abgesehen werden können, um dadurch den unnötigen Mehrverbrauch an Munition zu sparen.

Der moderne Maschinengewehrstand verlangt ausreichendes Schußfeld. Der durch die vertikale und horizontale Beweglichkeit der Waffe bestrichene Raum kann nur dann vollkommen ausgenutzt werden, wenn kein Teil des Flugzeuges diesen Flugbereich einschränkt. Das sonst in der Mitte des Rumpfes liegende und einen gefährlichen toten Winkel bildende Seitenleitwerk wurde deshalb geteilt und so weit seitlich versetzt, daß es bei einem horizontalen Schußbereich von insgesamt 36° außerhalb der Geschoßgarbe bleibt.

Die gesamte Anlage bietet dem Abwehrschützen für die Durchführung seiner Aufgabe ausgezeichnete Sicht. Die Wiegenlafette weist dem Schützen zwangsläufig die Beobachtung des Luftraumes hinter dem Flugzeug an. In bequemer Stellung hat der Schütze freien Blick nach hinten, oben, beiden Seiten und, infolge des schmalen Rumpfes, auch nach unten.

Zu der militärischen Ausrüstung, die zwar mit der Bewaffnung nur indirekt zusammenhängt, gehören auch die Radioanlagen. Jedes moderne Jagdflugzeug ist mit einer Empfangs- und Sendestation ausgestattet, um einerseits dem Führer die Möglichkeit zu geben, seine Anordnungen oder Befehle zum Angriff und Formationsänderung seinen Staffelkameraden übermitteln zu können, andererseits, den Staffelmitgliedern Möglichkeit zu geben, den Führer auf Gefahren, die außerhalb seines Gesichtskreises liegen, aufmerksam machen zu können.

## Arbeitsflugzeuge.

Unter Arbeitsflugzeuge zählen alle zweisitzigen Flugzeuge, die für die Tätigkeit an der Front herangezogen werden. Ihr Dienst besteht darin, Aufklärungsflüge zu unternehmen, wichtige Stellungen und Frontveränderungen zu photographieren, Artillerie einzuschießen und dergleichen mehr.

Durch ihre Aufträge werden sie oftmals auch gezwungen, nicht nur im Verbande ihre Arbeiten zu verrichten, sondern auch allein über der Front ihre Tätigkeit aufzunehmen.

Ihre Bewaffnung ist daher in der Hauptsache nur für Verteidigung berechnet und weniger zum Angriff auf in der Nähe befindliche Luftstreitkräfte. Bei dem Aufbau dieser Flugzeuge wird mehr Wert auf die Unterbringung der Arbeitsgegenstände gelegt, als auf eine vielseitige und hochwertige Bewaffnung.

Doch sind Bestrebungen im Gange, auch das Arbeitsfugzeug zu einem vollwertigen Kampfflugzeug auszubauen. Wertvolle Ergebnisse zeitigten die Bauausführungen des neuen Bréguet 27 Aufklärers, die den erhöhten Wert durch die stark verjüngte Rumpfkonstruktion zu erreichen versuchen. In der Tat hat diese Bauart, einschließlich der freitragenden Leitwerkskonstruktion, den Vorzug, fast das ganze rückwärtige Feld mit dem Beobachter-Maschinengewehr auf dem Drehkranz decken zu können. Dieser Vorteil erübrigte den Einbau eines Boden-Maschinengewehrs, das, auf dem Rumpfboden beweglich befestigt, in einem beschränkten Winkel nach hinten und unten das rückwärtige Feld bestreichen konnte. Wenn dadurch auch der Raum direkt unter dem Flugzeug gedeckt war, so bestand der Nachteil in der Bedienung dieser Maschinengewehranlage durch den Beob-

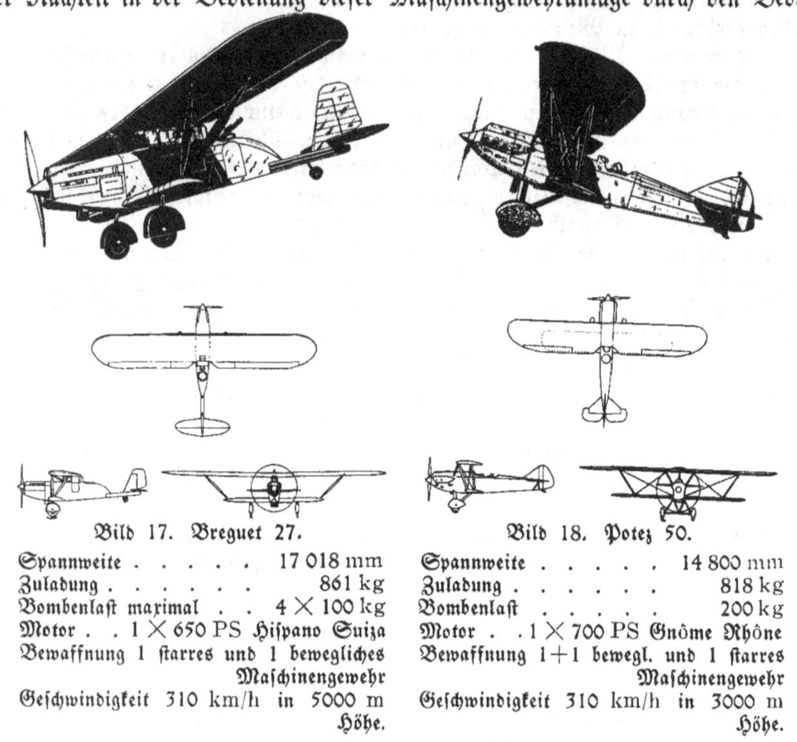

Bild 17. Breguet 27.

| | |
|---|---|
| Spannweite . . . . . | 17 018 mm |
| Zuladung . . . . . . | 861 kg |
| Bombenlast maximal . . | 4 × 100 kg |
| Motor . . | 1 × 650 PS Hispano Suiza |
| Bewaffnung | 1 starres und 1 bewegliches Maschinengewehr |
| Geschwindigkeit | 310 km/h in 5000 m Höhe. |

Bild 18. Potez 50.

| | |
|---|---|
| Spannweite . . . . . | 14 800 mm |
| Zuladung . . . . . . | 818 kg |
| Bombenlast . . . . . | 200 kg |
| Motor . . | 1 × 700 PS Gnôme Rhône |
| Bewaffnung | 1+1 bewegl. und 1 starres Maschinengewehr |
| Geschwindigkeit | 310 km/h in 3000 m Höhe. |

achter, der dauernd gezwungen war, seine Lage zu ändern. Diesen Mißstand schließt eine Rumpfbauart, wie sie Bréguet ausführt, vollkommen aus.

Wie aus vorgehendem bereits zu erkennen ist, besteht die Bewaffnung der Arbeitsflugzeuge in der Hauptsache aus einer Verteidigungswaffe, dem Doppel-Maschinengewehr, neuerdings wiederum, wegen der erhöhten Leistungen der Maschinengewehre, aus einem einfachen Maschinengewehr, das auf einem drehbaren Ring nach allen Richtungen beweglich, montiert ist.

Manche Arbeitsflugzeuge besitzen noch eine weitere Verteidigungswaffe auf dem Rumpfboden für den Beschuß nach hinten und schräg unten, die in einem drehbaren Zapfen auf einer Lafette ruht.

Die Munition der Maschinengewehre ist in Trommeln zu je 50 bis 75 Schuß zusammengefaßt, die im Fluge ausgewechselt werden und im Rumpfinnern untergebracht sind.

Für die Verteidigung nach vorn stehen dem Führer weiterhin ein oder zwei starr eingebaute Maschinengewehre, die mit dem Motor gekuppelt sind und durch den Luftschraubenkreis schießen, zur Verfügung. Die Munition ist auf Gurte aufgereiht und in Munitionskästen, die vor dem Führer in mittelbarer Nähe der Maschinengewehr angeordnet sind, untergebracht. Der Munitionsvorrat beträgt 500 bis 600 Schuß je Maschinengewehr.

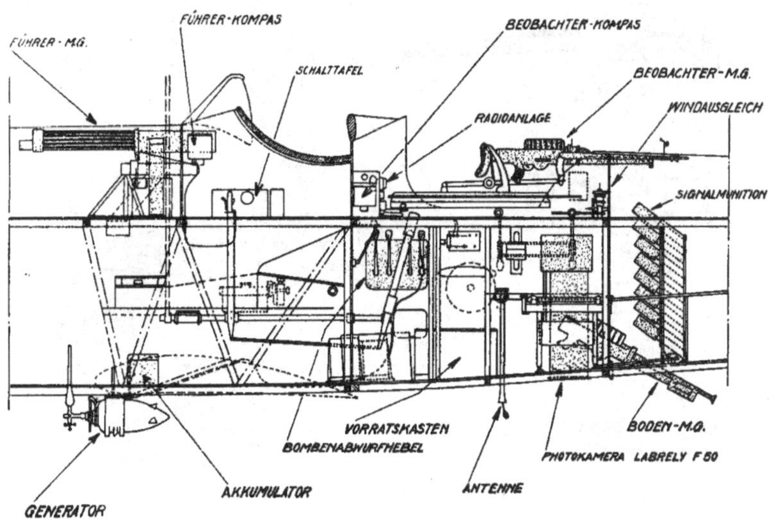


Bild 19. Maschinengewehr-Anordnung in einem französischen Aufklärer.

Meistens verfügen die Arbeitsflugzeuge noch über eine Angriffswaffe in Form von Bomben, die auf unterwegs angetroffene Ziele geworfen werden. Wegen ihrer geringen Bombenzuladung, meist nicht über 500 kg, ist die Mitnahme von verschiedenen Kalibern sehr beschränkt. Die Vorrichtungen, die teils unterm Rumpf oder Flügel, selten im Rumpfinnern, befestigt sind, gestatten, bis zum Einzelgewicht von 100 kg, Bomben aufzunehmen. Durchschnittlich wird jedoch die Bombenlast aus 50 kg Bomben bestehen, da sie zu den wirkungsvollsten Bomben zählt und in größerer Anzahl mitgenommen werden kann.

Die Bomben werden vom Beobachter ausgelöst, wobei er sich, auf dem Rumpfboden liegend, eines Zielgerätes bedient. Eine Verständigungsanlage dient zur Übermittlung der Kursänderungen zwischen Beobachter und Führer.

Wenn nicht ein besonderer Umstand es erfordert, werden die Arbeitsflugzeuge stets im Verband anzutreffen sein, wobei sich die Verteidigungswaffen gegenseitig unterstützen können und imstande sind, den Angreifer mit erhöhter Feuerkraft abzuschlagen. Die Unterstützung der Waffen durch die einzelnen Formationsmitglieder ergibt auch bei weniger günstig aufgebauten Flugzeugen ein geschlossenes Ganzes, so daß in geschickter Staffelung auch eine derartige Formation nicht mehr leicht anzugreifen ist.

## Mehrzweckeflugzeuge und Kampfmehrsitzer.

Die hauptsächlichsten Vertreter der an und für sich noch sehr jungen Gattung der Mehrzweckeflugzeuge und Kampfmehrsitzer werden in England und Frankreich mit großem Erfolg entwickelt.

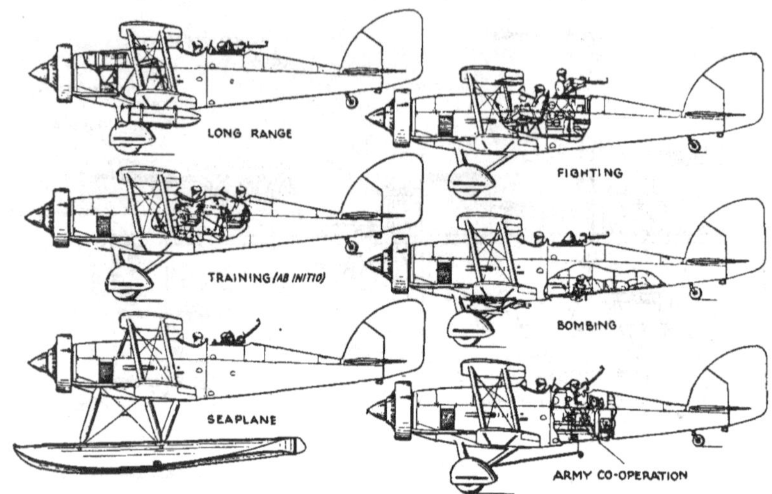


Bild 20. Westland Wallace Mehrzweckeflugzeug.

Mehrzweckeflugzeuge sind Flugzeuge, die ohne größere Umänderungen für verschiedene Zwecke eingesetzt werden können. Sie können zur Schulung der Besatzung, zur Aufklärung über kurze und lange Strecken mit allen Sondereinrich-

Bild 21. Westland Wallace Mehrzweckeflugzeug.

Bild 22. Vickers Vincent Mehrzweckeflugzeug.

tungen, wie Kampfmitteln und Radioanlage und dergleichen, ausgerüstet, mit Zusatz- und Reservetanks in den Bombenvorrichtungen ausgestattet, als zwei- und mehrsitziges Kampfflugzeug, als leichter Bomber und nicht zuletzt als Land- und Wasserflugzeug, eingesetzt werden.

Während sich hauptsächlich England dem Bau von einmotorigen Mehrzweckeflugzeugen zuwendet, glaubt Frankreich den größeren Vorteil in dem zwei-

Bild 23. Breguet 414 Kampfmehrsitzer mit hochgezogenem Rumpfmittelteil, dünnem Rumpfende und einer Bewaffnung von 3 beweglichen M.G.

motorigen Mehrzweckeflugzeug zu erblicken, das vorläufig unter dem Namen „multiplace de combat" = „Kampfmehrsitzer" geführt wird.

Der große Vorteil dieser Flugzeuge liegt in der vielseitigen Verwendung, in der einheitlichen Ausrüstung vieler Formationen und nicht zuletzt in der Fabrikation und Nachschub für den Kriegsfall.

England verlegte sich auf Grund seiner Erfahrungen in den Kolonien auf die Schaffung von Mehrzweckeflugzeugen, da diese jeden Anforderungen gerecht werden können, ohne von einem bestimmten Ersatzteillager abhängig zu sein. Auch war die Frage des Nachschubs und vor allem die vereinfachte Lieferung von einheitlichen Ersatzteilen hierbei ausschlaggebend. Diese Flugzeugart kann jedoch nur in den Gebieten erfolgreich eingesetzt werden, wo nicht damit zu rechnen ist, daß der Gegner über Flugzeugmaterial verfügt, das den Einsatz von Spezialflugzeugen erforderlich macht.

Die Entwicklung von Mehrzweckeflugzeugen schließt aber nicht aus, daß nebenher auch leistungsfähige Sonderflugzeuge bestimmter Gattungen gebaut werden.

Die Ausrüstung der Mehrzweckeflugzeuge ist der Verwendung angepaßt. Die Bewaffnung besteht nur aus Maschinengewehren, die zum Teil starr, zum Teil beweglich eingebaut sind. Die einmotorigen Mehrzweckeflugzeuge sind fast durchweg mit einem festeingebauten Führer-Maschinengewehr und einem beweglichen Beobachter-Maschinengewehr ausgerüstet. Die mehrmotorigen Kampfmehrsitzer besitzen nur bewegliche Maschinengewehre, die im Rumpfbug, auf der Rumpfoberseite hinter den Tragflächen und zum Teil in einer gondelähnlichen Rumpferweiterung (Amiot 142) im vorderen wie auch im hinteren Teil untergebracht sind. Die Schußmöglichkeit und das Schußfeld der einmotorigen Mehrzweckeflugzeuge gleichen im großen und ganzen den Verhältnissen der Arbeitflugzeuge und können mit diesen verglichen werden.

Bei der Bauentwicklung der französischen mehrmotorigen Kampfmehrsitzer ist weit größerer Wert auf das bestmöglichste Schußfeld gelegt worden als auf die

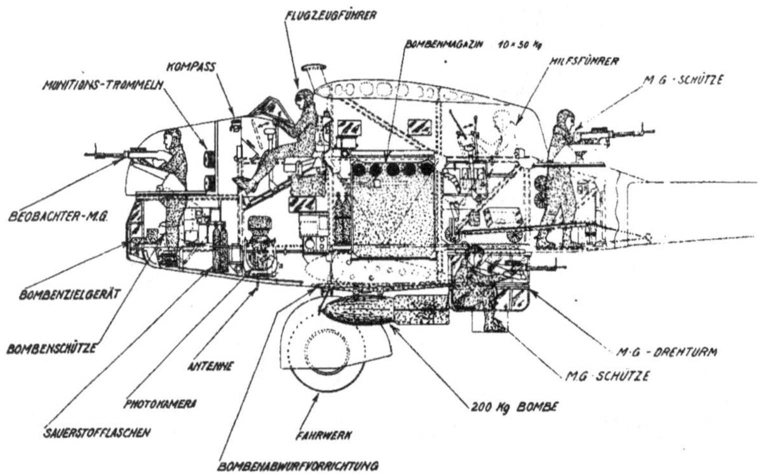


Bild 24. Rumpfeinteilung des französischen Kampfmehrsitzers Breguet 414.

Verteilung und Anordnung der Waffen. Wie aus den späteren Abhandlungen über die Maschinengewehr-Ständeordnung, Schußfeldkonstruktion und Schußfeldauswertung hervorgeht, haben die Entwürfe der Firma Bréguet und Amiot einen sehr hohen Grad der Vollkommenheit erreicht und geben besonders in dieser Hinsicht den richtigen Weg zur bestmöglichsten Bauart von Mehrzweckeflugzeugen und Kampfmehrsitzern an.

Die weitere Ausrüstung besteht aus der Bombenzuladung, die bei den einmotorigen Mehrzweckeflugzeugen nicht über 300 kg und bei den mehrmotorigen Kampfmehrsitzern bis zu 500 kg Bomben beträgt. Die Bomben der ersteren hängen unter dem Rumpf und Flügel, der letzteren in Magazinen im Rumpf.

Der Bombenschütze der einmotorigen Mehrzweckeflugzeuge ist zugleich der Beobachter, der liegend über ein mechanisches Zielgerät durch eine Bodenöffnung zielt. In den mehrmotorigen Kampfmehrsitzern, die 3 bis 4 Mann Besatzung fassen, nimmt der Bombenschütze den Platz in der Rumpfkanzel ein, in der außer dem Zielgerät die ganzen Abwurfhebel angeordnet sind.

Die allgemeinen Angaben dieser Flugzeuggattung lauten:

Etwa 500 kg Bombenzuladung; 2 bis 4 Mann Besatzung; 1 bis 3 bewegliche Maschinengewehre; etwa 320 km/h Durchschnittsgeschwindigkeit; 6000 bis 7000 m Dienstgipfelhöhe; 1 bis 2 Motoren von 560 bis 1300 PS.

## Tag- und Nachtbomber.

Das Bombenflugwesen ist der wertvollste und wichtigste Faktor einer Luftstreitmacht. Die Bombenfliegerei kann infolge ihrer Eigenschaften, ihrer ständigen Bereitschaft und nicht zuletzt ihrer Schlagkraft als das Rückgrat der

Bild 25. Englischer Tagbomber Boulton and Paul Overstrand mit im Rumpfvorderteil angeordnetem drehbarem M.G.-Turm und einer im Rumpfboden eingebauten Verschwindlafette für ein bewegliches M.G.

Bild 26. Vickers 163 für Nachtbombenangriffe oder Truppentransporte. Motorleistung 4 × 560 PS, Bombenzuladung maximal 1500 kg, Flugweite 2000 km, Bewaffnung 1 Bug- und 1 Heck-M.G., ferner 1 M.G. auf der Rumpfober- und Bodenseite.

Fliegertruppe angesehen werden und ist in der Lage, im Kriege entscheidend mitzuwirken. Sie wird daher zweckmäßig auf solche Anlagen eingesetzt, die für den Feind zur Weiterführung des Krieges unbedingt lebenswichtig sind.

Die großen Fortschritte und die rasche Entwicklung des Flugzeugbaus, neben der ständigen Leistungssteigerung, zwangen auch zur Unterteilung der Bombenflugzeuge und Schaffung von Spezialbombern.

Bild 27. Vickers Virginia, eines der Nachtbombenflugzeuge Englands. Mit zwei Motoren von je 500 PS beträgt die Geschwindigkeit 175 km/h, die Diensthöhe 4000 m und die Bombenzuladung 1300 kg. Der Nachtbomber ist mit einem Bug- und Heck-M.G.-Stand ausgestattet.

Neben der Hauptaufgabe, große Lasten an weit entfernte Ziele zu schleppen, mußte die Bedingung erfüllt werden, Tagbombenflüge, ungehindert der Artillerieeinwirkung und Luftangriffe seitens der Jagdeinsitzer, durchführen zu können.

Dies führte zur Trennung der Bomber in Tag- und Nachtbombenflugzeuge. Der allgemeine Aufbau, die Einteilung der Bestückung und die Ausrüstung in waffentechnischer Hinsicht ist bei beiden fast gleich. Die Ausmaße der Tagbomber sind kleiner, demnach ihr Bombentragvermögen geringer, ihre Leistungen, wie Geschwindigkeit und Steighöhe dagegen, sind denen der Nachtbomber weit überlegen. Ihr Flug führt in große Höhen über der wirksamen Zone des Artilleriefeuers, jedoch im Bereich der Jagdflugzeuge. Sie müssen schnell fliegen und geschlossen das Ziel angreifen. Ihr Brennstoffvorrat an Bord ist relativ gering, weshalb sie ihr Angriffsobjekt auf dem kürzesten Wege, unter Vermeidung jeden unnützen Aufenthaltes, zu erreichen versuchen. Die Bewaffnung besteht aus beweglichen Maschinengewehren, die in der Kanzel, hinter den Flächen auf der Rumpfoberseite und auf dem Rumpfboden angeordnet sind.

Bild 28. Das Rumpfvorderteil des französischen Nachtbombers Farman F 221. In der Rumpfspitze der drehbare M.G.-Turm mit dem Doppel-M.G., darunter die großen Fenster für die uneingeschränkte Sicht des Bombenschützen. Die Bombenlast beträgt 2000 kg und die Bewaffnung 3 bewegliche Doppel-M.G.

Die Bewaffnung ist reichlich bemessen, damit der Tagbomber, falls er bei einem Bombenangriff auf feindliche Kampfstreitkräfte stößt, nicht an der Durchführung seiner Aufgabe gehindert wird. Die Angriffstaktik und die Bewaffnung der Tagbomber ist darauf zugeschnitten, ein etwaiges Begegnungsgefecht mit feindlichen Jagdeinsitzern in kürzester Zeit zu ihren Gunsten zu entscheiden.

Durch diese Vorteile wird es den Jagdeinsitzern sehr schwer fallen, ihre Gegner, die Tagbomber, zu vernichten. Ein Luftkampf wird daher nur noch ein Überraschungskampf oder ein Fernkampf mit anderen Waffen sein, denn ein Angriff auf Tagbomber, solange diese in enger geschlossener Formation fliegen, wird sehr wenig Aussicht auf Erfolg haben, zumal deren viele nach dem Angreifer gerichteten Maschinengewehre mit höchster Schußzahl aus dem Verband eine überraschende und vernichtende Wirkung haben und den gegnerischen Angriff im Keime ersticken werden.

Die beweglichen Maschinengewehre sind sämtlich auf drehbare Maschinengewehrringe montiert, die ein Schießen nach allen Richtungen hin erlauben. Der Munitionsvorrat beträgt durchschnittlich 500 Schuß je Maschinengewehr. Die einzelnen Munitionstrommeln lagern in Reichweite an den Seitenwänden der Maschinengewehrstände.

Bild 29. Frankreichs größter Bomber Bordelaise AB 21, mit einer Spannweite von 36 700 mm. Die Geschwindigkeit beträgt 210 km/h bei einer Gesamtmotorleistung von 2000 PS. In Magazinen, die im Rumpfmittelteil aufgestellt sind, können 2000 kg Bomben untergebracht werden.

Die Besatzung zählt 3 bis 4 Mann, je nach Flugzeugbauart. Aus der Stärke der Bemannung ergibt sich von selbst eine gesteigerte Sicherheit der Besatzungsmitglieder und Geschwaderteilnehmer, die sich in der strammen, energischen Durchführung der gestellten Aufgaben auswirken wird.

Der Aufbau der Tagbomber erfolgt nach den gleichen Grundsätzen wie der der Nachtbomber.

Die Nachtbomber sind große, schwere und träge Bombenschlepper, die eine geringe Bewaffnung erhalten, aber dafür eine große Last Bomben aufnehmen müssen. Wegen ihrer geringen Leistungen, die zugunsten des Schleppvermögens zurückbleiben mußten, werden diese Bombenflugzeuge nur zu Nachtangriffen Verwendung finden. Im Schutze der Nacht fliegen sie im lockeren Verbande und nicht allzu großer Höhe gegen weit entfernte Ziele, um diese entweder einzeln oder im Verband mit Massenwürfen zu bewerfen.

Ihre Besatzung besteht aus 4 bis 6 Mann, ihre Bewaffnung aus 3 bis 4 Doppelmaschinengewehren und ihr Tragvermögen aus etwa 1000 bis 2000 kg Bomben.

Da die Nachtbomber mehr oder weniger stark dem Artilleriefeuer, den Scheinwerfern und neuerdings den Nachtjagdeinsitzern ausgesetzt sein werden, soll versucht werden, die Bewaffnung der Nachtbomber auch durch eine Schnellfeuerkanone zu ergänzen.

Dadurch wird der Nachtbomber zu einer Waffe werden, die nur schwer zu bekämpfen und noch schwerer abzuwehren sein wird. Ein Angriff gegen diese Bomber wird wenig Erfolg haben, jedoch wird eine Absperrung ihres Rückweges und Zerstörung ihrer Heimathäfen sie empfindlicher treffen.

Beide Flugzeugarten sind dazu bestimmt, eine große Menge Bomben aufzunehmen und ihre Verteidigung selbst durchzuführen.

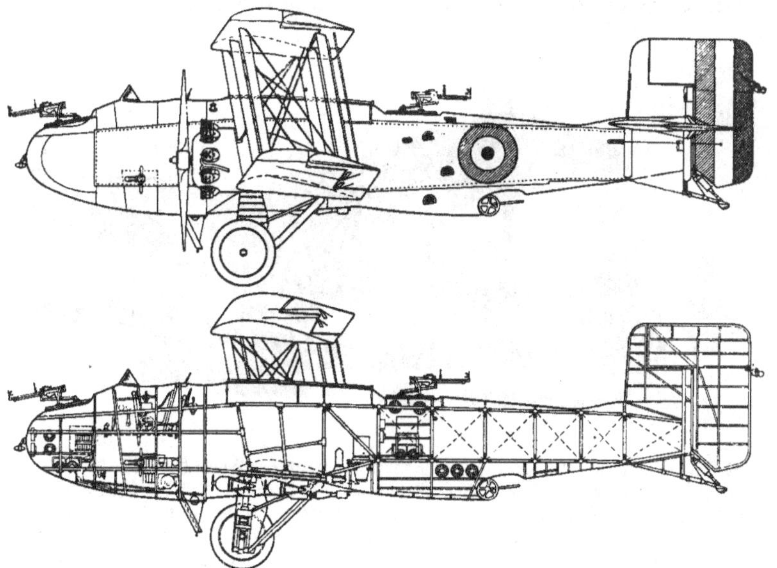

Bild 30. Seitenansicht und Längsschnitt des englischen Tagbombers Boulton and Paul Sidestrand.

Tag- und Nachtbomber sind größtenteils zwei- und viermotorige Ein- und Doppeldecker. Im Rumpfvorderteil sitzt der Bombenschütze, der durch große Fenster einen ungehinderten Fernblick hat und ungestört sein Ziel anvisieren und mit Bomben belegen kann. An den Seitenwänden oder auf dem Rumpfboden sind die Abwurfhebel der Bombenvorrichtungen untergebracht, durch die die Bomben in der gewünschten Reihenfolge abgeworfen werden können. Auf der Kanzeloberseite ruht das bewegliche Doppelmaschinengewehr für die Verteidigung, das bei Tagbombern vom Bombenschützen, bei großen Nachtbombern von einem besondern Maschinengewehrschützen bedient wird. An den Bombenwerferstand anschließend folgt der Funkerstand, der Führerstand mit all seinen Instrumenten und Geräten zur Führung des Flugzeuges, ferner der Bombenraum mit den Bombenmagazinen, falls nicht zur Unterbringung der Bombenlast die Unterseite des Rumpfes und der Flügel herangezogen werden, und zuletzt der zweite Maschinengewehrstand.

Tagbomber sind mit je einem beweglichen Maschinengewehr auf der Rumpfoberseite und auf dem Rumpfboden ausgerüstet. Das erstere ruht auf einem drehbaren Ring, das letztere auf einer nach oben und unten schwenkbaren Lafette.

Die Nachtbomber sind zum Teil noch mit einem ein- und ausfahrbaren, um seine Achse drehbaren Maschinengewehrturm ausgerüstet, in dem ein Schütze Platz nimmt und das Schußfeld unter dem Flugzeug mit einem einfachen Maschinengewehr bestreicht.

Während die Rumpfaufteilung der Tagbomber damit beendet ist, schließt sich bei einer größeren Anzahl von Bombenflugzeugen noch an diese gesamte An-

Bild 31. Englischer Hochleistungsnachtbomber Handley Page Heyford. Der Rumpf ist aus betriebs- und schußtechnischen Gründen so hoch gelegt, daß die Rumpfoberkante mit der Oberflügeloberseite abschließt. Beachtenswert ist der langgestreckte Rumpfvorderteil und das geteilte Seitenruder, die beide zu dem ausgezeichneten Schußfeld der Maschine beitragen. Die Bewaffnung besteht aus 2 Doppel-M.G. auf der Flugzeugoberseite und aus einem einfachen M.G. im Drehturm unter dem Rumpf.

ordnung ein Heckstand an, der im Rumpfende hinter dem Leitwerk einen Maschinengewehrschützen mit einem Doppelmaschinengewehr trägt.

Die Maschinengewehrstände sind bei diesen derart verteilt und angeordnet, daß sich ihre Schußfelder gegenseitig ergänzen und sich zum Teil an Verteidigungen der anderen Stände beteiligen können.

Bei den Tagbombern schwankt die Bombenlast zwischen 500 bis 1000 kg, bei den Nachtbombern zwischen 1000 bis 2000 kg. In einem einzigen Falle, und zwar bei dem italienischen Nachtbomber Caproni 90 PB mit 6 × 1000 PS Motoren, wird die reine Bombenlast mit 8000 kg angegeben. Alle Bomber besitzen Vorrichtungen, die es gestatten, die verschiedensten Kaliber einzuhängen, so daß die Bombenzuladung entweder aus 50, 100, 250, 500, 800, 1000 oder aus einer 1800 kg oder aus einer Mischladung zusammengestellt werden kann.

Eine besondere Gruppe der Bomber stellen die Hochleistungsbomber und die Langstreckenbomber dar. Erstere, hochqualifizierte Flugzeuge von hohen Leistungen, werden besonders dort eingesetzt, wo Gewaltmaßnahmen erforderlich sind. Ihre Leistungen übersteigen die der Tagbomber und bieten den andern gegenüber außerdem viele Vorteile in der Wartung, Bedienung, Handhabung und im Anschaffungspreis, so daß eine Verdrängung der Tagbomber durch diese in kurzer Zeit zu erwarten sein wird.

Das Schußfeld sowie der gesamte Aufbau erreichen hier die günstigsten Verhältnisse unter dem geringzulässigsten Aufwand von Waffen und Material.

Das Gegenstück zu diesem Flugzeug bildet der Langstreckenbomber, der besonders in England, Frankreich und Rußland gezüchtet wird. Seine Entwicklung

Bild 32. Der englische Langstreckennachtbomber Fairey Hendon für Angriffe auf weit entfernte Ziele, von gut entwickelter aerodynamischer Formgebung.

läßt erkennen, daß die Richtlinien nicht nur auf technischen Forderungen fußen, sondern auch rein politischen Anforderungen Rechnung tragen. Seine geforderten Leistungen hinsichtlich der Flugradien weisen darauf hin, daß man sich mit dem Gedanken beschäftigt, Angriffe durchzuführen, deren Ziele weit über die Nachbarländer hinaus entfernt liegen. Ein anderer Gesichtspunkt käme wohl nicht in Frage, zumal, wenn die Ausgangsflughäfen dicht an der Landesgrenze liegen und mit Munition und Betriebsstoffen angehäuft werden. Die heute im Gebrauch befindlichen Nachtbomber verfügen zum größten Teil über eine Reichweite, die es ermöglicht, die Flugzeuge im Innern des Mutterlandes starten zu lassen, und Ziele, weit im Nachbarland, angreifen zu können. Sie werden dennoch ihren Heimathafen, wenigstens den an der Grenze liegenden Flugplatz, erreichen, um frisch beladen wieder gegen den Feind zu starten. Die Langstreckenbomber nehmen nur eine beschränkte Bombenlast von 1000 kg mit, dafür eine große Menge Brennstoff, um eventuell über weite Länderstriche fliegen zu können und dort den Bombenabwurf durchzuführen. Die Bestrebungen, die Langstreckenbomber immer mehr zu entwickeln, sind nicht mehr unerklärlich.

Der Luftwaffe von heute ist der Raum über dem eigenen und dem benachbarten Gelände bereits zu eng, morgen vielleicht noch unbeschreiblich kleiner geworden. Sie drängt daher die Frage der Zusammenschließung der Länder immer mehr in den Vordergrund, denn es wäre gewagt, wenn eine Regierung mit einer starken Luftmacht den Befehl erteilen würde, die Hauptstadt ihres Nachbarlandes anzugreifen, wenn sie gewärtig sein kann, daß morgen die Vergeltung auf ihre Hauptstadt erfolgt.

Es liegt aber nicht im Sinne dieser Abhandlung, die Gründe zu erforschen, die für den Sonderzweig der Entwicklung maßgebend sind.

Die kurze Abschweifung darf aber nicht zu irrtümlichen Annahmen führen; denn die triftigsten Gründe für eine Entwicklung dieser Sonderflugzeuge schließen die Tatsache nicht aus, daß auch heute noch alle Großmächte Nachtbomber in großen Mengen entwickeln und bauen, die für die Landesverteidigung bestimmt sind und bei einem Konflikt mit dem Nachbarland auf Ziele im Innern des Feindeslandes eingesetzt werden können.

## Technische Bedingungen für den Bau von Bombenflugzeugen.

Die technischen Bedingungen umfassen alle Erfahrungen und Forderungen, die für den Bau von Flugzeugen vorgeschrieben werden, um sie in dem Neubau weiter verwerten zu können. Daher dürfte es von größtem Interesse sein, einmal kennenzulernen, was heute gefordert wird und was technische Bedingungen auf dem Gebiete der Bewaffnung umfassen. Sie geben Aufschluß über das Höchstmaß der derzeitigen Erfahrungen und geben den Grundstock für die Bewertung eines Flugzeuges.

Abgesehen von der allgemeinen Abfassung, die besagt, daß das Flugzeug sich besonders durch leichte Handlichkeit der Steuer, gute Flugeigenschaften, gute Zerlegungsmöglichkeit für den Transport auf Bahn- und Landfahrzeugen, große Sicherheit der Mannschaft im Falle eines Bruches auszeichnet, außerdem mit einem robusten Fahrgestell versehen ist, das derart konstruiert ist, daß Kopfstände vermieden werden, ferner die Räder so gelagert sind, daß der Schwanzsporn möglichst entlastet ist und die Beweglichkeit auf dem Boden vergrößert, wurden für die Ausrüstung mit Waffen technische Bedingungen, die im nachfolgenden besonders Erwähnung finden, aufgestellt.

Die technischen Bedingungen werden von dem Luftarsenal zusammengestellt und den Flugzeugbaufirmen als Richtlinien zur Verfügung gestellt.

Die hier angeführten technischen Bedingungen enthalten die Forderungen für den Bau eines schweren Bombenflugzeuges, einem Eindecker mit luftgekühltem Motor. Der Abschnitt 1 fordert eine Zuladung, die sich wie folgt zusammensetzt:

a) Besatzung 4 Mann zu je 82 kg . . . . . . . . 328 kg
b) Brennstoff für Vollgasflug: ½ Std. in Bodennähe und 8 Std. in 3000 m Höhe . . . . . . . . . . 1 680 „
c) Öl, $^1/_{12}$ des Brennstoffgewichtes . . . . . . . . 140 „

| | | | |
|---|---|---|---|
| d) | Bewaffnung, wie in Abschnitt 4 angegeben . . . . | | 3 076 kg |
| e) | Ausrüstung, wie in Abschnitt 4 angegeben | | |
| | elektr. Anlage . . . . . . . . . . . | 105 kg | |
| | F.-T.-Anlage . . . . . . . . . . . | 92 „ | |
| | verschiedenes . . . . . . . . . . . | 45 „ | 242 „ |
| | normale militärische Gesamtzuladung . . . . . . | | 5 466 kg |

## Abschnitt IV:

Durch die nun anschließende ungefärbte Wiedergabe der waffentechnischen Ausrüstung von Bombenflugzeugen soll gezeigt werden, daß dem anscheinend so einfachen Aufbau der Bewaffnung viele Fragen und Forderungen zugrunde liegen, die befolgt, erst dem Flugzeug den hohen Kampfwert verleihen und fortgesetzt weiter ergänzt werden müssen, um auch den sich steigernden Anforderungen gerecht zu werden. Darauf aufbauend schließt sich die Untersuchung der Schußfelder an, die vor allem den konstruktiven Aufbau des Flugzeuges in schießtechnischer Hinsicht beeinflußt, wobei in gemeinschaftlicher Arbeit mit dem Konstrukteur der vorteilhafteste Flugzeugaufbau gesucht und entwickelt wird.

Das Flugzeug ist auszurüsten mit einem Gefechtsstand hinten oben, der enthalten muß:

| | | |
|---|---|---|
| 2 | gekuppelte Flugzeug-Maschinengewehre, Kaliber 7,65 mm, mit Spatengriff . . . . . . . . . . . . . | 21,5 kg |
| 10 | Magazine à 100 Schuß . . . . . . . . . . | 16,0 „ |
| 1000 | Schuß Munition, Kaliber 7,65 mm . . . . . . . | 29,5 „ |
| | Halter für Magazine . . . . . . . . . . | 1,8 „ |
| 1 | Kreisvisier mit Gestell . . . . . . . . . | 0,2 „ |
| 1 | Windfahnenvisier . . . . . . . . . . . | 0,1 „ |
| 1 | Träger für das Windfahnenvisier . . . . . . . | 0,1 „ |
| 1 | Halter für 2 Gewehre, Kaliber 7,65 mm . . . . . | 4,0 „ |
| 1 | Maschinengewehrring für 2 Gewehre, Kaliber 7,65 mm | 13,6 „ |
| | Gesamtsumme: | 86,8 kg |

fener mit einem Gefechtsstand vorn oben, der enthalten muß:

| | | |
|---|---|---|
| 2 | gekuppelte Flugzeug-Maschinengewehre, Kaliber 7,65 mm, mit Spatengriff . . . . . . . . . . . . . | 21,5 kg |
| 10 | Magazine à 100 Schuß . . . . . . . . . . | 16,0 „ |
| 1000 | Schuß Munition, Kaliber 7,65 mm . . . . . . . | 29,5 „ |
| | Halter für 10 Magazine . . . . . . . . . | 1,8 „ |
| 1 | Kreisvisier mit Gestell . . . . . . . . . | 0,2 „ |
| 1 | Windfahnenvisier . . . . . . . . . . . | 0,1 „ |
| 1 | Träger für das Windfahnenvisier . . . . . . . | 0,1 „ |
| 1 | Halter für 2 Gewehre, Kaliber 7,65 mm . . . . . | 4,0 „ |
| 1 | Maschinengewehrring für 2 Gewehre, Kaliber 7,65 mm . | 13,6 „ |
| | Gesamtsumme: | 86,8 kg |

weiter einen Gefechtsstand mit drehbaren Gewehren hinten unten, der enthalten muß:

| | | |
|---|---|---|
| 2 | gekuppelte Flugzeug-Maschinengewehre, Kaliber 7,65 mm, mit Spatengriff | 21,5 kg |
| 8 | Magazine für 100 Schuß | 12,7 " |
| 800 | Schuß Munition, Kaliber 7,65 mm | 23,5 " |
| | Halter für 8 Magazine | 1,5 " |
| 1 | Kreisvisier mit Gestell | 0,2 " |
| 1 | Windfahnenvisier | 0,1 " |
| 1 | Träger für das Windfahnenvisier | 0,1 " |
| 1 | Halter für 2 Gewehre, Kaliber 7,65 mm | 4,0 " |
| 1 | Maschinengewehrturm | 34,0 " |
| | Gesamtsumme: | 97,6 kg |

Die Bombenausrüstung hat zu umfassen:

| | | |
|---|---|---|
| 2 | Bomben-Aufhängevorrichtungen, innen mit Notauslösevorrichtung | 178,0 kg |
| 24 | Bombenschäkel | 24,0 " |
| 2 | Bomben-Auslösevorrichtungen | 14,0 " |
| | Schottwände für Bombenraum | 5,4 " |
| 2 | Gabelzugstangen für die Notauslösung | 1,1 " |
| 2 | Sicherheitsauslösegriffe | 0,5 " |
| | Halter für Bombenauslösung und Sicherheitsgriffe | 1,9 " |
| | Kette, Kabel, Verkleidung, Anschläge usw. für die Bombenauslösung | 11,0 " |
| 1 | Zielvorrichtung für Bomben | 5,0 " |
| | Gestell für Bombenzielvorrichtung | 0,9 " |
| | Elektrische Verbindungen für die Bombenzielvorrichtung | 0,1 " |
| 2 | Einwinkvorrichtungen für den Flugzeugführer | 0,9 " |
| | Kabel dazu, Lampen und Schalter | 0,5 " |
| | Gesamtsumme: | 243,3 kg |

Die Ausrüstung hat außerdem zu umfassen:

Flugzeugleuchtfackeln:

| | | |
|---|---|---|
| 1 | Ständer und Halter für die Flugzeugleuchtfackeln | 3,6 kg |
| 2 | Einschaltvorrichtungen dazu | 0,8 " |
| | Grundplatte für die Einschaltvorrichtung | 0,2 " |
| | Kabel, Verkleidung, Anschlüsse usw. für die Schaltvorrichtung | 1,6 " |
| 4 | Fallschirm-Leuchtbomben | 36,4 " |
| | Gesamtsumme: | 42,6 kg |

Signalausrüstung:

| | | |
|---|---|---|
| 1 | Leuchtpistole . . . . . . . . . . . . . . . . . . | 0,5 kg |
| | Leuchtpistolenhalter . . . . . . . . . . . . . . . | 1,4 „ |
| 12 | Leuchtpatronen . . . . . . . . . . . . . . . . . | 3,8 „ |
| | Patronenträger für die 12 Patronen . . . . . . . . | 1,3 „ |
| | Gesamtsumme: | 7,0 kg |

Demnach beträgt das Gesamtgewicht der Bewaffnung ausschließlich Bomben . . . . . . . . . . . . . 564,1 kg

Die normale Bombenlast (Innenaufhängung) setzt sich zusammen aus:

| | | |
|---|---|---|
| 20 | Bomben zu 130 kg . . . . . . . . . . . . . | 2600,0 kg |
| | Gesamtgewicht der Bewaffnung als Grundlage für die Sicherheitsfaktoren- und Leistungsforderungen . . . | 3164,1 „ |

und an Sonderbombenzuladung (innere Aufhängung) aus:

Jede der folgenden Sonderbombenzuladung muß in der inneren Aufhängung untergebracht werden können, entweder bei normaler oder auch verringerter Brennstoffzuladung.

| | | |
|---|---|---|
| A) | 24 Bomben zu 130 kg . . . . . . . . . . . | 3120 kg |
| B) | 12 Bomben zu 285 kg . . . . . . . . . . . | 3420 „ |
| C) | 8 Bomben zu 500 kg . . . . . . . . . . . | 4000 „ |

Sonderbombenzuladung (äußere Aufhängung)

Jede der folgenden Sonderbombenzuladung muß in der äußeren Aufhängung sowohl bei normaler als auch bei vergrößerter Brennstoffzuladung getragen werden können.

D) Mit einer Bombe zu 970 kg:

| | | |
|---|---|---|
| 1 | äußerer Bombenhalter . . . . . . . . . . . | 51,0 kg |
| | Verspannungskabel, Sonderbeschläge usw. für die Bombenaufhängung . . . . . . . . . . . . | 22,6 „ |
| 1 | Auslösevorrichtung . . . . . . . . . . . . | 2,0 „ |
| 1 | Notauslösung für den Flugzeugführer . . . . . . . | 1,4 „ |
| | Kette, Sonderbeschläge usw. für die Notauslösung . . . | 2,3 „ |
| 1 | Minenbombe (Zerstörungsbombe) zu 970 kg . . . . . | 970,0 „ |
| | Gesamtsumme: | 1049,3 kg |
| | Abzüglich zwei Auslösevorrichtungen und 24 Bombenschäkel | 34,3 „ |
| | Gesamtlast für eine Sonderbombenzuladung (mit 1 Bombe zu 970 kg) . . . . . . | 1015,0 kg |

E) Mit 2 Bomben zu 970 kg:

| | | |
|---|---|---|
| 2 | Äußere Bombenhalter . . . . . . . . . . . . | 102,0 kg |
| | Verspannungskabel, Sonderbeschläge usw. für die Bombenaufhängung . . . . . . . . . . . . . . | 45,2 " |
| 2 | Auslösevorrichtungen . . . . . . . . . . . . | 4,0 " |
| 1 | Notauslösung für den Flugzeugführer (dieselbe Vorrichtung wie unter Sonderbombenzuladung D bereits aufgeführt) | 1,4 " |
| | Kette, Sonderbeschläge usw. für die Notauslösung . . . | 2,3 " |
| 2 | Minenbomben (Zerstörungsbomben) zu je 970 kg . . . | 1940,0 " |
| | Gesamtsumme: | 2094,9 kg |
| | Abzügl. zwei Auslösevorrichtungen mit 24 Bombenschäkel | 34,3 " |
| | Gesamtlast für eine Sonderbombenzuladung (bei 2 Bomben zu je 970 kg) . . . . . | 2060,6 kg |

F) Mit 1 Bombe zu 1800 kg:

| | | |
|---|---|---|
| 1 | äußerer Bombenhalter . . . . . . . . . . . . | 102,0 kg |
| | Verspannungskabel, Sonderbeschläge usw. für die Außenaufhängung . . . . . . . . . . . . . . | 22,6 " |
| 1 | Auslösevorrichtung . . . . . . . . . . . . | 2,0 " |
| 1 | Notauslösung für den Flugzeugführer . . . . . . . | 1,4 " |
| | Kette, Sonderbeschläge usw. für die Notauslösung . . . | 2,3 " |
| 1 | Minenbombe (Zerstörungsbombe) . . . . . . . . | 1800,0 " |
| | Gesamtsumme: | 1930,3 kg |
| | Abzüglich zwei Auslösevorrichtungen und 24 Bombenschäkel | 34,3 " |
| | Gesamtlast für eine Sonderbombenzuladung (bei 1 Bombe zu 1800 kg) . . . . . | 1896,0 kg |

Jede der folgenden Sonderbombenzuladung muß in der äußeren Aufhängung sowohl mit normaler als auch mit verringerter Brennstoffzuladung getragen werden können.

| | | |
|---|---|---|
| G) | Mit 4 Bomben zu 970 kg die doppelte Sonderbombenzuladung E plus 34,3 kg | 4130,0 kg |
| H) | Mit 2 Bomben zu 1800 kg die doppelte Sonderbombenzuladung F plus 34,3 kg | 3570,0 " |

Folgende Forderungen für den Einbau der Bewaffnung müssen erfüllt werden: Hinten auf dem Rumpf ist ein Maschinengewehrring aufzumontieren, der zwei drehbare Flugzeug-Maschinengewehre, Kaliber 7,65 mm, trägt. Die Maschinengewehre müssen in jeder Richtung feuern können, ausgenommen die toten Winkel, die durch das Leitwerk, Flügel, Propeller und das Fahrgestell gebildet werden. Diese toten Winkel sollen so klein wie nur irgendmöglich sein. Die Schußrichtung über die beiden Seiten des Rumpfes und nach unten muß mindestens senkrecht sein.

Zur Sicherstellung dieser Forderung muß der Ringsockel bei einem breiten Rumpf von Seite zu Seite gleitbar angebracht und starke Anschläge vorgesehen werden, die den Sockel genügend festhalten. An jeder Seite des Rumpfes ist ein Anschlag anzubringen, der verhindert, daß die Maschinengewehre durch die unteren Längsträger schießen. Es ist notwendig, daß diese Anschläge stark genug gemacht werden, um das Gewicht eines Mannes zu tragen. Die untere Hälfte wird durch zwei Flugzeug-Maschinengewehre, Kaliber 7,65 mm, geschützt, die drehbar auf einem einziehbaren Turm aufgestellt sind. Bei Gebrauch wird der Turm unter dem Rumpf hinter dem Bombenraum ausgefahren. Von dem Turm aus soll der Schütze in der Lage sein, die Gewehre horizontal und vertikal zu verstellen und den Turm horizontal um gesamte 360° zu drehen. Es muß ihm möglich sein, die Gewehre in jede Richtung innerhalb der unteren Hälfte einzustellen. Wenn der Turm nicht gebraucht wird, kann er in den Rumpf eingezogen werden, hierfür müssen Vorkehrungen getroffen werden, damit dies leicht und schnell geschehen kann. Im eingezogenen Zustande soll der Boden des Turmes die Öffnung im Boden des Rumpfes vollkommen schließen. Die Konstruktion des Turmes, sein Bau, sein Arbeitsmechanismus usw. sollen derart sein, daß der Durchgang der Besatzung vom hinteren Raum zum Bombenraum nicht behindert wird, ganz gleich, in welcher Lage sich der Turm befindet. Der untere Schütze soll einen beweglichen oder festen Sitz haben. Genügend Fenster müssen in dem Rumpf eingeschnitten sein, um dem Schützen ein gutes Sichtfeld zu schaffen. Es muß eine Vorkehrung getroffen werden, die dem Schützen ermöglicht, während des Fluges leicht mit Hilfe eines Fallschirmes abzuspringen.

Die Munitionsmagazine für die Gewehre sind in Ständern unterzubringen, die derart zu konzentrieren sind, daß die Magazine ganz fest liegen, jedoch bei Gebrauch leicht herausgenommen werden können. Der Schütze muß in der Lage sein, ohne sich zu bücken oder den Kopf in den Rumpf stecken zu müssen, mit einer Hand die Gewehre halten und die Patronentrommeln auswechseln zu können.

Zwei Bombenräume sind innen mit Bombenträgern auszurüsten.

Die innere Bombenaufhängung muß durch Tragbalken oder Gerüste aus Metall, die entweder oberhalb oder unterhalb der Aufhängevorrichtung anzubringen sind, abgestützt sein. Die Durchbiegung beim Aufhängepunkt der Träger soll bei einer Bombenlast von 1990 kg bei einer Dreipunktkonstruktion nicht mehr als 1,5 mm betragen.

Die äußeren Bombenträger sind entweder unter dem Flügel oder unter dem Rumpf anzubringen. Wenn sie unter dem Flügel angebracht sind, darf die seitliche Mehrbelastung nur so viel betragen, daß sie durch die Steuerung unter allen Flugbedingungen einschließlich Start und Landung ausgeglichen werden kann. Wenn sie unter dem Rumpf angebracht sind, müssen bei Vollbelastung des Flugzeuges mindestens 30 cm Bodenentfernung vom Leitwerk der 1000 kg-Bombe vorgesehen sein. Die Bombe kann mit der Spitze nach unten in einem Winkel von 4° aufgehängt werden, wenn dies zur Erfüllung dieser Bedingung notwendig ist.

Für einen raschen Einbau, Betätigung und Ausbau der gewöhnlichen inneren Bombenheißvorrichtung müssen Vorkehrungen getroffen werden. Diese Vorrichtung dient dazu, die Bomben in die Magazine hereinzuziehen. Gerippeteile über dem Bombenraum sind so anzubringen, daß sie beim Ladevorgang den Gebrauch der Kabel nicht stören.

Der obere Teil des Flugzeuges über dem Bodenraum soll mit Sperrholz, Metall oder anderem passenden Material bedeckt und genügend stark ausgebildet sein, um das Gewicht von zwei Mann zu tragen, die den Bombenaufzug betätigen.

Es sollen Schiebe-, Gelenk- oder herausnehmbare Türen vorgesehen sein, die zwischen den Bombenmagazinen oben auf dem Flugzeug einen freien Ausgang gewähren. Wenn die Türen vollkommen herausnehmbar sind, sollen sie stark und derb sein, damit sie nicht so leicht zerbrechen, wenn sie heruntergeworfen werden. Wenn Gelenktüren benutzt werden, sind sie derart anzubringen, daß sie den Waffenmeister während der Ladung nicht stören.

Für Bombenvisiere sollen Sockel in Form eines flachen, in Schienen vor- und zurückgleitenden Stativs oder eines massiven Stufengestells, durch das das Bombenvisier seitwärts bewegt wird, eingebaut werden. Wenn das Bombenvisier nicht übermäßig viel Platz beansprucht, kann der Sockel fest eingebaut sein, anderenfalls muß er zum Ausbau eingerichtet werden.

Der Sitz des Bombenwerfers und der Sockel des Bombenvisiers sind so einzubauen, daß die Spitze der Bombe normalerweise 30 cm über und 67 cm vor der hinteren Ecke des Sitzes liegt. Fußstützen für den Bombenwerfer sind vorzusehen, die er bei Benutzung des Bombenvisiers und Auslösevorrichtung gebraucht. Die Achse des Ständers für das bewegliche Bombenvisier muß in Fluglage senkrecht sein. Aussparungen in der Kabine sollen genügend Raum lassen, um später ein neues Bombenvisier einbauen zu können, das von seiner Grundbasis bis zum Auge des Bombenwerfers 50 cm mißt. Wenn der Sitz des Bombenwerfers zu viel Platz in Anspruch nimmt, muß er zurückklappbar sein.

Die Öffnung im Rumpf zum Visieren soll eine senkrechte Sicht nach unten und ungestört durch Gerippeteile, Fahrgestell oder Bomben eine Sicht von 14° nach hinten, mindestens 60° nach vorn (von der Vertikalen ab gerechnet) und 22° nach rechts und links von der Fluglinie aus, gestatten. Wenn es vorteilhaft erscheint, kann diese Öffnung von der Mitte des Rumpfes verlegt werden.

Der Richtungsweiser ist so nahe wie möglich vor dem Piloten auf dem Instrumentenbrett in Augenhöhe anzubringen. Ein zweiter Richtungsweiser, mit dem ersten verbunden, soll im Raum des Bombenwerfers vorgesehen sein.

Für die äußere Bombenaufhängung sind ein oder mehrere Notauslösevorrichtungen für den Flugzeugführer mit allen Ketten usw. einzubauen. Diese Notauslösung soll unabhängig von der des Bombenwerfers betätigt werden können. Eine gegabelte Stange liegt hinter dem Bodenraum, damit der Maschinengewehrschütze im Falle Versagens des Auslösemechanismus die Bombe abstoßen kann. Für den Bombenwerfer liegt eine zweite Stange vor dem Bombenraum.

Für den Einbau von zwei Leuchtbomben-(Signalbomben-)Auslösevorrichtungen sollen Beschläge, Bolzen und Spreizhölzer vorgesehen werden. Vorkehrungen zum raschen Anbringen und Abwerfen der Leuchtbomben sind zu treffen. Die Bedienung dieser Auslösevorrichtung soll so geregelt sein, daß die Leuchtbomben sowohl vom Bombenwerfer als auch vom Flugzeugführer abgeworfen werden können.

Scharnierbretter, verschnürte Bezüge oder andere Arten von Türen müssen in den Seiten des Rumpfes zwischen dem vorderen und hinteren Gang im Bombenraum angebracht sein, und zwar in voller Höhe der Bombenmagazine, damit der Waffenmeister die Schäkel leicht in die Sliphaken einhängen kann.

In dem Schott hinter dem Führersitz sind Öffnungen vorzusehen, die die Beobachtung der Bomben und Bombenmagazine gestatten und durch Schiebe- oder Scharniertüren, am besten aus unzerbrechlichem Glas, zu verschließen sind.

Ablenkflächen – scharniert oder gleitbar – sind an jedem Ende des Bombenraumes anzubringen, die den Durchgang des Luftstromes und damit das Aneinanderstoßen der Bomben in den Gestellen verhindern.

Schiebetüren oder -bretter sollen vorgesehen werden, die die untere Öffnung des Bombenraumes schließen und sich beim Abwurf der Bomben automatisch öffnen und schließen lassen.

Von dem hinteren Schützenstand aus ist ein Durchgang zum Bombenraum vorzusehen, der eine Überwachung der Bombenmagazine und Auslösung bei Störungen gestattet, während die Maschine in der Luft ist.

Es müssen Vorkehrungen getroffen werden, die die zufriedenstellende Arbeit der Heißvorrichtung garantieren, die als Teil der äußeren Bombenaufhängung geliefert wird. Die zu benutzenden Heißvorrichtungen bestehen aus 4 Trommeln mit Sperrädern, 4 Handkurbeln und 4 Schlingen. Es muß möglich sein, die Handkurbeln im Winkel von nicht weniger als 75° zu betätigen, ohne mit den Flügeln, dem Fahrgestell oder anderen Flugzeugteilen in Berührung zu kommen.

Nach diesen Bedingungen erfolgt nun die Ausrüstung der Flugzeuge, die im weiteren Verlauf der Entwicklung immer wieder verbessert wird.

## Was ist ein Hochleistungsnachtbomber?

Ein Hochleistungsnachtbomber ist ein mehrmotoriges großes Lastflugzeug, das eine hohe Geschwindigkeit sowohl in Bodennähe als auch in großer Höhe erreicht. Unterzieht man die neuesten Entwicklungen auf dem Gebiete der Bombenflugzeuge einer genauen Betrachtung, so ist unzweifelhaft zu erkennen, daß alle Staaten dahin streben, einen Hochleistungsnachtbomber zu schaffen. Viele Bombenflugzeuge wurden geschaffen und erprobt, aber keines kam den umfangreichen Forderungen nahe, die an einen neuzeitlichen Hochleistungsnachtbomber gestellt werden. Zusammenfassend werden im nachfolgenden die Bedingungen für diese Flugzeuggattung aufgeführt, die allen Konstruktionen zugrunde liegen und die sich im Laufe der Jahre als unbedingt anstrebenswert herausgestellt haben.

Die Grundbedingungen sind:

1. Höchste Geschwindigkeit in Bodennähe und Arbeitshöhe,
2. ausgezeichnete Manövrierfähigkeit,
3. kleine Besatzung und gute Verständigungsmöglichkeit untereinander,
4. die Fähigkeit, 8 Stunden zu fliegen mit nur ½ Stunde Unterbrechung für die Vorbereitungsarbeiten zum nächsten Start,

5. höchste Schnelligkeit für die Aufnahme der Dienstfüllung,
6. kürzeste Ladezeit für die Bomben,
7. schnellstes Bedienen der Motoren und inneren Einrichtung durch leichte Handgriffe,
8. rasche und einfache Reparaturmöglichkeit, normalisierte Ersatzteile, die in kurzer Zeit gegen beschädigte Teile ausgewechselt werden können,
9. einfache Konstruktion, um den Bau in verschiedenen Firmen zu erleichtern und die Produktion auf ein Höchstmaß zu steigern,
10. geringe Dimension der Flugzeuge, die eine schnelle Bewegung von vielen Maschinen auf einem beschränkten Landeplatz erlaubt.

Der Hochleistungsnachtbomber ist eine Maschine, die nicht nur auf Grund der Lufterfahrungen so vollkommen entwickelt wurde, sondern deren Vorteile auch in dem genauen Studium des Herstellungsprozesses und dessen einzelnen Arbeitsphasen gefunden wurden. Das Studium, einen solchen Bomber zu schaffen, beschränkte sich daher nicht nur in der Erprobung der Flugzeuge in der Luft, sondern vor allen Dingen auch auf die Betriebserfahrungen auf Flugplätzen, in bezug auf die Wartung und schnellen Einsatz der Maschine für bestimmte Aufgaben. Nicht zuletzt waren die Herstellungserfahrungen von ausschlaggebender Bedeutung, da man auch darauf bedacht sein mußte, ein Flugzeug zu schaffen, das den geforderten kurzen Lieferzeiten im Kriegsfalle gerecht wurde. Mit Erfolg wurde diese Aufgabe von der englischen Firma Handley Page in England durchgeführt, und nach vielen Jahren der Erprobung wurde eine Type hergestellt, die diesen Forderungen sehr nahe kam und daher für die vorliegende Betrachtung als Beispiel dienen kann.

Bei allen militärischen Operationen, sei es bei Strafaktionen oder im Krieg, ist der Begriff „Zeit" der wichtigste Faktor. Der neue Hochleistungsnachtbomber „Heyford", entwickelt von Handley Page Ltd. für die Royal Air Force, wurde für die Neuausrüstung der vorhandenen Bombengeschwader bestimmt. Seine Einführung in das militärische Luftwesen verkörpert einen ganz neuen Begriff. Bis jetzt wurde das Maß der Schnelligkeit eines Flugzeuges an seiner Schnelligkeit in der Luft gemessen. Aber dies löst nur einen Teil der Frage. Bei der Schnelligkeit des Bedienens auf dem Erdboden, beim Aufnehmen der Dienstfüllung, beim Beladen mit Bomben, beim Überprüfen der Motoren, bei der Herstellung und Handhabung der Flugzeuge kann mehr Zeit gewonnen werden, als es die erhöhte Schnelligkeit in der Luft vermag. Der ideale Nachtbomber darf deshalb nicht nur eine hohe Flugzeuggeschwindigkeit aufweisen, sondern er muß auch auf der Erde schnell gewartet werden können. Der Nachtbombenabwurf gleicht unter modernen Bedingungen einem Autorennen, bei welchem die Schnelligkeit des Tankens, der Räderwechsel genau so für den Erfolg mitzählt wie die Schnelligkeit des Fahrens selbst. Der Nachtbombenabwurf gehört zu den schwierigsten Aufgaben der militärischen Streitkräfte, da dieser viele und schwere Forderungen an die Flugzeugindustrie stellt. Der Handley Page „Heyford" Nachtbomber ist der erste Bomber dieser Art, er bedeutet für die Züchtung von Hochleistungsnachtbombern einen bemerkenswerten Fortschritt. Die Forderungen für den Bau derartiger Flugzeuge und die Entwicklungsgrundlagen, der die Firma Handley Page nachzukommen sucht, sind interessant und lehrreich, so daß nachfolgend auf die Ziele eingegangen werden soll, die von Handley Page Ltd. beim Bau ihrer Bombenflugzeuge angestrebt werden.

Die Arbeiten an einer Maschine, welche oft bei Nacht und schlechter Beleuchtung verrichtet werden müssen, beziehen sich meistens auf das Tanken, Bombeneinladen, Motorschäden-Beseitigung und Maschinen-Startfertigmachen. Das Tanken des „Heyford" kann mit größter Schnelligkeit vor sich gehen, weil die Füllstutzen leicht zu erreichen und der Brennstoff eingepumpt werden kann, während die Bomben geladen werden. Ferner können die Mechaniker zur selben Zeit an den Motoren arbeiten, denn die Plattformen, auf denen die Bedienungsmannschaft stehen kann, bilden einen Teil der Motorenverkleidung und können leicht heruntergeklappt werden. Die Leiter für das Betreten der Plattform wird ständig in der Maschine mitgeführt, so daß sie jederzeit greifbar ist. Die Motoren und ihre Propeller sind so hoch angeordnet, daß die Peripherie der Luftschraubenbahn eine Durchgangshöhe von 2,4 m über dem Erdboden ergibt. Das ist von sehr großem Wert, denn die Motoren brauchen nicht abgestellt zu werden, und die Lademannschaft der Bomben kann ungehindert an dem Flugzeug die Vorrichtungen laden, ohne befürchten zu müssen, durch die Propeller verletzt zu werden. Von einer wenig ausgebildeten Mannschaft kann die Bedienung am Boden des „Heyford" einschließlich Tanken, Bombeneinladung, Ausbessern der Motore usw. ausgeführt werden. Die Arbeiten können sofort und unter günstigsten Bedingungen begonnen werden, ohne Gefahr zu laufen, daß die Mannschaft durch Zwischenfälle zu Schaden kommt. Die Bedienungsmannschaften können sich mit Sicherheit in der Maschine bewegen, die wichtigsten Teile alle leicht erreichen, den Brennstoff durch Röhren, die durch die Streben geleitet sind, in die Tanks füllen. Die Menschen bewegen sich ungehindert unter der Maschine, laden die Bomben, Mechaniker stehen auf der Haupttragfläche und überprüfen die Motore. Zu dieser täglichen Arbeit am Flugzeug kommt noch ein Faktor hinzu, durch den sich der

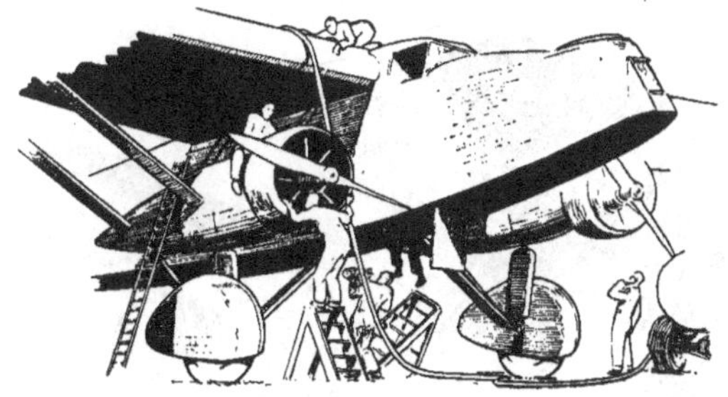

Bild 33. Vergleich der Startvorbereitung zwischen einem Hochleistungsnachtbomber in der Bauart Handley Page Heyford und einem modernen Farman-Nachtbomber.

echte Hochleistungsbomber von den gewöhnlichen Bombern unterscheidet, nämlich die Auswechselbarkeit von Ersatzteilen. Beim Handley Page „Heyford" ist dieser Faktor äußerst hoch zu bewerten, denn die Herstellung folgt nach Schablonen und normalisierten Arbeitsgängen. Ausbesserungsarbeiten können deshalb direkt vorgenommen werden, da die maschinelle Fabrikation in der Unterhaltung von Flugzeugen die Facharbeit fast ganz ausschaltet. Alle diese Vorteile tragen dazu bei, daß der Wert derartiger Hochleistungsbomber sich nicht nur im Unterhalt der Maschinen, sondern auch bei der Produktion bemerkbar macht. In einem Kriege können diese Vorteile zu einer ausschlaggebenden Bedeutung werden.

Die Höchstgeschwindigkeit des Heyford-Hochleistungsnachtbombers liegt über 225 km/h bei einer Arbeitshöhe von 3962 m und bei einer Landegeschwindigkeit von weniger als 90 km/h. Die Schlagkraft und die Manövrierfähigkeit wird erreicht durch die Wahl des Doppeldeckers und durch die geschickte Zusammenfassung der verschiedenen Aufgaben. Die Spannweite des Flugzeuges beträgt nur 22,86 m, so daß gewöhnliche Schuppen ausreichen, um mehrere Flugzeuge aufzunehmen. Die notwendigen Ersatzteile sind zahlenmäßig gering, so daß der Transport und das Handhaben der Ersatzteile sehr erleichtert wird. Die Besatzung im „Heyford" ist so vorteilhaft verteilt, daß sie sich miteinander in der Luft verständigen kann ohne geringste Verzögerung und ohne Gefahr des Mißverständnisses, denn sie kann sich gegenseitig sehen und sich frei in dem großen geschlossenen Rumpf bewegen. Die enge Zusammenlegung der Mannschaft gehört zu den wichtigsten Eigenschaften des Hochleistungsnachtbombers. Um dieses zu erreichen, hat man von dem Maschinengewehrheckstand zugunsten des einziehbaren Maschinengewehrturmes Abstand genommen, der in der Unterseite des Rumpfes eingebaut ist. Die Anwendung eines Maschinengewehrheckstandes trennt die Mannschaft und verhindert eine Verständigung untereinander. Obgleich dadurch das Schußfeld im ersten Augenblick durch die Nichtanwendung eines Heckstandes und die damit verbundene mangelhafte Rückendeckung vernachlässigt wurde, konnte dieser Mangel durch die Anordnung der getrennten Seitenruder wieder ausgeglichen werden.

Bild 34. Eine hochliegende Motoranlage behebt die Gefahren tiefliegender Motoren und ermöglicht, auch bei laufendem Motor die Munition an Bord zu nehmen.

Zu den besonderen Eigenschaften des „Heyford" gehören noch die stark gedämpften Motorengeräusche während des Fluges, das ununterbrochene Sichtfeld für Piloten und Mannschaft, das kleine Ausmaß, das er den Scheinwerfern bietet, und die vollkommenen Flugeigenschaften. Das Sichtfeld des „Heyford" kann dem Sichtfeld des Eindeckers gleichgestellt werden, während seine Manövrierfähigkeit die eines Eindeckers weit übertrifft.

Die Geräuschlosigkeit des Hochleistungsbombers wurde erreicht durch die Schaffung eines besonderen Motorsystems. Das Ergebnis langjähriger Forschung war, daß das Flugzeug bei 4000 m Höhe und bei relativ geringer Entfernung kaum hörbar ist.

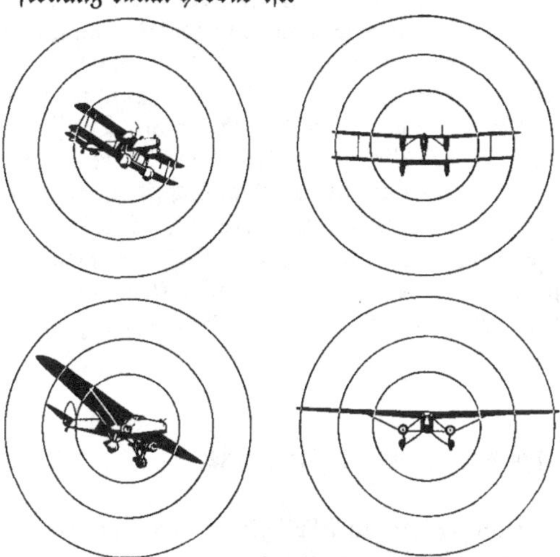

Bild 35. Der Doppeldecker bietet ein kleineres Ziel als der Eindecker mit gleichgroßem Flächenareal.

Die gute Sicht wurde dadurch erreicht, daß man den Piloten weit vor der Haupttragfläche und in gleicher Höhe mit dem Oberflügel unterbrachte und die andere Mannschaft derart, daß sich das jeweilige Sichtfeld zueinander deckt und ergänzt. Scheinwerfer können nachts leicht ein Flugzeug entdecken, wenn dieses Flugzeug ihren Strahlen eine große Fläche bietet. Der „Heyford" bietet in bezug auf seine Ausmaße und Schnelligkeit eine kleinere Fläche als irgendein anderes Flugzeug. Dieser Umstand, verbunden mit seiner Geräuschlosigkeit, gibt ihm bessere Aussichten, zu den feindlichen Stellungen vorzudringen, ohne entdeckt zu werden, als irgendeinem anderen Bombenflugzeug. Eine lange Erprobungszeit führte zu der Erkenntnis, daß der beschrittene Weg zur Schaffung eines Hochleistungsflugzeuges der richtige war und daß die Konstruktion in dem Typ des Entwurfs „Heyford" allen Erwartungen entsprach.

Der erste Handley Page „Heyford" Hochleistungsnachtbomber wurde entworfen, gebaut und geflogen, ohne eine einzige Änderung an der Grundkonstruktion vornehmen zu müssen. Der Wert dieser Maschine, besonders als Nachtbomber, wird noch gehoben durch die guten Landeeigenschaften vermöge ihrer Spaltflügel und des ausreichenden abgefederten und großspurigen Fahrwerkes.

Die Bewaffnung bei einem Hochleistungsnachtbomber kann nicht genug beachtet werden. Bei dem „Heyford" wurde zugunsten der Verständigung und Förderung des Sicherheitsgefühles der Mannschaft von der Anordnung eines Heckstandes abgesehen und dieser Nachteil durch das geteilte Seitenleitwerk und Anordnung eines ein- und ausschiebbaren Maschinengewehrturmes vollkommen wieder gutgemacht. Die Verteilung der 3 Maschinengewehrstände ist günstig getroffen, so daß sich alle Schützen tatkräftig unterstützen und die Schußfelder vollkommen ergänzen, zum Teil decken können. An dieser Stelle sei auf die Schußfeldauswertung hingewiesen, aus der eindeutig hervorgeht, daß eine derartige Flugzeugkonstruktion, wie sie der Hochleistungsbomber „Heyford" darstellt, ausgezeichnete Vorteile bietet und den anderen Grundformen in vieler Hinsicht weit überlegen ist, daher um so mehr Anrecht hat, als markantes Beispiel für einen Hochleistungsnachtbomber zu gelten. Alle Maschinengewehrstände besitzen außerdem einen Windschutz, um den Schützen vor dem enormen Fahrtwind zu schützen und vor zu rascher Ermüdung zu bewahren.

Die Bombenunterbringung und das Laden der Vorrichtungen kann auch als eine günstige Lösung angesehen werden. Die Bomben im Unterflügel hängen in elektrisch auslösbaren Vorrichtungen. Ihre Wartung und Ladung erfolgt von unten, ohne Rücksichtnahme auf den anderen Teil der Bedienungsmannschaft am Flugzeug und ob die Motoren außer Betrieb gesetzt werden oder nicht. Die Trennung des Bombenraumes von dem Raum der Besatzung fördert das sichere Gefühl der Besatzung und trägt mit dazu bei, die Leistungen der Mannschaft zu steigern.

Abschließend kann daher gesagt werden, daß alle Bomber, die obige Bedingungen wie das Muster H. P. „Heyford" erfüllen, zu den Hochleistungsnachtbombern gerechnet werden können, die auf Grund ihrer Eigenschaften und Vorteile das Bombenflugzeug der Front sein und den gesamten Bombenflugzeugbau stark beeinflussen werden.

## Die Kampfkraft der Bombenflugzeuge.

Das Herz des Gegners schon beim ersten militärischen Schlag zu treffen, wird das Bestreben in allen künftigen feindseligen Unternehmungen sein.

Die empfindsamste Stelle des Gegners ist das Hinterland mit seinem Industriezentrum. Dorthin wird der erste Angriff führen, um Werte zu zerstören, die für die Weiterführung einer Kampfhandlung erforderlich sind. Die Methode, erst das Grenzgbiet zu erobern, um in das Land eindringen zu können, gilt als überholt. An ihre Stelle sind die Angriffsmöglichkeiten der Luftflotte getreten, die in kurzer Zeit das Heimatland des Gegners angreifen und dem Kriege eine ganz andere Wendung geben kann.

Zu den ersten militärischen Handlungen eines Krieges gehört der Einsatz eines Bombengeschwaders.

Infolge der Tragfähigkeit eines Bombers, seiner Fähigkeit, sich selbst zu schützen, seiner operativen Überlegenheit, bildet er den Grundstock einer gut aufgebauten Luftstreitkraft.

Noch heute besteht die Ansicht, daß der kampfkräftige Bomber für den Angriff bei Tag ein einmotoriges Flugzeug sein müsse, das in seinen Flugleistungen den mehrmotorigen Flugzeugen überlegen ist und wegen seiner sonstigen Eigenschaften schneller eingesetzt und demnach erfolgreicher handeln könne. Die einmotorigen Tagbomber werden aber nicht mehr einzeln eingesetzt, da sonst der Erfolg zu gering und die Gefahr der gegnerischen Luftabwehr zu groß sein würde.

Obige Ansicht besteht zu Unrecht, denn ein hochleistungsfähiger mehrmotoriger Bomber kann nicht durch einmotorige Bomber zu ersetzen sein. Die große Kampfkraft der mehrmotorigen Bomber läßt sich am besten durch einige Zahlenbeispiele belegen. Das ständige Ringen, den mehrmotorigen Bomber in seinen Leistungen und seiner Kampfkraft zu steigern, bringt den besten Beweis dafür, daß der mehrmotorige Bomber bevorzugt wird und der einmotorige Bomber nur ein Notbehelf darstellt, bis der hochleistungsfähige mehrmotorige Bomber geschaffen ist.

Was versteht man nun unter einem kampfkräftigen Bomber, und wodurch wird die Kampfkraft erzeugt? Die Kampfkraft eines Bombers umschließt alle seine Werte, ob es nun die Leistungen eines Flugzeuges selbst, die Ausrüstung, das Schuß- und Sichtfeld oder die Betriebskosten sein mögen, alles zusammen ergibt erst die Kampfkraft, die sich überdem noch in der Überlegenheit auswirken muß.

Um ein Beispiel anzuführen und vor allem, um Vergleiche über kampfkräftige Bomber aufzustellen, sei das Muster aus dem vorhergehenden Abschnitt, der H. P. Heyford, als ein kampfkräftiges Bombenflugzeug gewählt.

Die Reichweite dieses Bombers beträgt etwa 1000 km. Um einen Vergleich zwischen den Durchschnittsbombern aufstellen zu können, wird hier die Höchstgrenze der Tagbomber mit nur etwa 800 km angenommen. Die Bombenzuladung des kampfkräftigen Bombers beträgt 1270 kg bei einer Reichweite von 800 km gleich 4½ Stunden Flugzeit in einer Arbeitshöhe von 4000 m.

Man vergleiche diese Angaben mit denen eines typischen modernen einmotorigen Bombers. Der einmotorige Bomber ist etwa 15 bis 30 km/h schneller. Er wird daher die Entfernung von 800 km in 3½ Stunden zurücklegen. Er kostet ungefähr 78 000 RM. gegenüber 195 000 RM. des „Heyford". Die Diensthöhe des einmotorigen Bombers wird vorläufig etwa 4500 m betragen, aber seine Bombenzuladung erfaßt nur 226 kg Bomben, mit anderen Worten, er hat Wesentliches für Unwesentliches geopfert. Läßt man im Augenblick der Betrachtung die Genauigkeit der Bombenabwürfe aus der kleinen Maschine im Verhältnis zur großen beiseite, ferner, übergeht man die Genauigkeit des Zielens der Maschinengewehre der kleinen Maschine im Verhältnis zur großen und schaltet die anderen operativen Werte aus, so können die Werte der beiden Typen wie folgt zusammengefaßt werden:

Gleiche Reichweite von 800 km

| | „Heyford" | Einmotoriger Bomber |
|---|---|---|
| Beförderte Last . . . . | 1270 kg | 226 kg |
| Flugdauer . . . . . . | 4½ Std. | 3½ Std. |
| Preis . . . . . . . . | 195 000 RM. | 78 000 RM. |
| Diensthöhe . . . . . | 4000 m | 4500 m |
| Besatzung . . . . . | 4 | 2 |

Aus dieser Zusammenstellung geht hervor, daß 11 einmotorige Bomber nötig sind, um dieselbe Last von zwei zweimotorigen „Heyford" zu tragen. Der Vergleich der Kosten der zur Beförderung dieser Last notwendigen Flugzeuge zeigt einen noch größeren Unterschied. Der Einsatz der mehrmotorigen Flugzeuge beträgt 390 000 RM. gegenüber 858 000 RM. für die 11 einmotorigen Bomber. Die erforderliche Besatzung für die 11 einmotorigen Maschinen beträgt 22 Mann, für die 2 „Heyford" nur 8 Mann. Der Aufwand an Kosten geht, um die gleiche Stoßkraft zu erreichen, über das Doppelte hinaus, ein Betrag, der sich in jeder Hinsicht fühlbar machen und dazu zwingen wird, manchen Angriff zu unterlassen, wobei noch mit dem Verlust des Einsatzes gerechnet werden muß. Diese Tatsache ist für den Taktiker sehr wichtig, wenn er damit rechnen muß, daß der Nachschub von Maschinen und ausgebildeten Mannschaften nicht schnell genug von der Heimat bewerkstelligt werden kann, als wie es ein Einsatz nach der obigen Aufstellung und nach der Ansicht vieler Länder erforderlich macht. Es ist damit bewiesen, daß der zweimotorige größere Typ im Hinblick auf Besatzung und Anschaffungskosten den weitaus größeren Vorteil genießt. Aber auch in vielen anderen Beziehungen ist er überlegen. Der mehrmotorige Bomber besitzt eine getrennte Anordnung von Maschinengewehrständen und Bombenschützenstand. Zwar muß die Geschicklichkeit des Maschinengewehrschützen und des Bombenschützen größer sein als die bei dem einmotorigen Bomber, doch kann durch die wesentlich verbesserten Flugeigenschaften des H. P. „Heyford" die Sicherheit des Schützen im Schießen unbedingt der der einmotorigen Bomber gleichgestellt werden, so daß dieser Einwand nicht mehr voll berechtigt ist. Der Unterschied in der Geschwindigkeit der beiden Typen ist klein, der Unterschied der Diensthöhe beträgt nur etwa 500 m.

Noch ein wichtiger Punkt für den Befehlshaber einer Luftflotte, der an den Einsatz einer großen Menge Bomber denkt, ist die Größe der Flugplätze. Ein Flugplatz kann nur eine bestimmte Menge von Maschinen aufnehmen. Wenn zwei große Maschinen dieselbe Bombenlast wegtragen können wie sonst elf, dann muß das Muster der größeren Maschine bevorzugt werden. In der Luft, bei Tag oder Nacht, bietet die größere Maschine den besseren Maschinengewehr- und Beobachterstand. Sie kann deshalb weniger leicht überrascht werden und ist eher fähig, sich gegen Angriffe von feindlichen Flugzeugen zu verteidigen.

Es ist bereits gesagt worden, daß der Unterschied in der Besatzung beim ein- und zweimotorigen Bomber im Verhältnis 22 : 8 steht. Von diesen 8 brauchen nur 2 Piloten zu sein, während von 22 Mann 11 Piloten sein müssen. Da Piloten teuer und schwerer auszubilden sind, bilden sie im Kriegsfalle kostbares Material.

In Friedenszeiten bietet die größere Maschine bessere Möglichkeiten zur Ausbildung in allen Luftoperationen als die kleinere und ist auch, wenn notwendig, für eine gewisse Anzahl von Hilfskräften verwendbar. Kurz, der zweimotorige Bomber kann einen Angriff auf ein gegebenes Ziel mit größerer Sicherheit und Wirkung ausführen als der einmotorige Bomber.

Die Kampfkraft, die in kurzen Zügen in bezug auf den Leistungswert und die aufzuwendenden Kosten geschildert wurde, kann damit noch nicht als vollkommen behandelt abgetan werden.

Der Hauptwert der Kampfkraft liegt in der Verteidigung und Bombenangriffsmöglichkeit, was besonders zu beachten ist. Erst die Vollkommenheit dieser beiden letzten Hauptwerte verleiht dem mehrmotorigen Bomber die überlegene Kampfkraft. Das Schußfeld ist bei einem mehrmotorigen Bomber weit besser gedeckt, als das mancher einmotoriger Tagbomber trotz unterstützender

Feuerwirkung. Gegen einen Angriff von vorn ist eine Formation einmotoriger Bomber nur durch das starr eingebaute Maschinengewehr geschützt, dessen Gebrauch aber im Verband nur wenig Wirkung erzielt. Das Schußfeld des mehrmotorigen Bombers ist, solange der Bombenschütze keine Bomben abzuwerfen hat, durch die Übernahme der Verteidigung des Bombenschützen nach vorn vollkommen geschützt, weil bei der recht günstigen Maschinengewehranordnung des englischen Heyford der Maschinengewehrschütze auf dem Rumpf hinter den Tragdecks die Deckung zum Teil mit übernehmen kann und der Schütze im Drehturm unterm Rumpf schräg nach vorn unten aktiv mit angreifen kann. Wie aus dem Abschnitt „Das Schußfeld unter Berücksichtigung des Flugzeugaufbaus" hervorgeht, in dem das gesamte Schußfeld dieses Bombers ausgewertet wird, kann diese Anordnung der Maschinengewehre in bezug auf die Kampfkraft eines derartigen Bombers kaum übertroffen werden, so daß auch in dieser Hinsicht der Vorteil der mehrmotorigen Bomber gegenüber des einmotorigen Bombers anerkannt werden muß.

Zum Schluß sei noch der letzte Faktor, der in bezug auf die Kampfkraft Erwähnung finden muß, angeführt. Auch im Bombenwurf zeigt sich der mehrmotorige Bomber überlegen, denn die freie Rumpfspitze bietet dem Bombenschützen ein ausgezeichnetes Sichtfeld und läßt ihn ohne körperliche Anstrengung, die durch die sitzende Körperhaltung bedingt ist, mit größter Übersicht sein Ziel anvisieren, ansteuern und mit großer Genauigkeit bewerfen. Die uneingeschränkte Sicht trägt viel dazu bei, daß der Bombenschütze mit viel mehr Zeit und Möglichkeiten rechnen kann, als wenn er in liegender Stellung und mit nur wenig Sicht nach vorn gezwungen ist, durch das schnell auftauchende und ebenso schnell wieder verschwindende Ziel kurz entschlossen zu handeln. Von diesem Punkt, dem wichtigsten der ganzen Kampfkraft, hängt der erfolgreiche Bombenabwurf ab, so daß er bei der Beurteilung der Kampfkraft besonders berücksichtigt und gewertet werden muß. Schließlich soll die Kampfkraft eines Bombenflugzeuges darin zu suchen sein, daß es seine hauptsächlichste Aufgabe, Bomben zu werfen, gut erfüllt. Dieser Grund ist stichhaltig genug, um großen Wert darauf zu legen, daß in einem für den Bombenwurf bestimmten Flugzeug auch die Vorbedingungen des Bombenwurfes so günstig wie nur möglich gelöst sind, damit die Mannschaft, in diesem Fall besonders die Bombenschützen, trotz erhöhter feindlicher Einwirkung die Möglichkeit haben, unter den günstigsten Vorbedingungen kampfkräftig zu arbeiten. Der kurze Hinweis auf das ausreichende Sichtfeld bringt wieder den Beweis dafür, daß nur ein zweimotoriges Flugzeug mit den oben erwähnten Eigenschaften die Bedingungen eines kampfkräftigen Bombenflugzeuges erfüllen kann.

Der Erfolg von Bombenangriffen bei Tag oder Nacht setzt den Gebrauch eines Flugzeuges voraus, das, ohne seine Flugrichtung zu unterbrechen, kämpfen kann. Der Bombenangriff hat den Zweck, eine bestimmte Menge Munition zu einem gegebenen Ziel zu schaffen und sie mit größter Genauigkeit dort abzuwerfen. Wenn der Angriff mit der größtmöglichsten Wirkung durchgeführt worden ist, muß das Einsatzmaterial, die Besatzung mit den Maschinen, sofort zu ihrem Ausgangspunkt zurückkehren. Falls keine besonderen Aufträge vorliegen, muß der Rückflug ohne Verzögerung und Umwege angetreten werden. Besitzen die

Flugzeuge jedoch einen großen Aktionsradius und ein zweiter und dritter Start ist nicht vorgesehen, kann ihnen noch ein weiterer Auftrag mitgegeben werden, der Erkundungszwecken dient. Diese Möglichkeit ist lediglich ein Vorteil des großen Aktionsradius. Abgesehen von notwendigen Abweichungen der Flugrichtung, werden sich die Flugzeuge bemühen, einen festgesetzten Plan in möglichst kurzer Zeit zu bewältigen. Daraus ist zu ersehen, daß die Taktik der Bomber hauptsächlich darauf beruht, die kürzeste Flugstrecke trotz feindlicher Angriffe zu fliegen, während die Kampfflugzeuge nach jeder Richtung hin zu manövrieren gezwungen sind, um das Ziel anzugreifen und sich dem gegnerischen Feuer zu entziehen.

Eine große Zahl von Nebenaufgaben sind mit dem Hauptproblem des Luftkampfes und seine Gegenwehr verbunden. Im vorigen Abschnitt ist der Beweis geführt worden, daß die Kampfkraft eines zweimotorigen Flugzeuges ein Vielfaches von der eines entsprechenden einmotorigen Flugzeuges ist.

Diese Erkenntnis fordert Bomber, die den vorgenannten Anforderungen entsprechen und vor allem auch den Angriffen unterwegs vollkommen gewachsen sind. Durch die Einführung geschlossener Formationen war der erste Schritt getan, die Bomber gegen Angriffe widerstandsfähiger zu machen, ihre Kampfkraft zu erhöhen und ihre Einheit zu festigen, denn das konzentrierte Feuer der angreifenden Kampfflugzeuge brachte leicht den Widerstand und den Kampfwillen zum Wanken. Auch das Sicherheitsgefühl der Mannschaft wurde durch die geschlossene Formation gehoben und aufrechterhalten, was nicht zuletzt dazu beitrug, den Kampf bis zum Erfolg durchzuführen. Aber die Formation der einmotorigen Bomber litt sehr unter dem Nachteil der einzelnen Maschinen, d. h. litt unter dem Nachteil eines wesentlich eingeschränkten Feuer- und Sichtfeldes und einer überlasteten Mannschaft.

Für den einsitzigen Jagdflieger kann nur das fest eingebaute Führermaschinengewehr verwendet werden, weil es sich am besten der Kampfweise dieses Maschinen-

Bild 36. Mehrere Geschwaderkeile französischer einmotoriger Tagbomber.

Bild 37. Italienisches Bombengeschwader dreimotoriger Caproni Flugzeuge.

musters anpaßt. Das Jagdflugzeug ist ein vielseitiges Flugzeug, das seine Manövrierfähigkeit bei jeder Handlung in vollem Umfange gebrauchen muß. Sein Pilot muß stets darauf bedacht sein, die bessere Position zu erringen und zu erreichen versuchen, seinen Gegner zu vernichten. Er kann und muß sein Flugzeug schneller als sein Maschinengewehr drehen können. Das einsitzige Jagdflugzeug ist im Gegensatz zum einmotorigen Bomber ein bewegliches Flugzeug mit fest eingebautem Maschinengewehr. Der einmotorige Bomber dagegen muß auf seinen Kurs aufpassen, er kann es sich nicht leisten, von seinem Kurs abzuweichen, da er Zeit verliert und den feindlichen Maschinen Gelegenheit gibt, ihn einzuholen, zu stellen und ihn in einen Luftkampf zu verwickeln. Der Brennstoff wird hierbei verbraucht und der Rückflug, und damit die Erreichung des Heimatflughafens, in Frage gestellt.

Außerdem ist der einmotorige Bomber mit einem starr eingebauten Führermaschinengewehr ausgerüstet, das nur dann wirksam benutzt werden kann, wenn das Flugzeug seine erste Pflicht, sein Ziel zu erreichen, aufgibt. Ist das Flugzeug unbeweglich, d. h. ist es schwerfälliger als der Angreifer, oder muß das Flugzeug aus taktischen Gründen im Verband fliegen, der nicht aufgelöst werden darf, dann müssen diese einmotorigen Bomber noch mit einem beweglichen Maschinengewehr ausgerüstet sein. Der schwerfällige Bomber muß bewegliche Maschinengewehre nicht nur am Heck, sondern auch vorn und unterhalb des Rumpfes haben. Ein einmotoriges Flugzeug, nur mit festen Maschinengewehren, kann von Jagdflugzeugen von vorn unten angegriffen werden, ohne sich wehren und das Feuer erwidern zu können, wenn nicht der Kurs geändert und die Formation von einmotorigen Flugzeugen aufgelöst wird. Der Jagdflieger braucht sich daher nur unter einem bestimmten Winkel von vorn unten dem Bomber zu nähern, um seine Angriffe unter wirksamster Deckung durchführen zu können. Ebenso kann die einmotorige Maschine ohne Bodenmaschinengewehr sofort von hinten und unterhalb des Leitwerks angegriffen werden, so daß in diesem Fall das angegriffene Flugzeug gezwungen ist, durch Kurven der Schußgarbe auszuweichen.

Das zweimotorige Flugzeug hat ein bewegliches Maschinengewehr vorn, zwei bewegliche Maschinengewehre hinter dem Flügel und unter dem Rumpf. Es kann die Verteidigung aufnehmen, ohne seinen Kurs zu ändern. Eine Formation von zweimotorigen Flugzeugen mit beweglichen Maschinengewehren in der Rumpfkanzel, auf und unter dem Rumpf, gehört zu den gefürchtesten Kampfeinheiten, die Jagdflugzeugen entgegentreten können.

Das Schußfeld einer mehrmotorigen Flugzeugformation, unterstützt durch die Feuerkraft der übrigen Formationsmitglieder, ist unbeschränkt und deckt den gesamten Raum um das Flugzeug.

Ergänzend zu diesen Erwägungen muß noch der Faktor beachtet werden, der für die Erdbeobachtung maßgebend ist. Der Flugmeldedienst arbeitet besonders mit Horchapparaten, durch die der Anmarsch von Flugzeugen und deren Richtung festgestellt wird. Vergleicht man hierbei wiederum den einmotorigen mit dem zweimotorigen Bomber, unter Berücksichtigung des Vorhergesagten, so ergibt sich, daß eine Formation von einmotorigen Flugzeugen, die die gleiche Last trägt wie zwei zweimotorige Bomber, durch die größere Motorenzahl und das damit verbundene Geräusch, und nicht zuletzt durch die Zielfläche, die eine größere Formation abgibt, für den Angreifer wie auch für den Flugmeldedienst leichter zu erfassen sind. Wenn auch angeführt werden kann, daß Mittel versucht werden, um das Motorengeräusch zu dämpfen, so sinkt damit sofort die Leistung beider, und das Verhältnis würde für den einmotorigen Bomber noch ungünstiger ausfallen als zuvor.

Einmotorige Bomber können daher nur als Behelf angesehen werden und dazu dienen, Ziele anzugreifen, die in nicht allzu großer Entfernung von dem Ausgangsflughafen liegen. Die schwierigere und wertvollere Arbeit muß dem mehrmotorigen Bomber überlassen bleiben, der in absehbarer Zeit Geschwindigkeiten erreichen wird, die den einmotorigen Bombern nicht mehr viel nachstehen und schließlich das bessere Werkzeug für Bombenangriffe sein wird.

## Sturzbomber — Torpedoflugzeuge — Flugboote

Das mit zunehmender Gefechtshöhe erschwerte Zielen und Werfen der Bomben auf schwimmende Objekte führte zur Einführung des Sturzbombers.

Die Sturzbomber sind kleinere, einmotorige, zweisitzige Flugzeuge von robuster Bauart, die mit bis zu 450 kg Bomben beladen werden können. Die Bomben hängen entweder unter dem Rumpf oder unter dem Flügel.

Ihre Aufgabe besteht darin, aus größerer Höhe im Sturzflug das Ziel anzugreifen und mit Bomben zu bewerfen. Hierbei werden Geschwindigkeiten bis

Bild 38. Amerikanischer Sturzbomber Curtiß O 2 C 2. Auf dem oberen Flügelmittelstück sind die beiden starr eingebauten Führer-M.G. sichtbar.

zu 500 km/h erreicht, die wiederum, auf die Bombe übertragen, dieser eine erhöhte Durchschlagskraft verleihen. Die Treffsicherheit wird durch die Lancierung der Bombe größer und die Wirkung durch die gesteigerte Durchschlagskraft erhöht.

Die Bewaffnung besteht aus 2 festeingebauten Maschinengewehren mit der Schußrichtung nach vorn, aus einem beweglichen Maschinengewehr auf der Rumpfoberseite für den Beobachter und meist noch aus einem Bodenmaschinengewehr für die Verteidigung nach hinten unten. Die vorderen Maschinengewehre dienen zur Unterstützung des Sturzbombenangriffes, während die hinteren nur zur Verteidigung herangezogen werden.

Bild 39. Amerikanischer Sturzbomber Martin 125 mit einer zwischen den Fahrwerkstreben aufgehängten 450 kg Bombe.

## Torpedoflugzeuge.

Der Wunsch, einen Torpedo vom Flugzeug aus abzuschießen, ist ebenso alt wie der Wunsch, aus Flugzeugen Bomben zu werfen. Schon während des Krieges wurden in Amerika und in Italien praktische Versuche angestellt, die jedoch keine Erfolge zeitigten. Dennoch mußten im Kriege alle Mittel versucht werden, um ein brauchbares Kampfmittel gegen Schiffe zu schaffen. So wurde zuerst ver-

Bild 40. Erstes deutsches Landtorpedoflugzeug der L.V.G.-Werke, System Schneider.

sucht, Torpedos unter einmotorige Landflugzeuge zu hängen, die, unter vollem Einsatz des Flugzeuges, auf feindliche Schiffe abgeschossen werden sollten. Nach vielen Versuchen gelang es auch, einen Bronze-Torpedo von einem mit Rücksicht auf die Gewichtsersparnis einsitzigen Landflugzeug abzuwerfen. Der Mangel an geeigneten Flugzeugen führte jedoch nicht zu einem langanhaltenden Erfolg. Der Landstart mit einem scharfen Torpedo war keineswegs ungefährlich, und die Reichweite eines Landflugzeuges war zu klein.

Man entschloß sich daher zum Bau von Wasserflugzeugen, die imstande sind, über größere Strecken mit einem wirksamen Torpedo und 2 Mann Besatzung zu fliegen.

Auch die hierbei gesammelten Erfahrungen zwangen zur Aufgabe der Entwicklung von Torpedoflugzeugen, da schon allein der Einsatz der Mannschaft und Maschine in keinem Verhältnis zum Erfolg stand.

Die letzten Jahre zeigten erneut Bestrebungen, das Problem ernstlich zu erforschen und ein brauchbares Gerät zu schaffen. Inzwischen sind auch wertvolle Erfolge verzeichnet und Torpedoflugzeuge gebaut worden, die den gestellten Anforderungen entsprachen.

Fast alle Staaten haben sich daher die Erfahrungen zunutze gemacht und das Torpedoflugzeug ihrer Luftstreitmacht angegliedert.

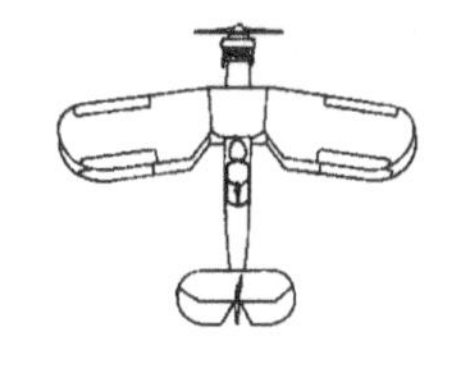

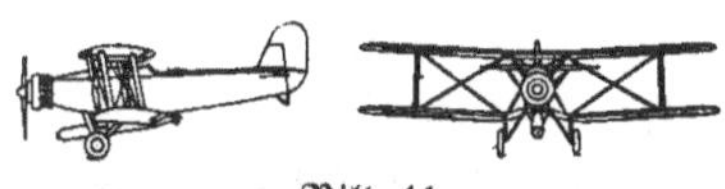

Bild 41.

Blackburn Baffin Torpedoflugzeug.

| | |
|---|---|
| Spannweite | 13 906 mm |
| Zuladung | 1555 kg |
| Motorenleistung | 643 PS |
| Geschwindigkeit | 230 km/h |
| Besatzung | 2 Mann |

Bewaffnung:
1 starres und 1 bewegliches M.G.

England, führend im Torpedoflugzeugbau, bedient sich besonders für den Torpedoangriff konstruierter Landflugzuge, die vom Deck der Flugzeugträger starten können.

Frankreich verwendet ausschließlich Wasserflugzeuge, Italien Flugboote mit Doppelbooten, System Savoia.

Das Flugboot als Torpedoträger wird auch in Amerika, England und Frankreich verwendet, jedoch nur in Ausnahmefällen.

Der Torpedo, die Hauptwaffe dieser Flugzeuggattung, wiegt 750 bis 850 kg und hängt entweder unter dem Rumpf zwischen Fahrwerk und Schwimmerwerk oder, bei Flugbooten, rechts und links neben dem Boot unter dem Flügel bzw. zwischen dem Doppelboot unter dem Flügel.

Der Torpedo wird vom Beobachter in niedriger Höhe ausgelöst.

Zur Verteidigung sind Torpedoträger mit starren Führer- und beweglichen Beobachter-Maschinengewehren ausgerüstet. Ihr Munitionsvorrat schwankt zwischen 500 und 700 Schuß je Maschinengewehr.

Bild 42. Vickers Vildebeest, Torpedoflugzeug. Das Flugzeug kann wahlweise entweder mit einem Torpedo von 850 kg oder mit Bomben von insgesamt 550 kg beladen werden. Die Bewaffnung besteht aus einem starren Führer- und einem beweglichen Beobachter-M.G.

## Flugboote.

Die Flugboote werden hauptsächlich für den Küstenschutz verwendet, dem die Aufklärung über größere Seestrecken und der Schutz gegen Luftstreitkräfte zufällt. Sie starten und landen auf der Wasserfläche und sind darum mit einem bootsförmigen Rumpf ausgestattet, weshalb sie ihre Bezeichnung, Flugboot, erhielten.

Die Flugboote sind meist mehrmotorige große Flugzeuge mit einer mehrköpfigen Besatzung. Mit Ausnahme von Italien, das große und wertvolle Er-

Bild 43. Italienische Flugboote Savoia S 55 für Fernaufklärung und Torpedoangriffe. Der Torpedo wird zwischen den beiden Booten unter das Flügelmittelstück in einer mechanischen Vorrichtung aufgehängt.

folge auf dem System der Flugboot-Eindecker besitzt, werden von den anderen Staaten fast ausschließlich nur Doppeldecker-Flugboote gebaut.

Die großen Dimensionen und die starken Motore verleihen den Flugbooten ein großes Tragvermögen, das sich im Flugbereich, in der Bewaffnung und in der Bomben-Torpedozuladung besonders günstig auswirkt. Der Flugbereich beträgt durchschnittlich 1000 bis 2000 km bei einer Bombenzuladung bis zu 1800 kg. Größere Boote können 2 Torpedos oder mehrere 500 kg Bomben aufnehmen.

Auf Grund ihrer Ausmaße ist die Manövrierfähigkeit gering, weshalb sie ihre Bombenangriffe entweder aus größerer Höhe oder ihre Torpedoangriffe im Schutze einer künstlich gezogenen Nebelwand durchführen müssen.

Der größere Wert ist auf die Ausrüstung mit Feuerwaffen gelegt. Die große Kopfzahl der Besatzung ermöglicht, eine größere Anzahl Maschinengewehrstände über das Boot anzuordnen und zu verteilen. Durchschnittlich verfügen die Flugboote größeren Typs über 3 bis 4 Maschinengewehrstände. Sie sind im Bug, im Mittelrumpfstück und im Heck untergebracht. Jeder Stand ist mit einem, auf einem drehbaren Maschinengewehrring montierten Doppelmaschinengewehr ausgerüstet. Der Munitionsvorrat ist der Aufgabe des Flugbootes entsprechend angepaßt. Er umfaßt 800 bis 1000 Schuß je Maschinengewehr.

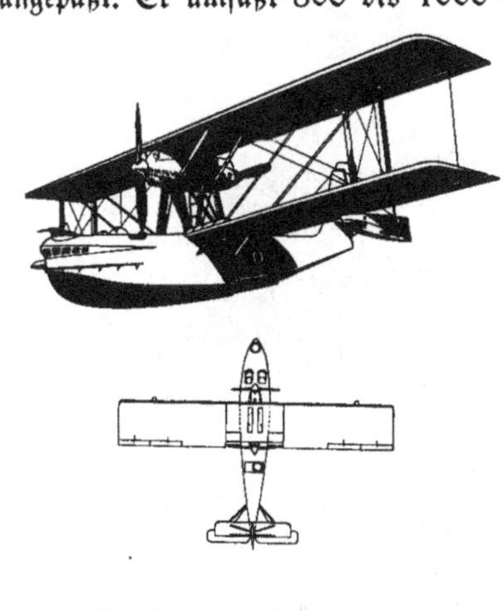

Bild 44. Cams 55 Flugboot.

| | |
|---|---|
| Spannweite | 20 400 mm |
| Zuladung | 3000 kg |
| Motorleistung | 2 × 600 PS |
| Geschwindigkeit | 206 km/h |
| Bewaffnung | 2 bewegliche M.G. |
| Besatzung | 5 Mann |

Das Flugboot kann wahlweise mit Bomben oder mit 2 Torpedos beladen werden.

Neuerdings wurde der Versuch gemacht, das Bugmaschinengewehr durch eine Schnellfeuerkanone zu ersetzen. Diese Neuerung bedeutet für die Verwendungsmöglichkeit der Flugboote einen großen Fortschritt, da sie nun aus größerer Entfernung auch kleinere Seestreitkräfte aus der Luft erfolgreich beschießen können. Die Schwenkbarkeit der Kanone ist, im Gegensatz zu den Maschinengewehren, sehr stark begrenzt, doch genügt ihre Bewegungsfreiheit vollkommen, da die Waffe eine ausgesprochene Angriffswaffe geworden ist und der Angriff auf Seestreitkräfte vorteilhaft im direkten Flug auf das Ziel erfolgt.

Der Bombenangriff zählt mehr oder weniger zu den untergeordneten Aufgaben der Flugboote, da ihre Hauptaufgabe im Patrouillendienst liegt. Für den Bombenwurf dienen spritzwassergeschützte Bombenabwurfvorrichtungen, die mechanisch ausgelöst werden. Der Bombenschütze, im Bootsbug untergebracht, bedient sich eines mechanischen Zielgerätes, das an der Vorderseite außerhalb des Bootes befestigt ist.

Vermöge der reichlichen Maschinengewehrausrüstung und der günstig angeordneten Stände bildet das Schußfeld nur wenig tote Zonen, die dem Gegner keine größeren Angriffsflächen bieten. Trotz der aus technischen Gründen nicht einzubauenden Bodenmaschinengewehre kann ein Flugboot als vollwertig geschützt bezeichnet werden. Der Einsatz der Patrouillenboote wird oft nur kettenweise erfolgen, um keine allzu große Angriffsfläche der Artillerie zu bieten, falls kein großer Bomben- oder Torpedoangriff in Massen geplant ist.

Aus jüngster Zeit liegen Nachrichten vor über Versuche, bei denen Flugboote für den Minenlegdienst erprobt wurden. Die Flugboote werden an Stelle der Bomben oder Torpedos mit Minen beladen, die in den Bombenaufhängevorrichtungen aufgehängt werden. Die Minenlegarbeit erfolgt im Fluge, wobei das Flugboot so niedrig wie möglich über dem Wasser mit stark gedrosseltem Motor dahingleitet, währenddessen die Minen einzeln nacheinander abgeworfen werden. Die Minen sind mit einer Tiefgangvorrichtung versehen, mittels deren sie sich automatisch in der entsprechenden Unterwassertiefe aufhalten. Die Versuche waren befriedigend ausgefallen, aber es bleibt abzuwarten, ob sich diese Tätigkeit in größerem Umfange bewähren wird.

Bild 45. Englisches Blackburn Iris III Patrouillenboot mit 6 Mann Besatzung und 4 beweglichen Doppel-Maschinengewehren.

## Eindecker, Zweidecker oder Autogiro.

Der derzeitige Stand der Flugzeug-Entwicklung und die bisherigen Erfahrungen lassen noch nicht einwandfrei erkennen, ob der Eindecker dem Doppeldecker vorzuziehen ist oder beide durch das Windmühlenflugzeug verdrängt werden.

Bis vor kurzem wurde der Doppeldecker für alle Flugzeuggattungen gewählt, doch lassen sich überall starke Bestrebungen wahrnehmen, wonach der Eindecker immer mehr Geltung erhält. Schußtechnisch ist der Eindecker stets im Vorteil, doch wird die Manövrierfähigkeit wiederum zugunsten des Doppeldeckers entschieden werden können. Diese ist in der Massenkonzentration zu suchen, da ein Doppeldecker mit gleichem Flügelareal viel kleiner gebaut werden kann als ein Eindecker; außerdem verteilt sich die Gesamttragfläche eines Eindeckers auf die beiden Ober- und Unterflügel eines Doppeldeckers.

Ein Doppeldecker bietet wegen seiner schußtechnisch kastenförmigen Flügelzelle ein zu großes totes Feld, so daß die Maschinengewehrstände, noch so günstig angeordnet, nie eine volle Deckung erreichen können. Diesem Einwand muß jedoch entgegengestellt werden, daß, wenn der Rumpf zur Tragfläche umgekehrt wie üblich, d. h. zwischen dem Oberflügel, anstatt zwischen dem Unterflügel, angeordnet ist, der Doppeldecker ein fast gleichwertiges Schußfeld erhalten kann wie der Eindecker.

Hinzu kommt die taktische Seite. Die Flugzeuge werden in geschlossenen Formationen angreifen, möglichst sogar im geschlossenen Verband starten und landen. Große Plätze, wie sie auf dem Festlande vorhanden sind, werden die Bedingung erfüllen, daß Verbände von Großbombern oder Aufklärern geschlossen starten und landen können. Inselreiche, wie England, Japan und auch Italien, verfügen jedoch nur über beschränkte Flächen für Flugplätze, so daß der Start von Verbänden nur mit Flugzeugen von kleineren Ausmaßen möglich sein wird. Schon die Platzverhältnisse und die taktischen Forderungen an den Start der Verbände beeinflußt die Frage „Eindecker oder Doppeldecker?"

Die Frage, ob ein Eindecker oder ein Doppeldecker zugunsten irgendeines Musters zu bevorzugen ist, kann generell nicht entschieden werden. Abgesehen von den aerodynamischen Flugeigenschaften der beiden Flugzeugbauarten, werden die schußtechnischen Vorteile höher gewertet werden müssen als die praktischen Flugwerte.

Bild 46. Die letzte Bauart für Jagdzweisitzer. Der neue schwanzlose Westland Pterodactyl V bietet für den Schützen der Rückendeckung ein ganz besonders gutes Schußfeld und stellt somit eine ideale Lösung der Schußfeldfrage für den Schützen dar.

In Ländern dagegen von begrenzten Bodenflächen werden mehr die Flugeigenschaften bestimmend sein, damit die beschränkten Bodenausmaße die taktischen Forderungen nicht beeinträchtigen. Die Regelung dieser Frage wird stets individuell behandelt werden müssen, da keiner Bauart der unbedingte Vorteil eingeräumt werden kann. Was für den Jagdeinsitzer von Vorteil ist, kann für das Arbeitsflugzeug von Nachteil sein und umgekehrt. Doch kann man feststellen, daß manche Nachteile in Kauf genommen werden, um den geringeren Vorteil auszunutzen. Die militärische Forderung ist eben wichtiger als Eigenschaften, die durch stärkeren Kraftaufwand wieder ausgeglichen werden können.

Jagdeinsitzer werden zur Zeit von allen Ländern vorzugsweise als Eindecker gebaut. Hierbei war die bessere Sicht von ausschlaggebender Bedeutung.

Arbeitsflugzeuge werden nach wie vor als Doppeldecker gebaut.

Tag- und Nachtbomber werden in der Mehrzahl als Doppeldecker hergestellt, doch bevorzugt Amerika den Eindecker mit einziehbarem Fahrwerk.

Langstreckenbomber werden als Eindecker gebaut, da man für Langstreckenflüge ein aerodynamisch hochwertiges Flugzeug benötigt, um größere Leistungen

Bild 47. Amerikanischer Hochleistungsbomber Boeing B 9 mit einziehbarem Fahrwerk zur Erhöhung der horizontalen Geschwindigkeit. Bombenzuladung 1000 kg bei einer Flugweite von 1600 km und einer Geschwindigkeit von 305 km/h.

mit geringerem Kraftaufwand zu erzielen und die Piloten durch fliegerisch hochwertigere Maschinen zu entlasten.

Eine weitere Konstruktion findet neuerdings in dem Lager der militärischen Fachleute größeres Interesse. Die ungeheuren Fortschritte der Windmühlenflugzeuge des Spaniers de la Cierva veranlaßten die Militärbehörden verschiedener Länder, dieses Flugzeug sich zu beschaffen und es auf seine militärischen Eigenschaften hin zu prüfen.

Das Flugzeug, als Autogiro genügend bekannt und aus einer umstehenden Abbildung in seinem Aufbau deutlich zu erkennen, bietet viele Vorteile, die bis vor kurzem noch sehr wenig Beachtung gefunden haben. Es benötigt, wegen seiner ausgezeichneten Start- und Landeeigenschaften, nur kleine Start- und Landeplätze.

Seine Eigenschaft, in der Luft stillstehen zu können, wird das Autogiroflugzeug zu einem idealen Hilfsmittel für das Artillerieeinschießen machen, noch mehr für das Gefechtsschießen der Kriegsschiffe, die heute über Entfernungen schießen, die weit über ihre Beobachtungsmöglichkeit hinausgehen.

Hinzu kommt die ideale Beobachtungsmöglichkeit beim Autogiro, die nicht hoch genug eingeschätzt werden kann.

Auch für den Bombenwurf würde das Autogiroflugzeug viele Vorteile bieten. Durch die Möglichkeit des Stillstehens über dem Ziel würden alle Einflüsse, wie Abtrift, falsche Geschwindigkeits-Höhenmessung und falsche Einstellwinkel, in Wegfall kommen. Der Bombenwurf würde genauer, die Treffsicherheit sich steigern lassen und die räumliche Ausnutzung für die Bombenaufhängung würde günstiger, da die Bomben senkrecht, mit der Spitze nach unten, aufgehängt werden können. Die Rumpfkonstruktion würde einfacher sein und die Konstruktion der Abwurfvorrichtungen dem Rumpf angemessen und billiger werden.

Außerdem würde sich das Autogiroflugzeug für den Angriff auf U-Boote sehr eignen. Die große Schwierigkeit im Bombenwurf auf U-Boote besteht darin, daß getauchte Boote aus der Sicht verlorengehen, sowie sich der Sichtwinkel von der Senkrechten um 15° verschiebt. Das Autogiroflugzeug würde diese Schwierigkeiten überbrücken können, zumal es senkrecht über dem getauchten Boot stillstehen oder mit verringerter Geschwindigkeit sich in derselben

Bild 48. Amerikanischer Martin 123 Bomber mit einziehbarem Fahrwerk und verkleideten MG.-Ständen. An dem Rumpfunterteil, durch Klappen verdeckt, hängen die Bomben von mittlerem Gewicht.

Richtung wie das U-Boot vorwärtsbewegen kann. Für den Bombenwurf ist dieser Vorteil von großer Bedeutung, so daß aus diesem Grunde das Autogiroflugzeug ein sehr wertvolles Flugzeug, auch für die Marine, werden wird.

Als Sicherheit oder als Begleitflugzeug könnte das Autogiroflugzeug wegen seiner Flugeigenschaften eine gewisse Bedeutung erhalten, doch müßte der aktive Schutz den kampfkräftigen Flugzeugen überlassen bleiben.

Der Stand der Entwicklung läßt noch nicht erkennen, welche Bauart als Standardtyp anzusehen ist und welche Gattung dem einen oder anderen Flugzeug den Vorzug geben wird. Die Ansichten sind zu verschieden, die Vorteile der einen Bauart heben noch nicht die Nachteile der anderen auf, dringende

Bild 49. Autogiro de la Cierva C 30, das künftige Beobachtungsflugzeug.

Gründe sind noch nicht vorhanden, die zwingen, den gesamten Flugzeugbau auf eine Bauart festzulegen. Der Bau und die Anforderungen sind zu individuell, als daß eine generelle Regelung dieser Frage getroffen werden könnte. Die Ansichten darüber werden sich aber auch nicht so schnell ändern, so daß der Eindecker, wie auch der Doppeldecker, ständig weiter entwickelt werden wird und nur von Fall zu Fall die eine oder andere Bauart den Vorzug erhält.

Das Autogiroflugzeug dagegen wird sich immer mehr Anhänger verschaffen. Größere Aufgaben können jedoch noch nicht an dieses Flugzeug gestellt werden, da abzuwarten ist, wie sich das Autogiroflugzeug noch entwickeln wird. Doch kann angenommen werden, daß dieser Typ so schnell nicht das normale Flugzeug von heute verdrängen wird, aber ein wertvolles Ergänzungsglied werden kann.

## Die Flugzeugwaffe als Verteidigungswaffe.

Die Ausrüstung der Flugzeuge mit Feuerwaffen begann erst in den Jahren 1914–1915. Man hatte sich zwar schon vor dem Kriege mit dem Einbau leichter luftgekühlter Maschinengewehre befaßt, da nach menschlichem Ermessen vorläufig nur das Maschinengewehr als wirkungsvollste und für den Luftkampf geeignetste Waffe in Betracht kommen konnte.

Zu Beginn des Krieges waren jedoch, trotz zahlreicher Vorschläge bezüglich der Bewaffnung von Flugzeugen, die Versuche noch nicht abgeschlossen. Auch die Grundlagen, sowohl für den starren Einbau als auch für eine motorgesteuerte Maschinengewehranordnung, lagen bereits vor dem Kriege patentschriftlich vor. Dennoch mußten anfangs die Verteidigungskämpfe in der Luft durch Pistolen und Karabiner vom vorderen Sitz aus durchgefochten werden. Die schwachmotorigen Flugzeuge des Jahres 1914 waren infolge ihrer noch zu geringen Tragfähigkeit nicht in der Lage, die Maschinengewehre mit Maschinengewehrringen und der erforderlichen Munition von 500 bis 1000 Schuß zu tragen. Außerdem bedingte ein Einbau von Waffen einen Umbau der Sitzanordnung, da aus dem vorderen Sitz des Beobachters, ohne Spanndrähte, Streben, Flügelteile oder gar den Motor zu treffen, kaum oder gar nicht geschossen werden konnte. Bevor die Sitzanordnung geändert wurde, hatte man sich dadurch zu helfen gewußt, daß die Flügelzelle stärker gebaut wurde, um ein Gegenkabel und die vorderen inneren Streben weglassen zu können. Ferner wurden an den Seiten des Rumpfes Gleitschienen angebracht, damit auf beiden Seiten je ein Maschinengewehr angeordnet werden konnte.

Bild 50. Deutsches Aufklärungsflugzeug aus dem Jahre 1915 mit vorn liegendem Beobachtersitz und M.G.-Ring für ein bewegliches Beobachter-M.G. Für den ungehinderten Beschuß nach vorn wurde auf das innere Gegenkabel der Flügelzelle verzichtet.

All dies war jedoch mehr oder weniger nur ein Behelf, der zur richtigen Bewaffnung der Flugzeuge nicht ermuntern konnte. Das Flugzeug war eben mehr ein Instrument für die strategische Aufklärung, als ein Kampfmittel gegen die aufklärenden Flugzeuge des Gegners oder gar als Waffe gegen Erdziele. Die ersten Kriegsmonate sollten diese Ansicht bestätigen, doch zwang der Stellungskrieg dazu, diese hartnäckige Meinung zu ändern und das Flugzeug zu einer Waffe zu entwickeln, die an der Front vollwertig zu verwenden war.

Die Verbesserung und Verwendung von leistungsfähigeren Motoren und die dadurch gesteigerte Tragfähigkeit gaben die Möglichkeit, die inzwischen verbesserten Maschinengewehre einzubauen.

Die gestellten Aufgaben bezüglich der Bewaffnung und Ausnutzung der Waffe führten zunächst zur Umänderung der üblichen Sitzanordnung, indem der Führer den vorderen Platz erhielt und dem Beobachter der zweite dahinterliegende Sitz eingeräumt wurde. Dies hatte eine bedeutende Verbesserung des Schußfeldes zur Folge, das mit zunehmender Erfahrung immer mehr vergrößert wurde.

Diese neue Anordnung bezog sich jedoch nur auf einmotorige Flugzeuge mit vorn liegendem Motor. Flugzeuge mit Druckschraube, also mit hinten liegendem Motor, bei denen der vordere Sitz für den Beobachter und Maschinengewehrschützen vorgesehen war und erst an zweiter Stelle der Führer kam, hatten zwar ein weit besseres Schußfeld nach vorn, doch machte die Deckung des Flugzeuges nach hinten und oben große Schwierigkeiten. Die Folge davon war, daß auch Frankreich und England von dem Gitterrumpfflugzeug mit vornliegendem Rumpfteil für die Besatzung immer mehr Abstand nahmen und sich zu der deutschen Flugzeugbauart, schon allein aus schußtechnischen Gründen, entschlossen.

Die Bewaffnung erfolgte nun durch ein luftgekühltes Maschinengewehr für den Beobachter, das auf einem drehbaren Ring montiert wurde, ferner durch das Führermaschinengewehr, das durch die geniale Erfindung der motorgesteuerten Maschinengewehre in Führernähe starr eingebaut wurde.

Die richtige Bewaffnung erfolgte erst im Frühjahr 1915. Dem Beobachter wurde das Maschinengewehr als Verteidigungswaffe zugeteilt. Hier begann der Abschnitt des Luftkampfes und damit die intensive Entwicklung der Flugzeugwaffe. Die gesammelten Erfahrungen stellten nun immer neue Forderungen an den Konstrukteur, und die ständig wachsenden Flugleistungen forderten immer wieder neue Verbesserungen, sowohl an der Waffe selbst, als auch an der Lafettierung der Waffe.

Heute unterscheiden wir bei der Bewaffnung der Flugzeuge zwei verschiedene Waffen, nämlich das Maschinengewehr und die Maschinenkanone. Beide Waffen können starr und beweglich eingebaut werden.

Das Maschinengewehr gilt auch heute noch als reine Verteidigungswaffe, während als Angriffswaffe die Maschinenkanone immer mehr in Erscheinung tritt und dafür bestimmt wird.

Im nachstehenden finden einige Systeme der Flugzeugmaschinengewehre Erwähnung. Es würde aber zu weit führen, jedes System ausführlich zu behandeln, deshalb sind nur die wichtigsten und bekanntesten Waffentypen genannt und beschrieben.

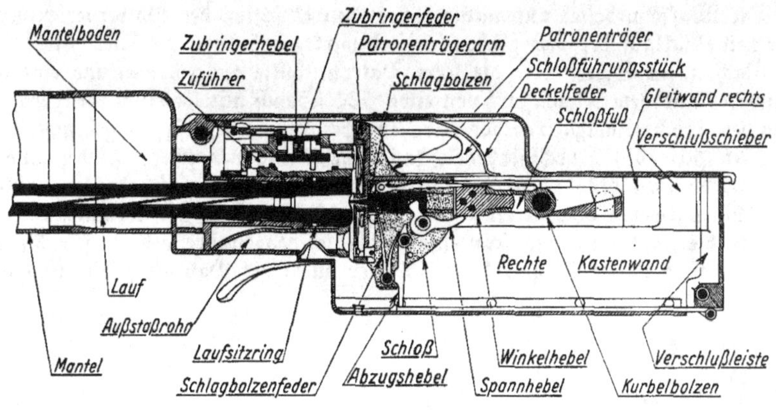


Bild 51. Längsschnitt durch den Schloßkasten des deutschen Führer-M.G. 08/15.

Das Maschinengewehr ist eine Waffe, die durch den Rückstoß im Verein mit der Federkraft das Zuführen, Laden und Entzünden der Patronen sowie das Ausziehen und Auswerfen der abgefeuerten Patronenhülsen selbsttätig bewirkt.

Das moderne Vickers-Maschinengewehr besteht aus drei Teilen, dem Zubringermechanismus, dem feststehenden Teil, zu dem der Kühlmantel, der Schloßkasten, die Visiereinrichtung und die Schließvorrichtung gehören, und den beweglichen Teilen, wie der Lauf, die Gleitvorrichtung und das Schloß.

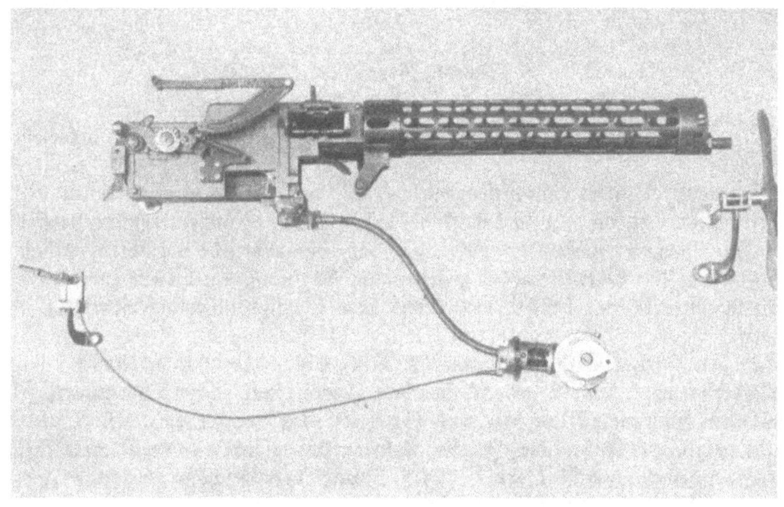

Bild 52. Deutsches Führer-M.G. mit M.G.-Steuerung und Auslösung.

Die Waffe arbeitet automatisch durch den Rückstoß der Pulververbrennung, der den Rücklauf der beweglichen Teile bewirkt, und durch die Vorholfeder.

Nach jedem Schuß wird die leere Patronenhülse ausgeworfen und eine neue entweder aus dem Metallgurt von etwa 500 Schuß mit lösbaren Gliedern oder aus den Trommelmagazinen von etwa 75 Schuß in den Zuführer gebracht.

Mit Hilfe des Durchladehebels kann das Maschinengewehr geladen und die Ladehemmungen behoben werden. Die Schußfolge der festeingebauten Vickers-Maschinengewehre beträgt etwa 750 bis 800 Schuß in der Minute.

Für die englischen und französischen Maschinengewehre werden für die Patronen Gliedergurte benutzt, deren Glieder durch die Patrone selbst zusammen-

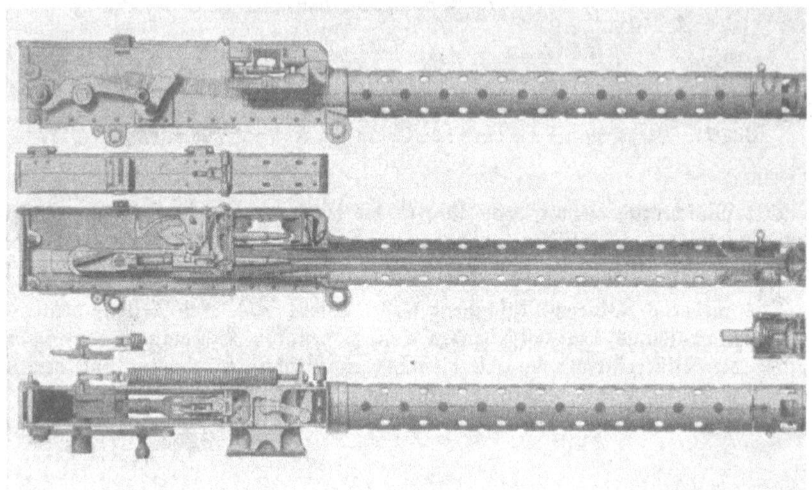

Bild 53. Vickers Führer-M.G., Muster E.

gehalten und beim Schießen von den Patronenhülsen getrennt ausgeworfen werden.

Die starren Vickers-Maschinengewehre, Muster E, werden für den Piloten auf Lafetten montiert, die nur in der Höhenlage für die Schußentfernung verstellbar sind. Ihr normaler Platz ist unmittelbar vor oder neben dem Piloten, so daß der Schuß durch den Propellerkreis gesteuert werden muß. Zu diesem Zwecke ist das Maschinengewehr mit dem Motor durch eine Synchronisierungseinrichtung verbunden.

Für den starren Einbau entwickelte Vickers noch ein automatisches 12-mm-Maschinengewehr. Es ist gedacht für den Angriff auf schwere gepanzerte Flugzeuge oder Ganzmetallflugzeuge und für Ziele auf der Erde, z. B. Tanks und andere gepanzerte Fahrzeuge. In der Konstruktion gleicht es dem Normalkaliber-Maschinengewehr des Musters E. Das Gewicht der Geschosse beträgt 35,6 g — also das Dreifache einer gewöhnlichen Gewehrkugel — und seine Anfangsgeschwindigkeit mehr als 792 m/sec.

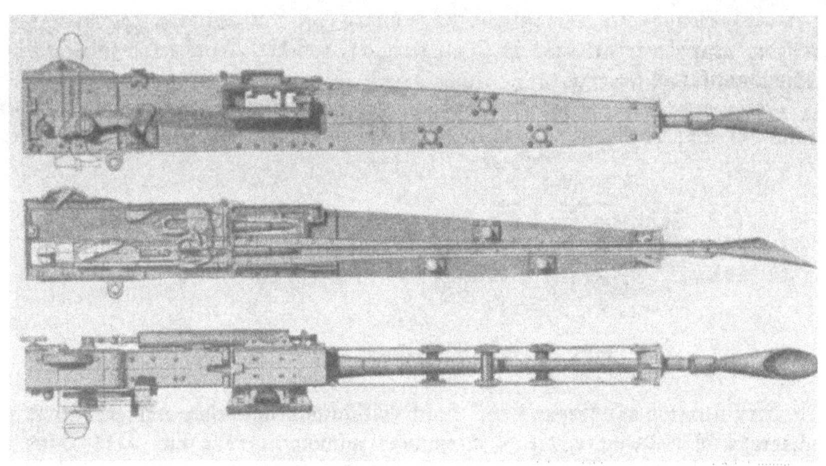

Bild 54. Vickers Führer-M.G. von 12 mm Kaliber.

Das in Dänemark hergestellte Madsen-Führermaschinengewehr schießt etwa 800 bis 1000 Schuß in der Minute. Die Patronenzufuhr erfolgt durch ein Band, das von einzelnen Gliedern gebildet wird. Die Waffe selbst wird an zwei Punkten im Rumpf befestigt und kann ebenfalls in der Höhenlage verstellt werden.

Die Anzahl der Patronen auf dem Band hängt von den Platzverhältnissen in dem Flugzeug ab. Bei der Länge einer Patrone von etwa 8 cm ist ein Raum von etwa 7500 cm³ für ein Band von 500 Patronen erforderlich.

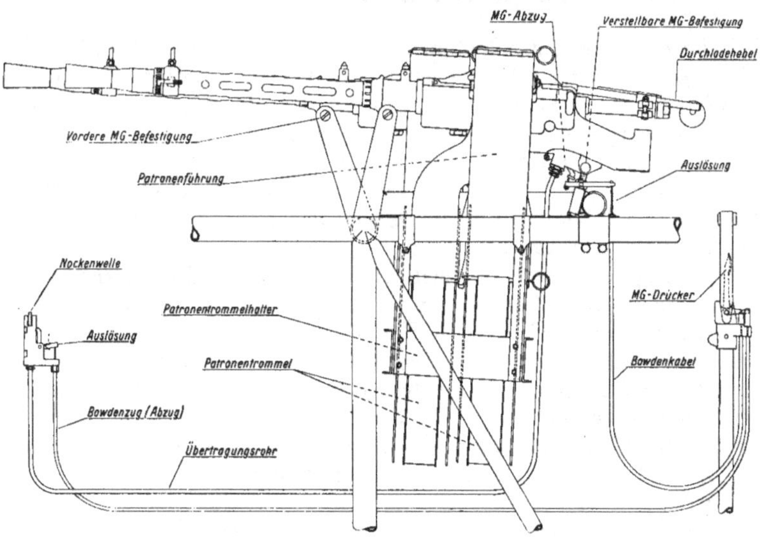


Bild 55. Madsen Führer-M.G., Modell 1934.

Der Abzugsmechanismus ist so eingerichtet, daß der Abzug selbst mittels eines Synchronisators erfolgt.

Das Hotchkiß-Führermaschinengewehr der französischen Fliegertruppe ist ebenfalls ein Gasdrucklader und wird durch einen Stoßmechanismus synchronisiert.

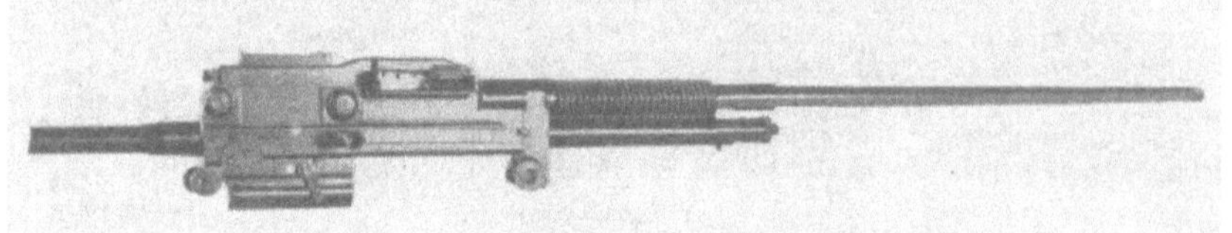

Bild 56. Französisches Führer-M.G. Hotchkiß.

Die Munitionsversorgung der Hotchkiß-Maschinengewehre erfolgt mittels gegliederter Metallbänder, die zu Trommeln zusammengerollt sind. Das Band besteht aus einzelnen Ringen, die untereinander durch die Patronen selbst verbunden sind. Die Ringe lösen sich von selbst, wenn die Patronen in die Kammern geschoben werden. Das Band kann eine beliebige Länge haben, die sich nach dem Gewicht und dem Raum, der in dem betreffenden Flugzeug zur Verfügung steht, richtet. Der Patronenkasten für etwa 400 bis 500 Patronen wird direkt unter der Waffe angeordnet, derjenige für die in den Tragflächen untergebrachten Maschinengewehre liegt an der Seite der Waffe und enthält 250 bis 300 Patronen.

Die gelösten Ringe und leeren Hülsen werden in Kästen aufgefangen.

## Maschinengewehr-Steuerungen.

Die starr eingebauten Maschinengewehre, die durch den Propellerkreis hindurchschießen, werden durch eine sinnreiche Einrichtung mit dem Motor derart verbunden, daß der Schuß erst dann ausgelöst wird, wenn das Propellerblatt an der Mündung des Maschinengewehrlaufes vorbei ist.

Das erste Patent auf eine derartige Einrichtung wurde dem Ingenieur Franz Schneider, Berlin, im Juli des Jahres 1913 erteilt. Gegenstand dieser Erfindung war eine Vorrichtung zur Ermöglichung des Schießens zwischen den Propellerflügeln hindurch, ohne sie zu verletzen.

Im Anfang des Krieges versuchte Fokker ein Motor-Maschinengewehr praktisch zu erproben. Der Antrieb und die Kupplung erfolgte durch eine Kette, die unmittelbar mit der Kurbelwelle in Verbindung stand. Diese bewegte unter Verwendung einer Pleuelstange das Schloß des Maschinengewehres nach vor- und rückwärts. Das Maschinengewehr wurde durch die Kraft des Flugmotors betätigt und nicht durch Pulvergase der abgeschossenen Patrone. Durch diesen Antrieb sollte der Zeitpunkt des Schusses genau bestimmt und eingestellt werden. Die übliche Steuerung, wie sie für automatische Gewehre erforderlich war, wurde damit entbehrlich.

Die englischen feststehenden Führermaschinengewehre, System Vickers, sind durch eine Öldrucksteuerung mit dem Motor verbunden. Am Motor direkt an-

KAISERLICHES  PATENTAMT

# PATENTSCHRIFT

— № 276396 —

KLASSE 77*h*. GRUPPE 5.

FRANZ SCHNEIDER IN JOHANNISTHAL B. BERLIN.

**Abfeuerungsvorrichtung für Schußwaffen auf Flugzeugen.**

**Patentiert im Deutschen Reiche vom 15. Juli 1913 ab.**

Gegenstand der Erfindung ist eine Vorrichtung zur Ermöglichung des Schießens zwischen den Propellerflügeln hindurch, ohne sie zu verletzen. Zu diesem Zweck ist die Schußwaffe unmittelbar vor dem Führer und hinter dem Propeller angebracht, und zwar kann dieselbe innerhalb bestimmter Grenzen drehbar angeordnet sein.

Um nun eine Schädigung des Propellers zu verhindern, ist ein Sperrmechanismus für den Abzug vorgesehen. Diese Sperrvorrichtung wird von der Propellerwelle aus beim Fahren fortwährend in Umdrehung versetzt und sperrt den Abzug der Schußwaffe immer in dem Augenblick, wo sich einer der Propellerflügel vor der Mündung der Schußwaffe befindet. Demnach kann das Abfeuern der Waffe nur zwischen den Propellerflügeln hindurch stattfinden.

Auf der Zeichnung ist ein Ausführungsbeispiel der Erfindung dargestellt.

Fig. 1 stellt den Vorderteil des Flugzeugs in Seitenansicht dar, während

Fig. 2 eine Ansicht der Sperrkurvenscheibe veranschaulicht.

Die im vorliegenden Falle als Gewehr ausgebildete Schußwaffe ist in irgendeiner geeigneten Weise vorteilhaft auf einem am Motor befestigten Lager angebracht und kann innerhalb bestimmter Grenzen seitlich und nach oben und unten gedreht werden. Hinter den Abzug der Waffe greift ein in einem festen Lager *f* drehbarer Hebel *e*, dessen unteres Ende sich gegen eine Kurvenscheibe *d* (siehe Fig. 2) legt. Diese Kurvenscheibe wird von der Propellerwelle *a* aus mittels konischer Zahnräder *b* und der senkrechten Welle *c* angetrieben und ist so gestaltet, daß sie den Hebel *e* so lange gegen den Abzug drückt, als sich ein Flügel des Propellers vor der Gewehrmündung befindet. In dem Augenblick, wo die Propellerflügel an der Mündung vorbeigegangen sind, kann die Schußwaffe abgefeuert werden.

Es ist selbstverständlich, daß die Sperrung des Abzugs noch in mancherlei anderer Weise erfolgen kann und die Erfindung keineswegs auf die beschriebene Anordnung beschränkt ist.

PATENT-ANSPRÜCHE:

1. Abfeuerungsvorrichtung für Schußwaffen auf Flugzeugen, gekennzeichnet durch eine Sperrvorrichtung für den Abzug der hinter der Bewegungsbahn der Propellerflügel liegenden Schußwaffe, welche durch eine von der Propellerwelle angetriebene Vorrichtung mit dem Abzug in Eingriff gehalten wird, solange ein Propellerflügel sich vor der Mündung der Schußwaffe befindet.
2. Vorrichtung nach Anspruch 1, dadurch gekennzeichnet, daß die Vorrichtung aus einer von der Propellerwelle aus angetriebenen Kurvenscheibe (*d*) besteht, die den Abzug der Schußwaffe mittels eines Sperrhebels (*e*) so lange verhindert, als ein Propellerflügel sich vor der Mündung der Schußwaffe befindet.

Hierzu 1 Blatt Zeichnungen.

(2. Auflage, ausgegeben am 8. Januar 1917.)

BERLIN. GEDRUCKT IN DER REICHSDRUCKEREI.

Bild 57. Patentschrift für die Steuerung von Schußwaffen auf Flugzeugen des Ingenieurs Franz Schneider.

gebaut befindet sich ein Steuerzylinder, der, vom Motor gesteuert, durch die Hauptölleitung auf die Abzugssteuerung am Maschinengewehr einen Öldruck zur Auslösung des Schusses ausübt. Nach dieser Arbeitsleistung wird das Öl über ein Petty-Ausgleichventil in den regulierbaren Ölbehälter geleitet.

Die Abzugshebel am Steuerknüppel unterbrechen den Ölstrom oder geben ihn für die Steuerung der Maschinengewehre wieder frei. Diese Steuerung sichert einen einwandfreien und störungsfreien Lauf der Maschinengewehre.

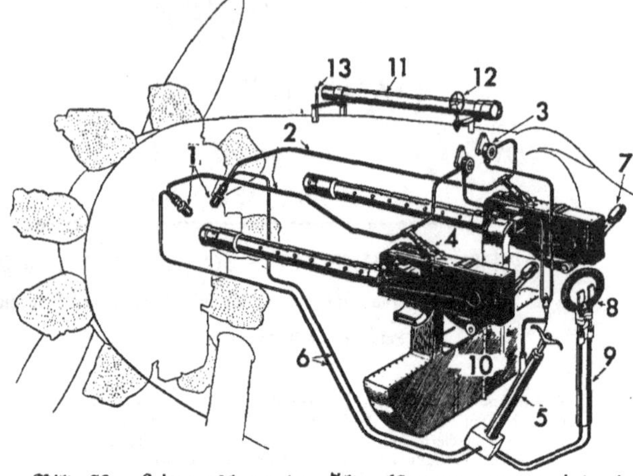


Bild 58. Leitungsschema der Öldrucksteuerung von zwei durch den Luftschraubenkreis schießenden Vickers Maschinengewehren, Muster E.

1. Steuerzylinder
2. Hauptleitung
3. Petty-Entlüftungsventil
4. Abzugssteuerung
5. Ölbehälter
6. Nebenleitung oder Rückleitung
7. Handladehebel
8. Abzugshebel
9. Steuerknüppel
10. Patronenkasten
11. Aldis-Visier
12. Ringvisier
13. Korn.

Die französische Maschinengewehrsteuerung, von der Firma Risoud gebaut, beruht auf einer mechanischen Stoßwirkung. Die Steuerung besteht aus einem Gehäuse, in dem die Nockenwelle in Kugellagern gelagert ist, der Nockenscheibe, den Stößeln und der Antriebswelle. Die Nockenwelle wird durch Kardangelenke und eine Torsionswelle mit dem Motor verbunden. Solange der Flugmotor läuft, wird die Nockenwelle in Umdrehung versetzt, die wiederum die Stößel auf- und abwärts bewegt.

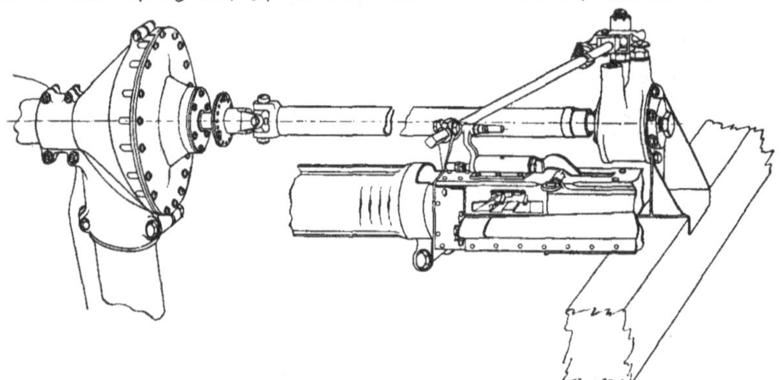

Bild 59. Französische M.G.-Steuerung, System Risoud.

Der Torsionsstab trägt an dem dem Maschinengewehr zugerichteten Ende einen Vierkant mit einem Schlagarm. Letzterer überträgt die Torsionsbewegungen auf den Steuermechanismus des Maschinengewehres. Soll das Maschinengewehr in Tätigkeit gesetzt werden, wird durch den Bowdenzug und Maschinengewehrdrücker am Steuerknüppel der Torsionsstab mit seinem Klöppel über den

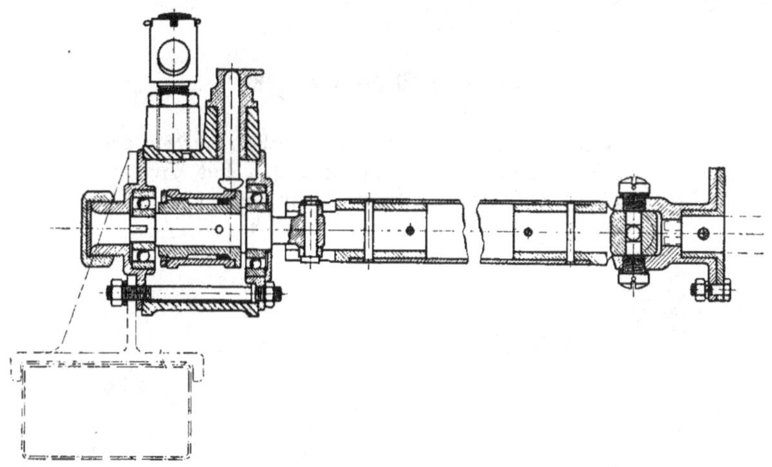

Bild 60. Längsschnitt durch die französische M.G.-Steuerung, System Risoud.

Stößel geschoben. Die Stößelbewegungen werden nun auf die Torsionswelle und damit auf den Steuermechanismus übertragen. Letzterer löst nun die Schüsse aus.

Die Madsensteuerung, die noch vielfach Verwendung findet, ist ein vollkommen mechanisches Gerät, das die Kraft vom Motor auf den Abzug der Waffe durch einen in eine Röhre verlegten Kabelzug überträgt. Die Einschaltung erfolgt durch Bowdenzug und Maschinengewehrdrücker vom Führersitz aus.

Durch die zwangsweise Schaltung und Steuerung der starr eingebauten Maschinengewehre wird die Schußzahl vermindert; die volle Leistung der Maschinengewehre kommt dadurch nicht zur Ausnutzung.

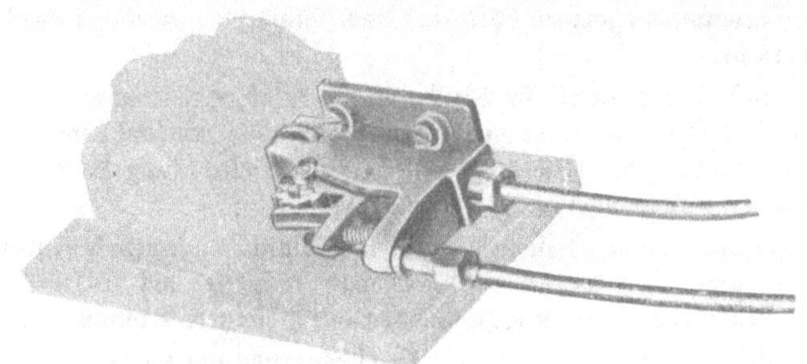

Bild 61. Madsen-M.G.-Steuerung mit der Abzugs- und Übertragungsleitung.

Neuerdings werden daher die Führermaschinengewehre immer mehr nach außen verlegt und außerhalb des Luftschraubenkreises eingebaut. Dieser Einbau hat den Vorteil, daß mehrere Maschinengewehre eingebaut und nicht mehr mit dem Motor gekuppelt zu werden brauchen. Sie können frei von den Störungen der Übertragungsorgane und mit voller Feuerkraft schießen. Der Führersitz wurde dadurch auch geräumiger.

## Bewegliche Maschinengewehre.

Auch die beweglichen Beobachtermaschinengewehre wurden aus dem Infanteriemaschinengewehr entwickelt. Sie wurden leichter und handlicher gebaut, damit der Schütze die Gewalt über die Waffe nicht verliert.

Bild 62. Deutsches Beobachter-M.G. („Parabellum") mit großer Patronentrommel, auf einem Pivot mit Zahnsegmenten montiert.

Die Patronen werden nicht mehr auf losen, langen Bändern dem Maschinengewehr zugeführt, sondern entweder mit den Gurten auf Trommeln aufgerollt oder in Trommelmagazinen, die auf das Maschinengewehr aufgesteckt werden, untergebracht.

Der große Laufmantel für die Kühlung verschwand immer mehr, so daß die modernen Maschinengewehre schon mit freiem Lauf verwandt werden. Der starke Luftstrom während des Fluges und die dauernde Bewegung im Luftkampf reichen zur Kühlung vollkommen aus.

Der Munitionsvorrat ist bei den vielen Maschinengewehrsystemen verschieden. Noch vor kurzer Zeit wurden große Trommeln für 97 bis 100 Schuß verwandt, die aber wegen der schweren Handhabung durch kleinere Trommeln ersetzt wurden.

Die Schußfolge der modernen Beobachtermaschinengewehre beträgt bis zu 1000 Schuß in der Minute.

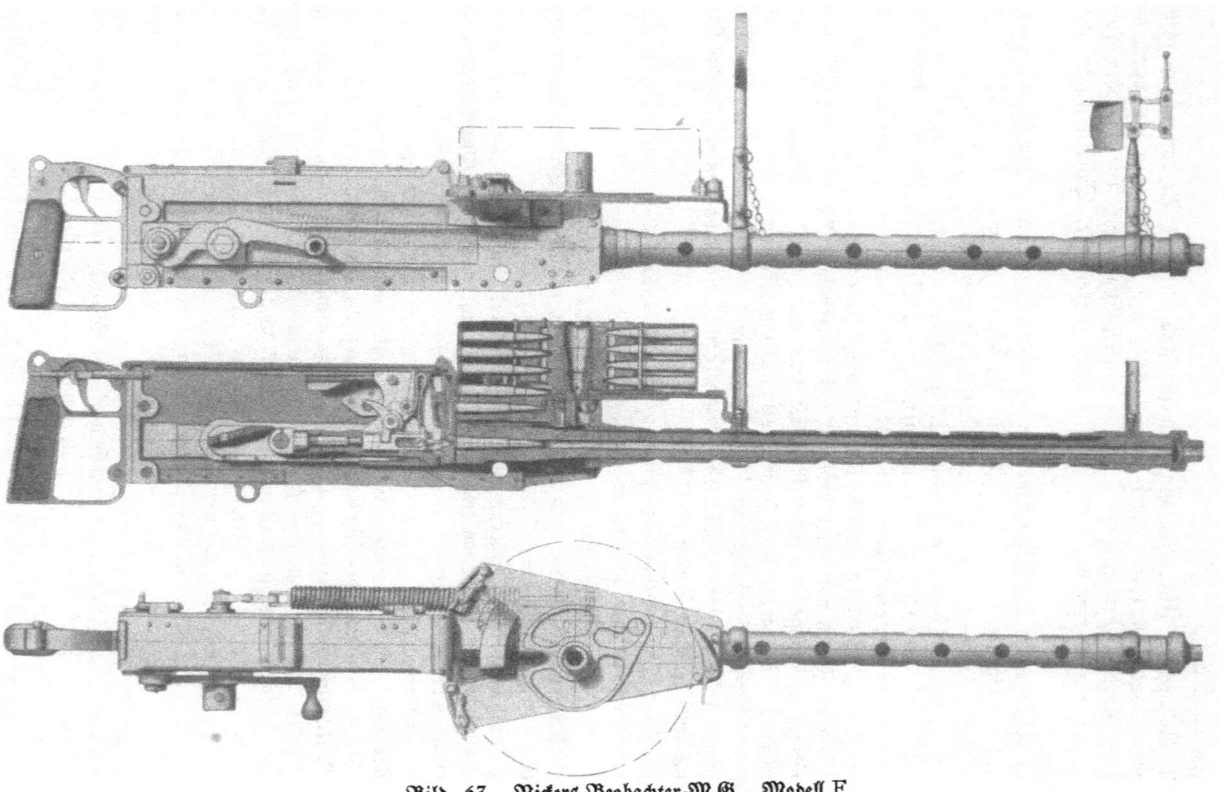

Bild 63. Vickers Beobachter-M.G., Modell F.

Die neuzeitlichen Maschinengewehre können sowohl als Einzel- wie auch als Doppelmaschinengewehr, getrennt oder gekuppelt, auf den Maschinengewehrringen montiert werden.

Wie die meisten Führermaschinengewehre sind auch die Beobachtermaschinengewehre Gasdrucklader, die durch den Rückstoß des Pulvergases und durch die Kraft der Vorholfeder in ihrer Funktion unterstützt werden. Die Gewehre wurden zur sicheren Bedienung entweder mit Handgriffen oder Schulterstützen ausgestattet.

Das Vickers-Berthier-Maschinengewehr, wie alle übrigen Maschinengewehre mit einem gezogenen Lauf, ist speziell für die Verwendung als bewegliche Waffe in modernen, hochwertigen Flugzeugen entwickelt worden. Infolge seines besonderen günstigen Aufbaues kann es auf jeder Lafette montiert und bedient werden, wodurch es die wesentlichen Bedingungen für ein Beobachtergewehr erfüllt. Es stellt einen bedeutenden Fortschritt in der Entwicklung der Beobachterflugzeuggewehre dar. Obwohl es das kleinste und leichteste zur Zeit hergestellte Gewehr dieser Art ist, ist es von einer robusten und dauerhaften Konstruktion. Die dem Luftwiderstand ausgesetzte Oberfläche ist sehr gering. Der Aufbau ist außerordentlich einfach, da die Zahl seiner Teile auf ein Minimum herabgesetzt wurde. Trotz der hohen Schußfolge von 1000 Schuß in der Minute arbeitet das Maschinengewehr einwandfrei. Der sehr geringe Rückstoß ermöglichst eine leichte Bedienung und genaues Zielen.

In unmittelbarer Nähe des Abzuges, im pistolenähnlichen Handgriff, ist eine Sicherheitseinrichtung vorgesehen.

Das Magazin ist über der Patronenzuführung angeordnet, wo es durch einen Federhaken festgehalten wird. Das Gewehr ist ebenfalls als Gasdrucklader konstruiert.

Es besteht aus dem luftgekühlten Lauf, der Gaskammer, dem Kolben und dem Gewehrschloß. Die Patronen liegen in Magazinen, die auf das Maschinengewehr aufgesteckt werden.

Bei Betätigung des Gewehres wird die Sperrvorrichtung entsichert und der Drücker mit dem Zeigefinger der rechten Hand nach hinten gezogen. Dadurch wird die Kolbenstange des Gasdruckladers ausgelöst, an deren hinterem Ende sich eine Mitnehmernocke befindet. Der erste Schuß wird durch den beim Laden zurückgeholten und gespannten Schlagbolzen ausgelöst. Die Gase der abgefeuerten Patrone drücken nun die Kolbenstange zurück, wobei die Schlagbolzenfeder wieder gespannt und die Druckfedern zur Vorwärtsbewegung der Kolbenstange zusammengepreßt werden. An der Vorderseite der Mitnehmernocke ist eine Aussparung vorgesehen, die in das Patronenmagazin eingreift und eine Patrone, von dem Geschoß geführt, in den Lauf schiebt. Während der Kolben sich dem Ende seiner Vorwärtsbewegung nähert, wird der Mitnehmer durch Führungen und Bolzen nach oben gelenkt. Hierdurch wird der Mitnehmer von dem Kolben losgelöst und als Verschluß in die Patronenkammer gepreßt. Dieser Vorgang entlastet die Kolbenstange, die alsdann den Schlagbolzen und den Schuß freigibt. Der Schlagbolzen wird entsichert und schlägt auf das Zündhütchen der Patrone, um sie abzufeuern.

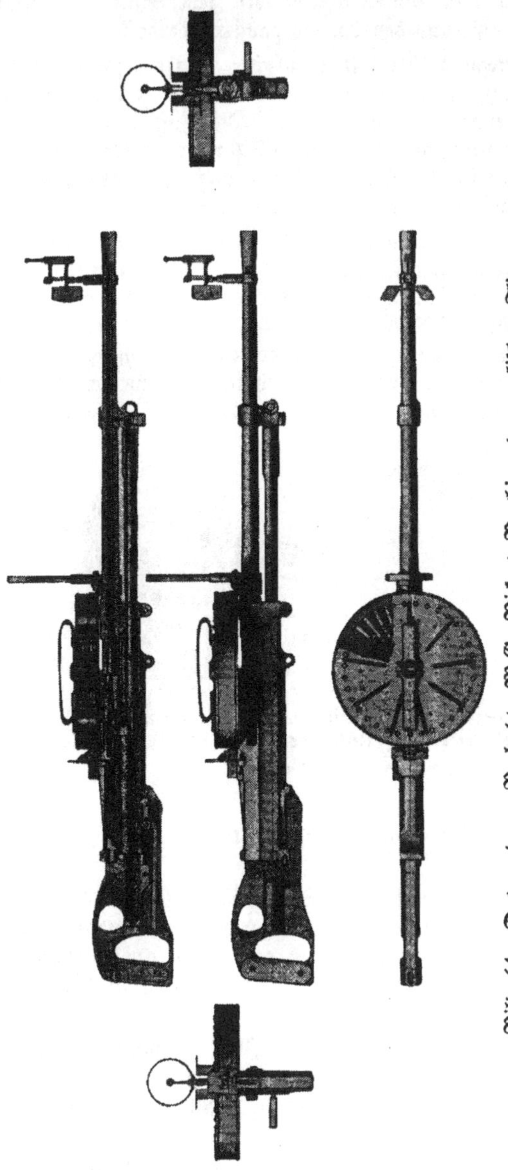

Bild 64. Das moderne Beobachter-M.G. Vickers Berthier, der englischen Fliegertruppe.

Nachdem das Geschoß das Gasventil in dem Lauf passiert hat, strömen die Gase durch den Gasschacht in den Zylinder und drücken auf den Kolben, der mit großer Beschleunigung nach hinten gleitet, die Federdrücke überwindet, die abgeschossene Hülse ausstößt und den Ladevorgang wiederholt.

Die Rückwärtsbewegung, die mit ziemlicher Kraft erfolgt, wird durch eine große Spiralfeder, die an dem hinteren Ende des Führungsrohres zwischen Kolben und Gehäuseende ruht, abgebremst. Die Zusammenpressung der Feder wirkt sich nach Vernichtung der Kraft des Gasdruckes wieder entgegengesetzt aus und erteilt dem Kolben für die Vorwärtsbewegung eine Beschleunigung, um das Gleichgewicht der Bewegungen wieder herzustellen.

Das Hotchkiß-Beobachtermaschinengewehr ist ebenfalls als Gasdrucklader ausgebildet. Die Schußfolge beträgt 1000 Schuß in der Minute. Durch die Anwendung eines Doppelmaschinengewehres können Schußsalven, die einer Schußhöchstzahl von zusammen 2000 Schuß je Minute entsprechen, abgegeben werden. Der augenblickliche Stillstand eines der beiden Maschinengewehre hat keinen Einfluß auf die Tätigkeit des anderen, das ungehindert weiter feuern kann, falls der Abzug weiter betätigt wird.

Bild 65. Französisches Beobachter-M.G. Hotchkiß mit Bruststütze, Patronentrommel, Windfahnenkorn und Kriesvisier. Unter dem Lauf ist das Gehäuse des Gasdruckladers sichtbar.

Beide Waffen sind mit Abzügen ausgestattet, die auch eine getrennte Bedienung ermöglichen.

Die Patronentrommeln, zu je 100 Schuß, sind symmetrisch zu beiden Seiten der Waffengruppe angeordnet und können durch einen Handgriff aufgesteckt und abgenommen werden. Die Patronen sind auf einem ausklinkbaren Band aufgereiht, dessen Glieder mit den leeren Patronenhülsen in Netzen aufgefangen werden.

Die Waffe wiegt 9,5 bis 10,5 kg. Ihre Schußfolge beträgt 900 bis 1000 Schuß in der Minute. Sie kann mit verschiedenen Läufen geliefert werden, so daß die Waffe für alle existierenden Infanteriepatronen benutzt werden kann.

In derselben Bauart liefert die Firma Madsen auch ein Maschinengewehr für 11,5 mm Patronen. Das Patronengewicht beträgt 20 g, die Anfangsgeschwindigkeit etwa 825 m/sec.

Maße und Gewichtstabelle der Madsen-Flugzeugwaffen.

| | M.G.-Gewicht kg | Synchronisator S 13 kg | 500 Stck. Gurtglieder wiegen kg | Gesamtlänge der Waffe cm |
|---|---|---|---|---|
| Gewöhnliche Führerwaffe . . . . . | 9,5 | 1,1 | 2,3 | 100–110 |
| " einzelne Beobachterwaffe . | 9,5 | | | 108–118 |
| " doppelte Beobachterwaffe . | 21,0 | | | 108 |
| Führerwaffe Mod. 1933 . . . . . | 7,0 | 1,1 | 2,3 | 93 |
| Einzel-Beobachterwaffe 1933 . . . . | 6,5 | | | 95 |
| Doppel-Beobachterwaffe . . . . . . | 14,5 | | | 95 |
| Führerwaffe Kal. 11,35 . . . . . | 10,5 | 1,1 | 3,0 | 128 |
| Einzel-Beobachterwaffe Kal. 11,35 . . | 10,5 | | | 135 |

Bild 66. Madsen-Doppel-M.G., auf dem Drehring montiert. Die Patronenhülsen werden durch den unter den Gewehren sichtbaren Patronenbeutel aufgefangen, um Beschädigungen durch die vom Winddruck mit großer Wucht nach hinten geschleuderten Hülsen am Flugzeug zu verhindern.

## Flugzeug-Schnellfeuerkanonen.

Die Bewaffnung der Flugzeuge mit großkalibrigen Waffen gehört nicht zu den neuesten Errungenschaften, denn schon im Jahre 1913 wurden Maschinenkanonen in Flugzeuge eingebaut und erprobt. Hierbei wurde festgestellt, daß der Rückstoß auf die Stabilität des Flugzeuges keinerlei Einfluß hatte und somit keinerlei Bedenken mehr bestanden, Flugzeuge mit Maschinenkanonen auszurüsten.

Versuche dieser Art wurden von Frankreich mit dem Kanonenflugzeug Voisin und später in England mit dem zweimotorigen Westland Westbury-Doppeldecker, als Geschützträger, durchgeführt.

Erst während des Krieges wurde der Maschinenkanone größerer Wert beigemessen und sie häufiger eingebaut.

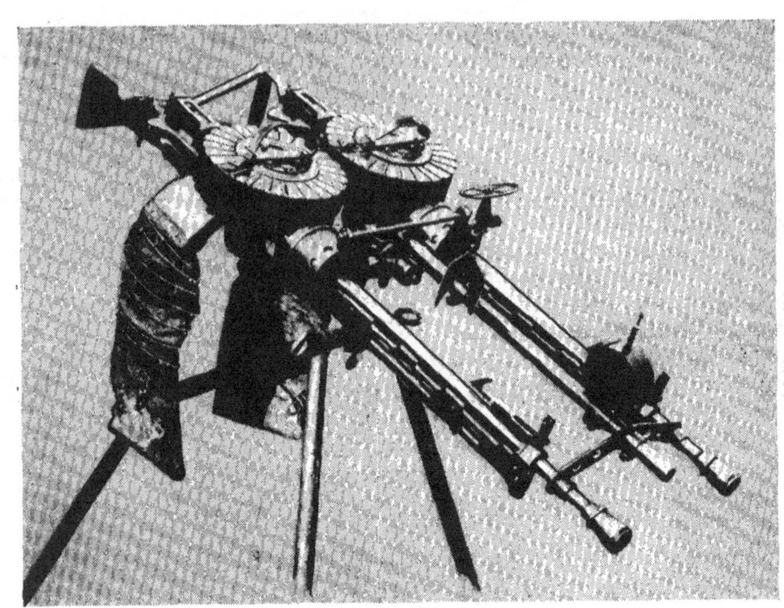

Bild 67. Tschechisches Beobachter-Doppel-M.G. Brünn mit Pokorny-Visier.

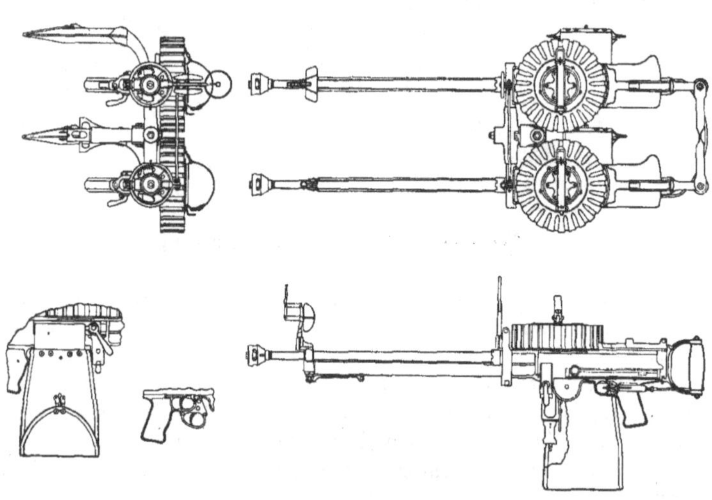

Bild 68. Übersichtszeichnung des in Amerika verwendeten Lewis-Beobachter Doppel-Maschinengewehres.

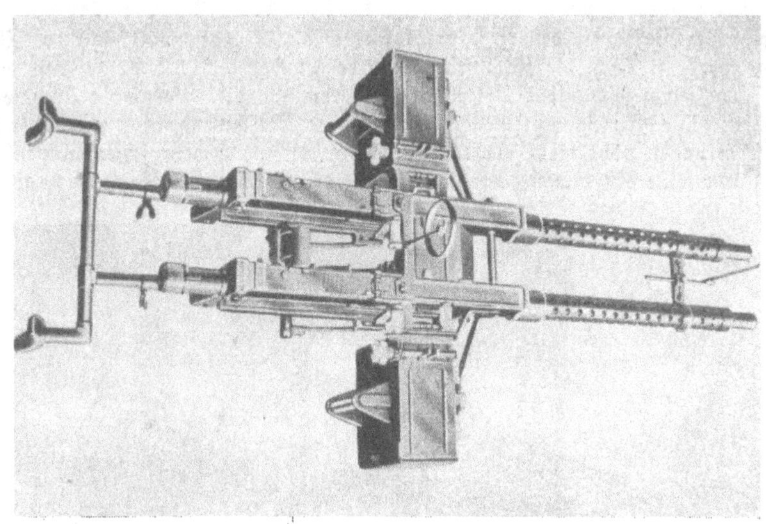

Bild 69. Italienisches Breda Saffat Doppelmaschinengewehr.

Deutschland verwandte die Becker-Kanone von 2 cm Kaliber, die in Großflugzeuge und Infanterieflugzeuge eingebaut wurde.

Lange blieb die Maschinengewehrkanone unbeachtet, bis die taktischen Forderungen, verbunden mit der Leistungssteigerung der Flugzeuge, eine neue wir-

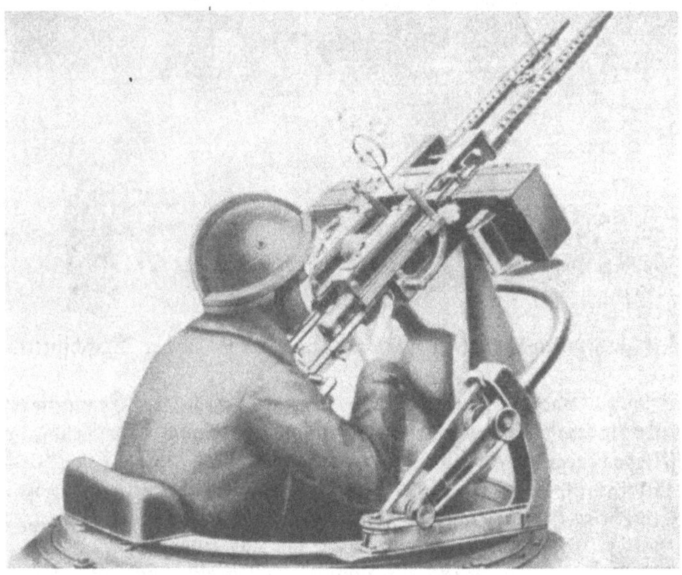

Bild 70. Italienisches Breda Saffat Beobachter-Doppelmaschinengewehr auf einem Drehring befestigt.

kungsvolle Waffe für den Fernkampf forderten. Die Geschwindigkeit der Flugzeuge wurde zu hoch, die Kampftaktik wurde geändert und die Kampfkraft durch die Schaffung geschlossener Verbände zu groß und die Gegenwehr zu schwach. Das noch zur Verfügung stehende kleinkalibrige Maschinengewehr war daher den Anforderungen nicht mehr gewachsen. Das Maschinengewehr schien überholt zu sein, denn seine Schußweite war zu klein und die Wirkung der Geschosse zu gering.

Bild 71. Voisin-Kanonenflugzeug mit 3,7 cm Kanone aus dem Jahre 1915.

Man griff zu der bewährten Waffe aus dem Kriege, zu der Maschinenkanone für Flugzeuge.

Der Wunsch nach Steigerung des Kalibers, nach der Granatwirkung und somit, bei nicht allzu kleiner Anfangsgeschwindigkeit, nach Steigerung der Reichweite, ist jedoch begrenzt, wo der Flugzeugbau Einhalt gebietet, um den Verhältnissen des Luftkampfes andererseits gerecht zu werden. Bei dem 2 cm-Kaliber sind Waffengewicht und Waffengröße, unter Zugrundelegung einer Anfangsgeschwindigkeit zwischen 800 und 900 m/sec, gerade auf einem Punkte angelangt, wo einerseits der Gewichtsaufwand für Waffe, Lafettierung und Munition noch getragen werden kann und der Rückstoß noch zulässig erscheint und wo andererseits die Handhabung der Waffe den schnell wechselnden Verhältnissen des Luftkampfes noch anpassungsfähig ist. Einer Überschreitung des Kalibers könnte das Flugzeug nicht mehr folgen. Die Gewichte und Abmessungen würden das zulässige Maß überschreiten, die Bedienung würde zu träge werden, und nicht zuletzt würde selbst bei Annahme einer vollautomatischen Funktion die stark gesunkene Schußfolge den Erfolg in Frage stellen, und zwar aus dem Grunde, weil die Treffsicherheit auf die Entfernungen, die dieser leistungsstarken Waffe mit den dem Flugzeug noch zugänglichen Richtmitteln zugrunde liegen, stark herabsinkt.

Da, wie sicher vorauszusehen ist, die Entwicklung der Technik auf lange Jahre hinaus an diesen Tatsachen nichts ändern kann und deshalb das 2 cm Kaliber die

Bild 72. Deutsche Maschinenkanone von 2 cm Kaliber, System Becker, die 1918 vielfach in Infanterieflugzeugen eingebaut wurde.

gegebene Lösung darstellt, muß sich die Betrachtung der Frage zuwenden, welcher 2 cm Waffe der Vorzug in der Luft gebührt.

Die Werkzeugmaschinenfabrik Oerlikon stellt drei Modelle von 2 cm Kaliber her, die bei entsprechend abgestufter Treibladung alle dasselbe Geschoß verfeuern und sich nur in der Schußfolge, der Anfangsgeschwindigkeit und damit in der Lauflänge, Gewicht und Größe des Rückstoßes unterscheiden. Die oben geforderte Anpaßfähigkeit wäre damit gegeben.

Die Oerlikon-Waffe aller drei Modelle hat bereits bei sämtlichen Verwendungsarten in der Praxis ihre Tauglichkeit und Zuverlässigkeit erwiesen.

| Modell | Anfangsgeschwindigk. in m/sec | Schußfolge | Rückstoß in kg etwa | Gewicht in kg etwa |
|---|---|---|---|---|
| F | 550–575 | 450 | 60–70 | 30 |
| L | 670–700 | 350 | 115–125 | 43 |
| S | 835–870 | 280 | 140–150 | 62 |

Je nach Verwendung und Flugzeugmuster wird die Auswahl sich an diese Grunddaten halten müssen. Bei Forderungen großer Beweglichkeit in der Lafettierung wird in erster Linie Modell F und L in Frage kommen, während S für starren oder begrenzt richtbaren Einbau gewählt wird, wo größte Reichweite gefordert wird. Außerdem wird die Wahl beeinflußt durch die Schußfolge, je nach der Aufgabe der Bewaffnung, und das Gewicht, je nach der Größe des bei einem bestimmten Flugzeug für die Bewaffnung vorgesehenen Nutzlastanteiles.

Zur Frage der Waffe selbst ist noch auf einen wesentlichen Punkt hinzuweisen. Dies ist das Verschlußsystem, das für die Verwendung im Flugzeug bestens geeignet erscheint.

Die Oerlikon-Kanone arbeitet mit massenverriegeltem Verschluß. Während die anderen Systeme zur Verriegelung des Patronenlagers ein durch den Verschlußvorlauf gesperrten Hebelmechanismus anwenden, welcher in gesperrtem Zustand den Rückstoß aufnimmt und in eine Rückwärtsbewegung von Rohr und Verschluß umsetzt, bleibt hier das Rohr unbewegt, wobei zur Verriegelung die Verschlußmasse ohne Sperrhebelmechanismus allein dient.

Dies wird dadurch ermöglicht, daß der Verschluß, schon kurz bevor er seine vordere Umkehrstellung erreicht hat, die Patrone abschießt. Der gasdichte Abschluß ist zwar jetzt schon erreicht, doch muß die im Verschluß noch enthaltene kinetische Energie von der rückstoßenden Kraft der Pulvergase auf dem Wege bis zur Umkehr aufgezehrt werden, bis der dann noch verbleibende Rest des Gasdruckes den Verschluß nach hinten schleudert. Dies geschieht gegen den Druck einer Vorholfeder, die den Verschluß bei Erreichung ihrer Höchstspannung in dessen hinterer Umkehrstellung wieder nach vorn treibt. Sie stellt mit dem Verschluß zusammen den ganzen Verriegelungs- und Repetiermechanismus dar.

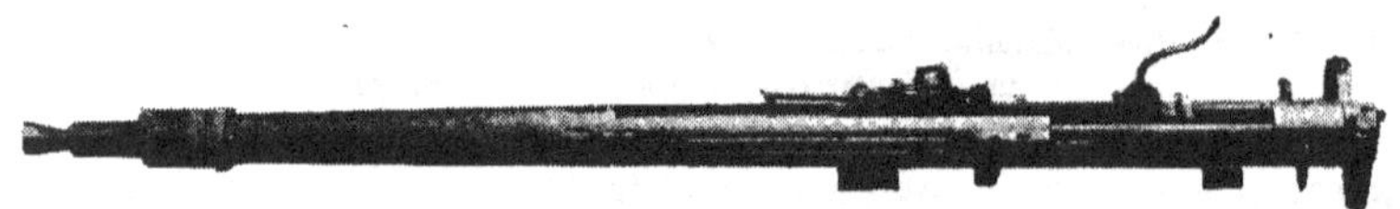

Bild 73. 2 cm Maschinenkanone Oerlikon, Modell L, für starren Einbau in Flugzeugen.

Es ist daraus ersichtlich, daß ein solches System, welches unter Wegfall jeglicher durch Hebelauslösung bedingter Stöße oder Schläge als Rückstoßdiagramm nur den allmählichen Spannungsanstieg und -abfall einer Vorholfeder aufweist, für den Einbau im Flugzeug, d. h. in eine möglichst gering zu beanspruchende Rumpfkonstruktion, bevorzugt wird.

Die durch eine Vorholfeder der Verschlußmasse beim Vorlauf erteilte kinetische Energie vernichtet im Augenblick der Zündung, wo der Verschlußkopf die Patrone bis zur allseitigen Umschließung ins Patronenlager geführt hat und der gasdichte Abschluß erreicht ist, einen Teil des Pulvergasrückdruckes, dessen verbleibender Rest den Verschluß wieder zurückschleudert. Dieses Zurückschleudern geschieht gegen den Druck der Vorholfeder, die bei Erreichung ihres Spannungsmechanismus den Verschluß hinten umkehren läßt und erneut vorwärts treibt.

Da der Verschluß in seiner vorderen Umkehr durch den zwischen Geschoßboden und Hülse sich bildenden Gaspuffer und in der hinteren Umkehr durch die Vorholfeder abgefangen wird, also nirgends ein stoßartiges Auffangen von Bewegungsvorgängen stattfindet, kommt jenes weiche Arbeiten der Waffe zustande, das ihr allgemein, aber besonders für die Verwendung im Flugzeug die früher schon erwähnte Überlegenheit verleiht.

Die Waffe ist für Einzel- und Dauerfeuer eingerichtet. Wird Dauerfeuer geschossen, so wiederholt sich der beschriebene Vorgang, bis das Magazin geleert ist. Wird Einzelfeuer geschossen, wird der Verschluß in gespannter Stellung in seiner hinteren Rast aufgefangen, weil die Zufuhr einer zweiten Patrone unterbleibt.

Eine Vorrichtung sorgt dafür, daß nach Abgabe des letzten Schusses der Verschluß gespannt bleibt und der Abzug bei leerem Magazin nicht ausgelöst werden kann.

Bild 74. 2 cm Maschinenkanone Oerlikon, Modell S, für den beweglichen Einbau in Flugzeugen.

Das Übereinanderladen von Geschossen oder das Einladen von Geschossen wird, solange sich ein Fremdkörper im Laderaum befindet, durch eine einfache Vorrichtung verhindert. Diese Doppelsicherung sperrt alsdann den Repetiermechanismus.

Das zur Unterstützung der Kühlleistung mit Kühlrippen versehene Rohr wird durch die Luft gekühlt, die durch die Verschlußbewegungen und den Fahrtwind fortwährend erneuert wird.

**Technische Angaben der 2 cm Oerlikon-Kanone.**

| Modell | F | L | S | |
|---|---|---|---|---|
| Rohrweite | 20 | 20 | 20 | mm |
| Länge des Rohres in Rohrweiten | 40 | 60 | 70 | mm |
| Gesamtlänge der Waffe | 1400 | 1820 | 2100 | |
| Anzahl der Züge | 9 | 9 | 9 | |
| Tiefe der Züge | 0,4 | 0,4 | 0,4 | mm |
| Drallwinkel gleichbleibend rechts | 5 | 5 | 5 | 0° |
| Anfangsgeschwindigkeit | 550 – 575 | 670 – 700 | 835 – 870 | m/sec |
| Höchster Gasdruck | etwa 2800 | etwa 3000 | etwa 3200 | Atm |
| Gewicht der Kanone | „ 30 | „ 43 | „ 62 | kg |
| Feuergeschwindigkeit mit Magazinwechsel | „ 130 | „ 125 | „ 120 | p/min |
| Schußfolge | „ 450 | „ 350 | „ 280 | p/min |
| Tragweite | „ 4 | „ 4 | „ 5 | km |
| Maximale Steighöhe | | „ 3 | „ 3,9 | km |

Die Werkzeugmaschinenfabrik Oerlikon stellt für ihre Flugzeugmaschinenkanonen verschiedene Geschosse her, um den vielseitigen Anforderungen gerecht zu werden:

1. Platzpatronen, lediglich zum Einüben mit Waffe und Lafette. Verschossen wird eine mit normaler Treibladung abgefeuerte Masse, die wenige Meter vor der Mündung schon zerstäubt. Ihr Gewicht ist dem normalen Geschoßgewicht angepaßt, damit beim Schießen der gleiche Rückstoß entsteht.

2. Patronen mit Spitzgeschoß aus gewöhnlichem und gehärtetem Stahl. Verwendung vorwiegend zu Schießübungen.

3. Patronen mit Leuchtspurgeschossen.

Das Geschoß besteht aus gewöhnlichem ungehärtetem Stahl mit eingepreßtem Leuchtsatz. Verwendung zu Schießübungen sowie zum Gemischtschießen mit

Bild 75. 3 Flügeltreffer (Ausschuß) von Brisanzgranaten einer Maschinenkanone auf leinwandbespanntem Flügel.

anderen Geschossen ohne Leuchtsatz. Die Leuchtdauer beträgt mindestens 7 Sek., das entspricht einer Schußentfernung von 1900 – 2100 m in Bodennähe. (Die Entfernung in größeren Flughöhen vergrößert sich entsprechend der Abnahme des Luftgewichtes.)

4. Patronen mit Brandgranaten (empfindliche Aufschlagzünder) mit Spreng- und Brandsatz zum Inbrandschießen von Brennstofftanks.

5. Patronen mit Hochbrisanzgranaten mit hochempfindlichem Aufschlagzünder. Außerordentlich kräftige Sprengwirkung auf alle Flugzeugteile.

6. Patronen mit Hochbrisanzleuchtspurgranaten mit hochempfindlichem Aufschlagzünder.

Dieselben Partonen, wie unter 5., mit zusätzlich eingepreßtem Leuchtsatz.

7. Patronen mit Hochbrisanzgranaten mit Doppelzünder.

Eigenschaften und Verwendung wie unter 5.; außer dem hochempfindlichen Aufschlagzünder enthält die Granate noch einen festeingestellten Zeitzünder, der nach Ablauf von 7 Sek. Flugdauer, was einer Schußentfernung von 1900 – 2100 – 2500 m der Oerlikon-Maschinenkanonenmodelle F – L – S entspricht, die Granate zur Entzündung bringt, falls kein Aufschlag stattgefunden hat.

8. Patronen mit Hochbrisanzleuchtspurgranaten mit Doppelzünder.

Eigenschaften und Verwendung wie unter 7. mit zusätzlich eingepreßtem Leuchtsatz.

Wie schon früher hervorgehoben, ist die Hochbrisanzgranate der 2 cm Maschinenkanone das wirkungsvollste Geschoß. Mit einem hochempfindlichen Aufschlagzünder ohne Verzögerung versehen, wird die Hochbrisanzgranate bei ihrem

Bild 76. Wirkung (Ausschuß) einer Hochbrisanzgranate aus einer 2 cm Maschinenkanone geschossen, auf einem Ganzmetallflügel.

Aufschlag in eine große Menge kleiner Splitter zerlegt, die verheerende Wirkungen, an welcher Stelle das Flugzeug auch getroffen wird, verursachen. Die nebenstehenden Aufnahmen von Beschußproben auf Flugzeugtragflächen lassen deutlich die gute Wirkung und das Ausmaß der Zerstörung erkennen.

Besonders wirkungsvoll sind die Flügeltreffer, gleichgültig, ob Metall- oder Leinwandbespannungsflächen, da der Fahrtwind die 50 bis 100 cm weit aufgerissenen Tragdecks noch weiter aufreißt, sich in ihnen verfängt, sie vollständig beschädigt und damit den unvermeidlichen Absturz beschleunigt.

Die Möglichkeit, die Hochbrisanzgranate auch mit Leuchtsatz oder mit Leuchtspurgeschossen zusammen verfeuern zu können, erleichtert das Zielen, besonders wenn die Situation des Kampfes eine korrekte Bedienung des Zielapparates nicht zuläßt.

Die mit Doppelzünder versehene Hochbrisanzgranate bietet den großen Vorteil, daß sie beim Luftkampf über eigenem Boden, falls das Ziel verfehlt wurde, nicht mehr den Boden erreicht und durch das Niederfallen der Granate größeren Schaden verursacht.

Die Patronengewichte, einschließlich Geschoß der Oerlikon-Munition, betragen für:

| Modell | Patrone mit Spitzengeschoß | Patrone mit Leuchtspurgeschoß | Patrone mit Zündergeschoß |
|---|---|---|---|
| F | 200 | 190 | 184 Gramm |
| L | 230 | 220 | 215 " |
| S | 262 | 250 | 247 " |

Bild 77. Vickers-Armstrong - Maschinenkanone von 3,7 cm Kaliber, auf dem Bug des Blackburn - Perth - Flugbootes montiert.

Die von Vickers herausgebrachte automatische Flugzeugkanone besitzt ein Kaliber von 37 mm und schießt 4000 m weit. Sie gehört zu den schwersten Flugzeugkanonen, die gebaut wurden. Bei einem Patronengewicht von 0,130 kg wird mit dieser Kanone eine Anfangsgeschwindigkeit von 594 m/sec bei einem Rücklaufweg von etwa 40 cm erreicht. Die Schußfolge beträgt 100 Schuß je Minute. Die Ladestreifen enthalten 5 Patronen.

Das Gewicht der Kanone, einschließlich Stoßdämpfer, beträgt etwa 140 kg, das sich mit einem Munitionsvorrat von 200 Patronen auf 400 kg erhöht.

Die mittlere Rückstoßstärke der Vickers-Kanone beträgt auf der Erde abgefeuert 734 kg.

Eine weitere Flugzeugschnellfeuerkanone wurde von Madsen entwickelt. Sie gleicht den anderen in den Leistungen, unterscheidet sich jedoch im Prinzip.

Die Madsen-Kanone wird sowohl für die Ausrüstung von Flugzeugen als auch für die Flugzeugabwehr auf Lafetten montiert, verwendet. Die Schlußfolge einer

20 mm Madsen-Kanone beträgt 250 – 300 Schuß je Minute. Die Patronen sind in Magazinen zu je 15 Stück untergebracht, die leicht und schnell ausgewechselt werden können.

Die Kanone ist, um die Rückstöße abzuschwächen, mit einer Flüssigkeitsbremse und einem Federvorbringer versehen. Letzterer bringt den Lauf, in Verbindung mit einer Rücklauffeder, nach beendetem Rücklauf wieder in die Schußstellung.

Im Augenblick des Schusses ist die Kammer geschlossen und das Bodenstück gesichert. Der Abfeuermechanismus kann sowohl für den Einzelschuß als auch für Dauerfeuer eingestellt werden. Die Höchstreichweite beträgt etwa 3500 m bei einer Anfangsgeschwindigkeit von 730 m/sec.

Die Firma Madsen liefert für ihre Kanone:

1. Massive Übungsgeschosse,
2. Massive Übungsgeschosse mit Leuchtspur,
3. Panzerbrechende Geschosse,
4. Panzerbrechende Geschosse mit Leuchtspur,
5. Brisanzgranaten,
6. Leuchtspurgeschosse.

Maße und Angaben der Madsen-Kanone:

| | | |
|---|---|---|
| Größte Länge . . . . . . . . . | 1 824 | mm |
| Lauflänge . . . . . . . . . . | 1 200 | " |
| Weg des Geschosses im Lauf . . . . | 1 097 | " |
| Querschnitt des Laufes . . . . . | 326,3 | mm² |
| Anzahl der Züge . . . . . . . | 10 | |
| Drehwinkel . . . . . . . . . | 5° | |
| Tiefe der Züge . . . . . . . . | 0,225 | mm |
| Breite der Züge . . . . . . . | 4 | " |
| Funktionsgeschwindigkeit . . . . . | 250 – 300 | Schuß i. Min. |
| Praktische Schußfolge . . . . . . | 150 – 200 | Schuß i. Min. |
| Gewicht der Kanone . . . . . . | 55 | kg |
| Hülse . . . . . . . . . . . | 0,133 | " |
| Ladung . . . . . . . . . . | 0,033 | " |
| Sprenggranate . . . . . . . . | 0,112 | " |
| Panzergeschoß . . . . . . . . | 0,160 | " |
| Panzergeschoß mit Leuchtspur . . . . | 0,155 | " |
| Massives Übungsgeschoß . . . . . | 0,160 | " |
| Massives Übungsgeschoß mit Leuchtspur | 0,155 | " |
| Leuchtspurgeschoß . . . . . . . | 0,112 | " |
| Gewicht eines Trommelmagazines, leer . | 3,200 | " |
| Gewicht eines Trommelmagazines mit 15 Patronen . . . . . . . . | 7,580 – 8,300 | " |

Für die Ausrüstung der Jagdeinsitzer wurde von Hispano Suiza ein Motor, auf dem eine Flugzeugkanone, System Oerlikon, montiert wurde, gebaut.

Das erste Muster dieser Bauart wurde 1917 fertiggestellt. Damals leistete der Motor 220 PS und war mit einer 37 mm Kanone versehen worden. Die praktischen Ergebnisse führten zur Zurückstellung des Projektes, bis das Ende des

Krieges dieser Entwicklung vollkommen Einhalt gebot. 15 Jahre ruhte dieser Gedanke.

Das Verlangen nach einer wirksamen Waffe für die Jagdeinsitzer ließ den Gedanken wieder aufleben. Der erste Kanonenmotor nach 15 Jahren hatte viele Ähnlichkeit mit dem ersten Muster. Die Kanone ist zwischen den V-förmig gestellten Zylindern angeordnet und schießt durch die hohle Propellerwelle. Der zu-

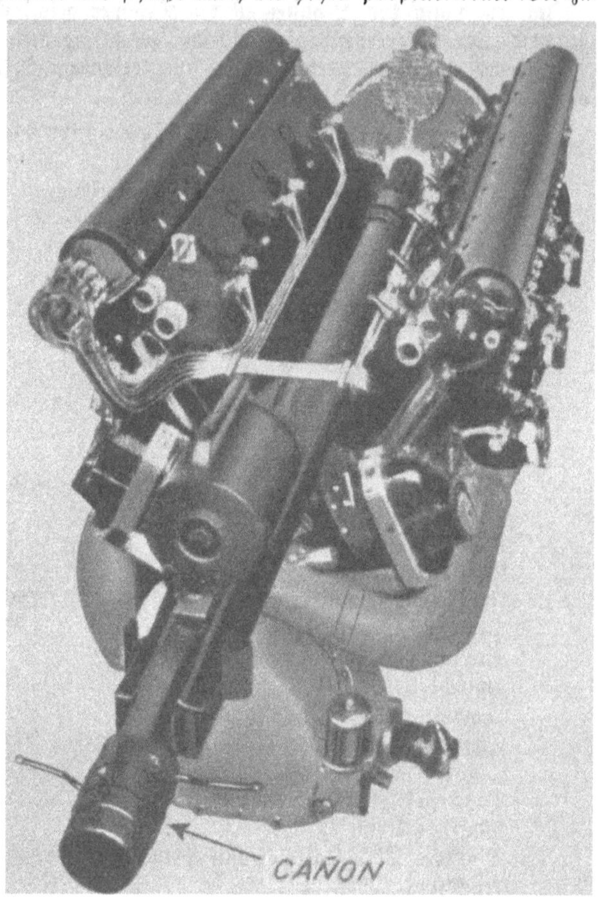


Bild 78. Aufbau einer Oerlikonkanone auf einen Hispano Suiza 12 Zylinder Motor. Die Kanone schießt durch die hohle Luftschraubenwelle. Das Patronenmagazin ist über der Kanone angeordnet.

gehörige Motor leistet 860 PS in 4000 m Höhe und gleicht, mit Ausnahme der nachstehenden Änderungen, dem Muster Ybrs. Das Kurbelgehäuse mußte wegen der Beanspruchung seitens der Kanone verstärkt und abgeändert werden, um die Zwischenwelle der Ritzel des Untersetzungstriebes und ihren Durchmesser zu vergrößern. Die im Motor „Ybrs" 24 cm lange Zwischenwelle ist im Kanonenmotor Ybrs auf 30 cm verlängert worden. Durch die Änderungen wurde die Luftschraubenachse um 6 cm höher gelegt, was noch zur besseren Formgebung und Sicht beitrug.

Der am Motor befindliche Kompressor wird zum Spannen der Kanone herangezogen.

Das Leergewicht des Motors mit der Kanone beträgt 523 kg. Die Kanone mit einem Magazin für 60 Geschosse wiegt somit fast ebensoviel wie 2 Vickers-Maschinengewehre mit ihrer vorschriftsmäßigen Munition.

Obige Anordnung bietet den Vorteil, daß der Führer nur zu zielen braucht, und im Falle einer Ladehemmung die Zuleitung der komprimierten Luft zum Nachladen einzuschalten hat.

Das Kaliber der Oerlikon-Kanone des Kanonenmotors beträgt 20 mm, die Anfangsgeschwindigkeit des Geschosses 835 m/sec. Der Geschwindigkeitszuwachs im Sturzflug 1000 m/sec, die Schußfolge 350 Schuß in der Minute, das Gewicht der Kanone 48 kg und die Trommel mit 60 Patronen 25 kg.

## Flugzeugkanone oder Flugzeugmaschinengewehr.

Wer heute vom Standpunkt der modernen Bewaffnungstechnik aus die Entwicklung der Kampfmittel in der Luft verfolgt, wird feststellen können, daß diese von zwei Hauptfaktoren beeinflußt wird. Einmal die Entwicklung der Technik selbst, die in ständiger Vervollkommnung ihrer Mittel und der Verwirklichung neuartiger Ideen ihre Möglichkeiten fortwährend zu erweitern sucht, und zum anderen die Forderungen der Taktik, die aus der praktischen Erprobung der technischen Schöpfungen ihre Schlüsse zieht. Beide beeinflussen und ergänzen sich gegenseitig. So kann die technische Möglichkeit die Taktik oder die taktische Forderung die Technik beeinflussen. Hat die Technik ein Angriffsmittel geschaffen, so ruft der Taktiker nach einer im Rang ebenbürtigen Abwehr. Gleichgewicht besteht nie, denn sind sich Angriff und Abwehr ungefähr gewachsen, so erfolgt die Gleichgewichtsstörung auf nächst höherer Stufe von der einen oder der anderen Seite her.

Vorliegende Niederschrift hat die Aufgabe, zu untersuchen, inwieweit die Flugzeugbewaffnung von diesem Wettstreit beeinflußt wird und welcher Waffe der Vorzug zu geben ist. In diesem Zusammenhang kann das Gesagte unmittelbar auf die Bewaffnung und mittelbar auf die Flugzeugmuster bezogen werden. Im ersteren Falle handelt es sich um das Verhältnis Maschinengewehr – Maschinenkanone, in letzterem um die Möglichkeiten des Jagdeinsitzers im Vergleich zu denjenigen der Beobachter- und Großbombenflugzeuge.

Das Bewaffnungsmittel der nächsthöheren Stufe ist die Maschinenkanone, doch wird ihre ausschließliche Verwendung bei den schweren Flugzeugen das Gleichgewicht in der Kampfstärke so lange stören, bis auch die Jagdmaschine sich derselben Waffe bedienen kann.

Abgesehen von der Tatsache, daß der Jagdeinsitzer wegen der geschlossen auftretenden und über ein ausgezeichnetes Schußfeld verfügenden Bombenverbände, die nur schwer zu bekämpfen sind, eine andere Bewaffnung benötigt, soll hier einem möglicherweise erwogenen Einwand noch begegnet werden.

Es wird vielfach noch die Ansicht vertreten, daß gleichartige Bewaffnung für Großflugzeuge und Jagdeinsitzer gar kein Gleichgewicht bedingt. Die Jagdmaschine ist bereits durch ihre größere Schnelligkeit und Wendigkeit und durch ihr Erscheinen in der Überzahl gegenüber den trägeren, langsameren und in kleinem Verband auftretenden größeren Maschinen im Vorteil. Diese Ansicht konnte man vertreten zu der Zeit, wo nur das Maschinengewehr als Waffe zur Verfügung stand, die Verteidigungstaktik noch wenig entwickelt war und die größeren Maschinen von verschiedenen Gefechtsständen aus ihr Feuer nach allen Seiten richten konnten. Ganz anders liegen aber die Verhältnisse, wenn für beide Gegner die Maschinenkanone als Waffe zugrunde gelegt wird. Handelt es sich beim Maschinengewehr um eine auf nur kurze Entfernung wirkende Kugelspritze, für die seitens der Großkampfmaschine keine wesentlich bessere Richtmöglichkeit bestand als für den mit dem Steuer richtenden Jagdeinsitzer, so verschieben sich jetzt die Verhältnisse zugunsten der großen Maschine derart, daß tatsächlich von einem Ausgleich die Rede sein darf. Die bessere Richtmöglichkeit in entsprechender Lafettierung bei großer Fernwirkung wird das Gegengewicht bilden zu den oben aufgezählten Vorteilen des Jagdeinsitzers, denn dieser wird auch die Maschinenkanone nur mit dem Steuer richten können, wobei die Treffsicherheit durch die größere Reichweite der Waffe stark beeinträchtigt wird.

Nun soll untersucht werden, wie es mit den Notwendigkeiten und Möglichkeiten der Einführung der Maschinenkanone für beide Flugzeugmuster bestellt ist.

Für das Verhältnis Maschinengewehr – Maschinenkanone zeigt schon die zu Ende des Weltkrieges beginnende Entwicklung, wohin der Weg führen würde. Die Maschinenkanone verdrängt das Maschinengewehr als Hauptwaffe sowohl im Angriff als auch in der Verteidigung aus dem Flugzeug. Diese Entwicklung ist zwangsläufig, weil sie durch folgende Tatsachen bedingt wird:

1. Die Geschoßgarbe eines Maschinengewehres, allein bei über 100 Treffern, kann am Rumpf oder Tragdeck des gegnerischen Flugzeuges ohne Wirkung bleiben, da unter Umständen nur ein Durchlöchern der Bespannung erzielt wird. Kampfunfähig wird der Gegner erst, wenn die Triebwerksanlage, der Pilot, die Brennstofftanks oder die Lagerung der Steuerung, also ein sehr kleiner Treffbereich, lebenswichtig verletzt sind. Ein einziger Treffer, schlimmstenfalls eine kleine Anzahl von Treffern, einer Aufschlagzündergranate der Maschinenkanone genügt dagegen, um, gleichgültig an welcher Stelle, Zerstörungen anzurichten, die den Absturz zur Folge haben.

2. Während das Maschinengewehr, um überhaupt Aussicht auf Erfolg zu haben, den Kampf innerhalb weniger 100 m von dem Gegner entfernt eröffnen muß, vermag die Maschinenkanone den Kampf bei gleicher Treffsicherheit schon aus Entfernungen von 1000 m zu beginnen.

Diese Überlegung könnte zu dem Gedanken führen, daß, im Sinne der oben angestellten Betrachtung, das Maschinengewehr im Luftkampf eine überholte Angelegenheit geworden ist und daß es durch einen heute ausbrechenden Krieg, der das Problem praktisch sofort lösen würde, schnell aus seiner Position gehoben wäre. Dies trifft indessen nur bedingt zu, und es ist daher erforderlich, diese Frage auch vom Flugzeug aus zu betrachten.

Hier hat man im wesentlichen zu unterscheiden zwischen:

a) dem Jagdeinsitzer mit Geschwindigkeiten über 300 km/h bei einer Gipfelhöhe bis 9000 m und mehr,

b) dem meist zweisitzigen Aufklärungsflugzeug mit Geschwindigkeiten oft bis etwa 300 km/h und Gipfelhöhe von 6000 bis 7000 m.

c) den Großkampf- und Bombenmaschinen von kleinerer Geschwindigkeit und zahlreicher Besatzung.

Die Entscheidung der Frage müßte im angedeuteten Sinne beeinflußt werden. Die Maschinenkanone als Hauptkampfmittel duldete das Maschinengewehr nur noch als unterstützende Begleitwaffe neben sich.

Das Maschinengewehr ist aber unersetzlich als Pilotbewaffnung in einem oder mehreren Stücken durch die Propellerbahn schießend, wenn außerhalb des Propellerkreises montiert, oder in Großflugzeugen auf den verschiedenen Gefechtsständen in gegenseitiger Ergänzung der Schußfelder. Es bleibt stets eine notwendige Waffe, wenn es sich darum handelt, den Angreifer bei einem Durchbruchsversuch aus allernächster Nähe mit einem Geschoßregen höchster Schußfolge zu überschütten.

Der erweiterte Einbau von Waffen bietet hinsichtlich des Gewichts und der Beanspruchung der Flugzeugkonstruktion bei den unter b) und c) genannten Flugzeugarten keinerlei Schwierigkeiten.

Demgegenüber liegen beim Jagdeinsitzer die Verhältnisse nicht so einfach. Für die vom Piloten selbst zu bedienende Waffe kann nur ein starrer, in Flugrichtung gerichteter Einbau in Frage kommen, wie er auch für das Maschinengewehr allgemein üblich ist. Die Erwägung, auch hierfür die Maschinenkanone zu wählen, würde hinsichtlich der auf den Rumpf rückwirkenden Beanspruchung keine Bedenken verursachen, zumal letztere in der Rumpflängsrichtung wirkt, würde die Fundamentierung der Waffe ohne Schwierigkeiten zu lösen sein.

Nicht so einfach ist es dagegen mit der Umgehung des Propellerkreises. Eine nach Art der Maschinengewehrsteuerung ausgebildete Synchronisierung kann wegen der zu verwendenden Granatmunition nicht in Frage kommen, da ein Steuerfehler zu schwerwiegende Folgen hätte. Es wurde daher ein anderer Weg beschritten. Die Maschinenkanone wurde in der Verlängerung der Propellerachse und durch diese schießend eingebaut. Dieser Weg kann jedoch nicht ohne weiteres beschritten werden, weil er weitgehend in die Motorkonstruktion eingreift und eine auf die Einheit auf Flugzeug, Motor und Waffe zugeschnittene Bauweise des Ganzen voraussetzt.

Hieraus ist zu ersehen, daß nach dem heutigen Stand der Waffentechnik, Flugzeug und Motorenbau, das Maschinengewehr noch nicht entbehrlich ist und noch nicht durch die Maschinenkanone ersetzt werden kann.

Die Lösung der Aufgabe ergibt, daß das Flugzeug in der heute noch üblichen Form den Ausgleich der durch das Erscheinen der Maschinenkanone gestörten Gleichgewichtslage in der Flugzeugbewaffnung unmöglich macht. Es ergibt sich ferner daraus, daß der Jagdeinsitzer, der wegen seiner höheren Wendigkeit und Geschwindigkeit und wegen seiner großen Anzahl beim Angriff als überlegener Gegner des größeren Flugzeuges gefürchtet war, von letzterem überfügelt ist.

Zusammenfassend kann gesagt werden, daß die Maschinenkanone dem Maschinengewehr überlegen ist und ganz neue Kampfmethoden erschließen wird, falls der Flugzeugbau den Anforderungen gerecht werden kann. Trotzdem wird das Maschinengewehr nie verdrängt werden können, da es bezüglich der Schußfolge der Maschinenkanone überlegen ist und eine hohe Schußfolge für einen Nahkampf unbedingt erforderlich ist.

Da nun die Entwicklung eine Waffe hervorgebracht hat, die für den Kampf aus großer Entfernung von großer Wichtigkeit ist und immer mehr Verbreitung findet, wird in den folgenden Abschnitten die Maschinenkanone und ihr Einbau ausführlich behandelt werden.

## Einbau der Flugzeugwaffen.

### Gefechtsstände – Maschinengewehrringe – Pivots – Lafetten.

Der Einbau der Maschinengewehre und Maschinenkanonen bedingt die volle Ausnutzung des Schußbereiches und bequeme Bedienung der Waffen.

Durch die Verwendung der verschiedenartigsten Flugzeugmuster ist es nicht gelungen, den Einbau einheitlich zu gestalten, doch streben alle Konstrukteure danach, die beiden oben angeführten Bedingungen zu erfüllen.

Wie schon aus dem vorhergehenden Abschnitten zu ersehen ist, unterscheidet man den starren Einbau und den beweglichen Einbau der Waffen.

Zunächst soll der Einbau der Maschinengewehre behandelt werden, wonach der Einbau der Maschinenkanonen gesondert Erwähnung findet.

Die starr eingebauten Maschinengewehre mußten so eingebaut werden, daß sich die Streuung auf ein Minimum verringert. Ferner mußten genügend große Öffnungen, mit Klappen versehen, vorhanden sein, um die Waffe leicht zu reinigen und leicht ausbauen zu können.

Schon zu Anfang des Krieges wurde versucht, die Waffe starr einzubauen, um den Führer zu entlasten. Der Hauptzweck des starren Einbaues liegt noch darin, dem Führer das Schwenken der Waffe abzunehmen, somit das Zielen und Schießen zu erleichtern. Gleichgültig, ob es sich um einen Jagdeinsitzer oder Aufklärer handelt, das Führermaschinengewehr muß derart eingebaut sein, daß der Führer mit dem Flugzeug zielt und der Motor schießt. Letzteres bedingt eine Kupplung bzw. Steuerung, die bereits in dem vorgehenden Abschnitt Erwähnung fand.

Bei den ersten starren Einbauten verfügte man noch nicht über eine Steuerung, weshalb Mittel angewandt wurden, die noch heute große Verwunderung erregen.

Der erste starre Einbau, den die französische Firma Morane Saulnier ohne Steuerung vornahm, war bezeichnend für die damalige Ansicht über die Verwendung von Maschinengewehren an Bord von Flugzeugen. Das Maschinengewehr wurde vor dem Führersitz auf der Motorverkleidung in Augenhöhe starr eingebaut und schoß ungesteuert mit der normalen Schußfolge durch den Luftschraubenkreis. Um hierbei eine Verletzung des Schraubenflügels zu verhindern, wurde dieser in Höhe der Maschinengewehrmündung mit einem Stahlstück versehen. Die ungünstigen Erfahrungen hiermit waren jedoch derart groß, daß diese Einbauart sehr bald verlassen und nach anderen Möglichkeiten geforscht wurde.

Nieuport montierte seine festeingebauten Maschinengewehre auf den Oberflügel und schoß über den Propellerkreis hinweg. Obwohl diese Lösung praktische Erfolge zeitigte, belastete dieser Einbau den Piloten zu sehr, als daß auch dieser sich eine längere Zeit hätte behaupten können. Das Maschinengewehr wurde durch Ladestreifen zu je 47 Patronen geladen, die in einer Schußfolge von 300 bis 400 Schuß je Minute verschossen wurden. Der Führer mußte jedesmal den Luftkampf abbrechen, das Maschinengewehr von oben nach unten schwenken und mit großer Geschicklichkeit den neuen Ladestreifen in den Zuführer hineinlancieren.

Eine andere Art des Einbaues, die die Maschinensteuerung zu umgehen versuchte, wurde von England ausgeführt. Die Lewis-Maschinengewehre wurden

Bild 79. M.G.-Anlage des Nieuport-Kampfeinsitzers aus dem Jahre 1916.
Der Führer klinkt gerade das Maschinengewehr aus seiner Befestigung aus, um die Waffe nach unten zu schwenken und das leere Magazin gegen ein volles umzuwechseln.

starr an den Außenbordseiten des Rumpfes befestigt. Ihre Seelenachse war in einem Winkel von der Flugzeugachse nach außen gerichtet, um am Propellerkreis vorbeizuschießen. Der Flugzeugführer war dadurch gezwungen, zum Zielen in einem stark vom Ziel abgewandten Kurs zu fliegen. Der Erfolg war begreiflicherweise sehr gering.

Erst durch die Einführung einer bereits vor dem Kriege gemachten deutschen Erfindung gelang es, die Maschinengewehre direkt mit dem Motor zu kuppeln und ohne Gefahr durch den Propellerkreis zu schießen. Diese zwangsläufige Art der Verbindung mit dem Motor und dem starr eingebauten Maschinengewehr gewährleistete einigermaßen die Betriebssicherheit.

Die Forderungen wuchsen rasch, und die Erfahrungen versuchten fortwährend die eine Art des Einbaues zu verbessern oder durch eine andere zu ersetzen.

Die meist angewandte Einbauart, die auch heute noch vielfach Anwendung findet, sieht die Maschinengewehre oben auf dem Rumpf oder unter der Rumpfverkleidung, an dem Rumpfgerippe befestigt, vor. In der Nähe des Führers, parallel oder zu einem bestimmten Winkel verstellt, liegen die Maschinengewehre, während unter ihnen die Patronenkästen angeordnet sind. In diesem Falle ist das Rumpfgerippe an den Befestigungsstellen ausgespart oder mit einer ein- und ausbaufähigen Lafette versehen. Die Lafetten selbst, aus geschweißten Stahlrohren oder aus genieteten Duralprofilen und Blechen hergestellt, sind mittels Rohrschellen an dem Rumpfgerippe angeschlossen. Die Lafetten tragen vorn ösenförmige Lagerstellen, an denen das Maschinengewehr mit Bolzenmuttern

Bild 80. Einbau von zwei Führer-M.G. in einem deutschen Jagdeinsitzer von 1918.

und Splinten in der Längsrichtung drehbar befestigt wird und hinten ein, in der Höhe mittels Mikrometerschraube, verstellbares Gabellager zur Aufnahme der hinteren Befestigungsaugen der Maschinengewehre. Mit dem verstellbaren Gabellager wird der Maschinengewehrneigungswinkel eingestellt bzw. das Maschinengewehr für die Schußentfernung justiert.

Infanterieflugzeuge waren mit mehreren starr eingebauten Maschinengewehren ausgerüstet, die auf dem Boden, nach schräg vorn unten gerichtet, montiert waren. Bis zu sechs und mehr Maschinengewehre füllten den ganzen Beobachterstand aus. Mit großen Maschinengewehrtrommeln bis zu 800 Schuß waren die Maschinengewehre ausgestattet. Die Betätigung erfolgte durch Kabelzüge vom Führer aus, der über die mit Truppen besetzten Stellungen flog und sie beschoß.

Eine andere, in England vielfach vertretene Einbauweise zeigt den Einbau der starren Maschinengewehre in der Rumpfseitenwand in allernächster Nähe des Führers. Hier ruhen die Maschinengewehre auf getrennt angeordneten Lafetten, die ein Teilstück des Rumpfgerippes darstellten. Die Montage ist die gleiche wie vorher beschrieben. Die Handlichkeit und die Bedienung, vor allem die Möglichkeit, Ladehemmungen zu beheben, ist günstiger und bequemer.

Die geforderten erhöhten Feuerkräfte versuchten einige Firmen dadurch zu lösen, daß sie mehrere Maschinengewehre starr einbauten, die entweder alle auf einen Punkt gerichtet waren oder auf verschiedene Entfernungen die Visierlinie kreuzten.

Die erste Art sah vier starr eingebaute Maschinengewehre vor, die zu je zwei in der Rumpfseitenwand und zwei im Oberflügel untergebracht waren und, wie vorher beschrieben, eingestellt wurden, während die im Oberflügel vorgesehenen Maschinengewehre derart gerichtet wurden, daß ihre Geschoßbahn die Visierlinie im zweiten Schnittpunkt der unteren Maschinengewehre mit der Visierlinie kreuzten oder ihr Schnittpunkt etwa 200 Meter vor dem zweiten Schnittpunkt lag.

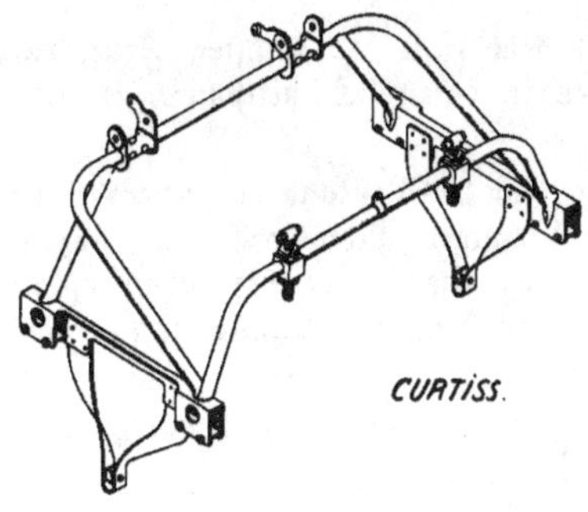


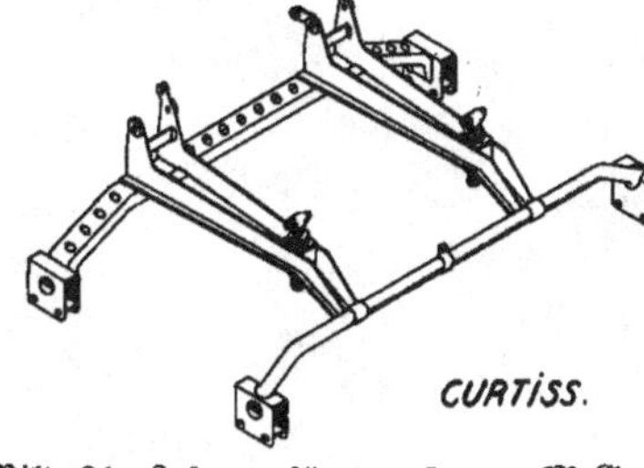


Bild 81. Lafetten für den starren M.G.-Einbau amerikanischer Jagdeinsitzer.

Eine andere Art der Feuerverstärkung war in der Ausrüstung von sechs Maschinengewehren vorgesehen. Zwei wurden im Oberflügel, zwei in den Rumpfseitenwänden und zwei im Unterflügel untergebracht. Die Einstellung dieser Maschinengewehre erfolgte in der ähnlichen Weise,

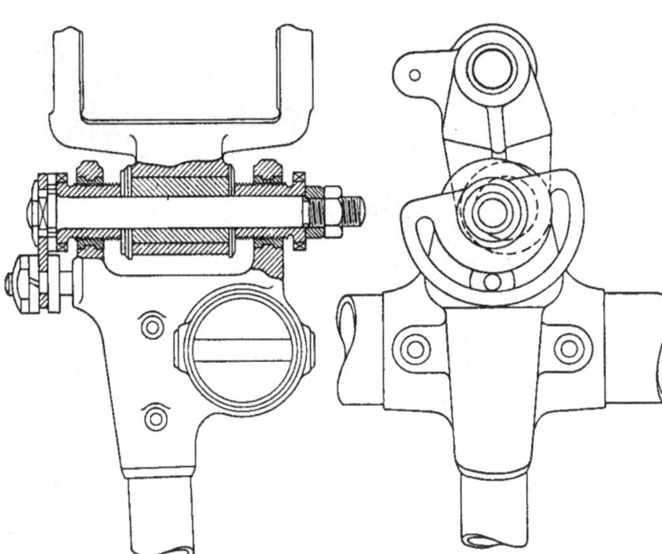

Bild 82. Höhenverstellsegment der hinteren starren M.G.-Befestigung des Hawker-Hart-Tagbombers.

oder dezentral in mehreren Abständen. In dem Fall der höchsten Feuerkraft wurde die Zentralisierung der Geschoßgarben in einem Schnittpunkt, in etwa 400 m vor dem Flugzeug, gewählt.

Die zuletzt bekannt gewordene Anordnung führte Westland in seinem neuen Jagdeinsitzer mit zurückliegendem Motor und langer Motorwelle aus. Dieses Flugzeug ist mit vier starren Maschinengewehren ausgerüstet, die alle vier, mit dem Motor gekuppelt, durch die Propellerbahn schießen. Ihre Einstellung erfolgte

Bild 83. Masseneinbau von 6 starren M.G. in ein ehemaliges deutsches Infanterieflugzeug für den Beschuß nach unten. Die M.G.s waren im Beobachtersitz untergebracht, die durch Kabelzüge vom Führer in Tätigkeit gesetzt werden konnten.

zentral, um eine erhöhte Feuerwirkung zu erzielen. Die vier Maschinengewehre, je zwei, liegen übereinander angeordnet in den Rumpfseitenwänden nach rückwärts gestaffelt. Da beide Paare unter der Visierlinie liegen, kann ihre Einstellung auch derart erfolgen, daß die Geschoßbahnen die Visierlinie gleichmäßig in zwei verschiedenen Punkten gleicher Entfernung treffen.

Die übermäßig hohe Maschinengewehrzahl der Flugzeugneubauten läßt erkennen, daß hiermit versucht wird, einen Ausgleich für die noch fehlende stärkere Waffe zu schaffen.

Die in erster Linie geforderte größere Schußentfernung vernachlässigte das Streben nach einem größeren Kaliber, obwohl dieses eine erhöhte Zerstörungswirkung hervorruft. Letztere glaubte man vorerst auch durch eine größere Anzahl Maschinengewehre, auf einen Punkt eingestellt, erreichen zu können.

Die schweren Maschinengewehre haben sich noch nicht durchgesetzt, weil die Treffmöglichkeiten infolge der geringen Schußfolge mäßig sind und das sehr viel höhere Gewicht in keinem Verhältnis zu dem größeren Kaliber steht.

Maschinengewehre mit größerer Tragweite wären auf der ganzen Linie sehr erwünscht und für die wendigen Kampfflugzeuge sehr geeignet. Im Jagdflugzeug läßt sich das schwere Maschinengewehr mit einer Tragweite von 1000 m und einer Schußfolge von 500 Schuß je Minute ohne Schwierigkeiten der Richtung und Bedienung mit der Hand nicht einbauen.

Die augenblicklichen Versuche mit Maschinenkanonen werden vielleicht die Frage schneller lösen, als man annehmen kann.

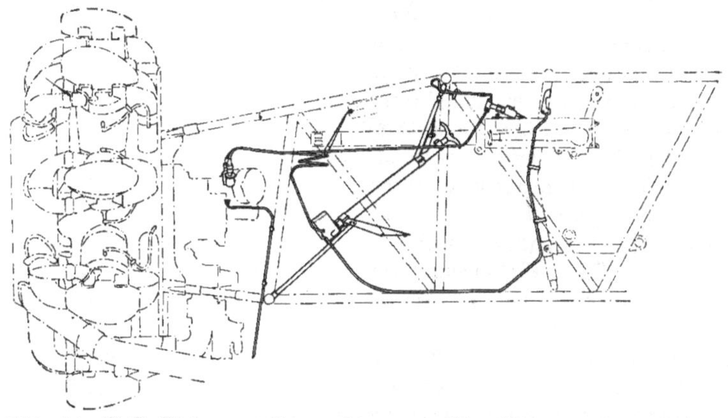

Bild 84. M.G.-Einbau und Leitungsschema der Öldrucksteuerung des englischen Jagdeinsitzers Bristol Bulldog.

Die große Anzahl der Maschinengewehre wird durch eine Kanone und ein oder zwei leichte Maschinengewehre in absehbarer Zeit ersetzt werden. Dadurch wird erreicht:

1. erhöhte Zerstörungswirkung,
2. größere Schußentfernung,
3. Fernkampf und Nahkampfmöglichkeiten mit gleicher Wirkung.

Die Kanone und die 2 Maschinengewehre können im Rumpf untergebracht werden, oder die Kanone im Rumpf, durch die Propellerachse feuernd, und die beiden Maschinengewehre im Unterflügel, außerhalb der Propellerbahn vorbeischießend. Die letztere Einbauart hat den Vorteil, daß Maschinengewehre mit erhöhter Schußfolge verwandt werden können, da das größte Hemmungsglied, die Motorsteuerung, für beide Waffen in Wegfall kommt. Die Schußstörungen sind mit einemmal behoben, die Kampfkraft erhöht und die Schußwirkung wesentlich gesteigert.

Während die zuvor geschilderten Einbauarten meistens von den Maschinengewehrsteuerungen abhängig waren und diese die Erhöhung der Schußfolge behinderten, versuchte man, die Maschinengewehre außerhalb der Propellerbahn zu verlegen, um alle Hindernisse für die Leistungssteigerungen der Maschinengewehre zu umgehen. Aber auch diese Anordnung führte nicht zur restlosen Befriedigung, weil die Maschinengewehre aus der greifbaren Nähe gerückt wurden, die Behebung der Störungen fast gar nicht mehr möglich war und die räumlich engen Verhältnisse den Munitionsvorrat stark begrenzten.

Die Lösung der doppelten Bewaffnung mit Maschinengewehren und Maschinenkanonen wird all diese Schwierigkeiten beheben.

Weit günstiger war der Einbau der beweglichen Maschinengewehre gelöst.

Die luftgekühlten Beobachter-Maschinengewehre, teils einzeln, teils nebeneinander gekuppelt auf einem Pivot befestigt, wurden von Anfang an auf einem drehbaren Ring montiert. Aufklärungsflugzeuge wurden zunächst mit einem beweglichen Maschinengewehr ausgerüstet. Dieses und der Maschinengewehrring waren auf der Rumpfoberseite um den Beobachtersitz angebracht. Klemmvorrichtungen sperrten den Ring vor unbeabsichtigten Drehungen und stellten das Maschinengewehr in Ruhestellung fest. Das Maschinengewehr konnte nach allen Seiten hin bewegt werden und, falls kein Flugzeugorgan daran hinderte, nach jeder gewünschten Richtung schießen. Die Beobachter-Maschinengewehre wurden durch ein Bodenmaschinengewehr ergänzt, da sich herausstellte, daß der durch den Rumpf gebildete tote Winkel eine ausgezeichnete Angriffsfläche bot. In einem Pivotzapfen wurde das einfache Maschinengewehr beweglich gelagert. Es war in einem begrenzten Winkel nach der Seite hin, und nach oben bis zur Rumpfunterseite, und nach unten, fast senkrecht, schwenkbar.

Bild 85. Deutsches Beobachter-M.G. „Parabellum", auf einem drehbaren M.G.-Ring montiert.

Das Wechseln der Stellung durch den Beobachter, wenn er einerseits mit dem oberen Maschinengewehr schießt und andererseits schnell genötigt wird, das untere zu bedienen, hat sich für die Verteidigung als sehr umständlich und hinderlich erwiesen. Diesen Mißstand behob man durch Fernlenkung des unteren Maschinengewehres. Die Fernlenkung erfolgt durch Kettenübertragung, die mittels eines pistolenähnlichen Griffes betätigt wird. Der Beobachter ist hierdurch nicht mehr gezwungen, seine Lage zu ändern und kann über eine Visiersondereinrichtung das untere Maschinengewehr von oben richten und den von unten angreifenden Gegner beschießen.

Bild 86. Einbau eines Vickers-M.G.-Ringes Scarff Nr. 8 mit Vikkers-Berthier-Beobachter-M.G. in ein englisches Aufklärungsflugzeug.
Das auf dem Bilde sichtbar tief über dem Rumpf angeordnete obere Tragdeck bietet dem Maschinengewehrschützen ein ausgezeichnetes Schußfeld nach oben und auch nach vorn.

Die Bewaffnung der Bomber oder mehrmotorigen Flugzeuge, bei denen der Rumpfbug als Bombenwerferstand ausgebaut ist, stellt andere Forderungen an den Aufbau und die Verteilung der Gefechtsstände, da die Verteidigung für die Bomber eine viel wichtigere Angelegenheit ist als für die an sich schon schnellen Aufklärer.

Der Rumpfbug ist ein sehr idealer Platz für den Einbau eines Gefechtsstandes. Er dient auch in den allermeisten Fällen als bester und wichtigster Gefechtsstand. Bei Bombern von kleinerem Ausmaß wird das aufgebaute, bewegliche Doppelmaschinengewehr vom Bombenschützen selbst bedient. Größere Bomber

Bild 87. Französisches Hotchkiß-M.G., eingebaut im Rumpfboden des Breguet-19-Aufklärers. An der Rumpfseite sind die Reserve-Patronentrommeln sichtbar.

besitzen hierfür einen besonderen Maschinengewehrschützen, so daß sich der Bombenschütze ungestört seiner Aufgabe widmen kann. Dies hat den Vorteil, daß der Bombenschütze den Bombenangriff auch durchführen kann, währenddessen eine Verteidigung notwendig ist.

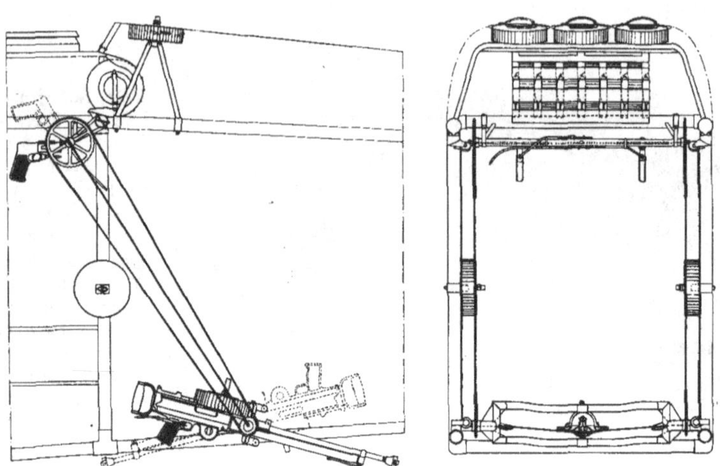

Bild 88. Beispiel eines ferngesteuerten Boden-Maschinengewehres.

Im Mittelstück des Rumpfes, hinter den Tragflächen, sind je nach Größe des Flugzeuges entweder ein Maschinengewehrstand mit beweglichem Doppelmaschinengewehr und einem normalen Drehring oder zwei getrennte Maschinengewehrstände in der Längsrichtung versetzt, oder ein Maschinengewehrstand mit einem nach der Seite hin verschiebbaren Maschinengewehrring vorgesehen, die die Hauptverteidigung zu übernehmen haben. Um das unter dem Rumpf befind-

Bild 89. Rumpfkanzel mit M.G.-Kamera des englischen Bombers Boulton and Paul Sidestrand.

Bild 90. M.G.-Stände des Kampfmehrsitzers Breguet 414.

liche Angriffsfeld zu decken, versieht man die Flugzeuge entweder mit einem beweglichen Bodenmaschinengewehr oder mit einem ein- und ausfahrbaren, in seiner Achse drehbaren Maschinengewehrturm, der von einem Mann besetzt und mit einem einfachen Maschinengewehr ausgerüstet ist. Die Drehung erfolgt entweder durch Hand- oder Fußbetrieb und das Einziehen mittels handbetriebenem Flaschenzug. In vielen Fällen, besonders bei Großflugbooten und Großbombern, wird auch das Heck für einen Maschinengewehrstand ausgebaut. Dieser Heckstand ist erforderlich wegen des kastenförmigen großen Leitwerkes, das oft die Größe

Bild 91. M.G.-Drehturm mit Fußstützen des Breguet 414, Kampfmehrsitzers.

eines Jagdflugzeuges besitzt und für das in Rumpfmitte aufgebaute Maschinengewehr einen zu großen Schußfeldausfall darstellt.

Bild 92. Verschwindlafette mit beweglichem M.G. unter dem Rumpf des Savoia S 72 Bombers.

Zu diesen Maschinengewehrständen zählen noch die in Frankreich erprobten sogenannten Schwalbennester. Diese Art war im Rumpfmittelstück an den

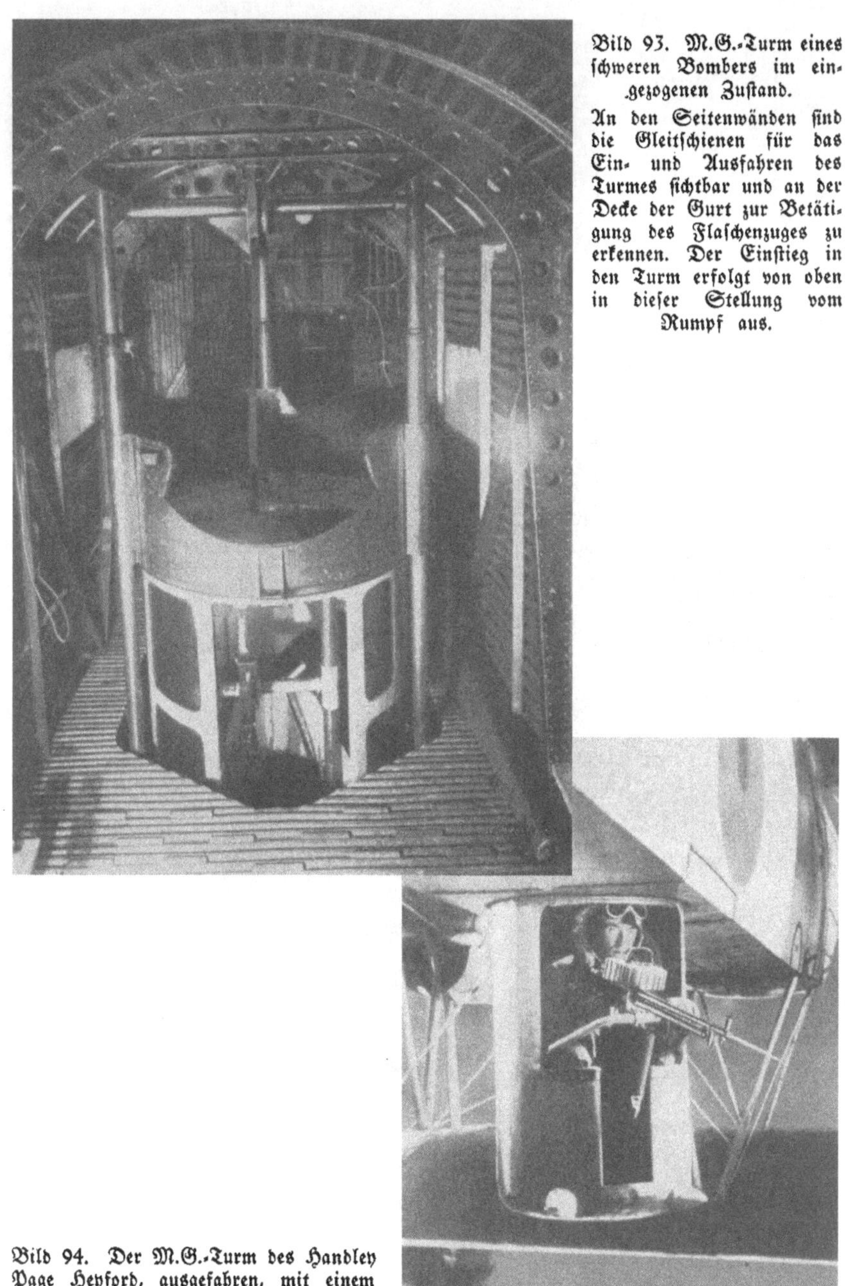

Bild 93. M.G.-Turm eines schweren Bombers im eingezogenen Zustand.

An den Seitenwänden sind die Gleitschienen für das Ein- und Ausfahren des Turmes sichtbar und an der Decke der Gurt zur Betätigung des Flaschenzuges zu erkennen. Der Einstieg in den Turm erfolgt von oben in dieser Stellung vom Rumpf aus.

Bild 94. Der M.G.-Turm des Handley Page Heyford, ausgefahren, mit einem Mann besetzt und mit einem beweglichen M.G. ausgerüstet.

Bild 95. Vickers Virginia Heckstand für einen M.G.-Schützen und ein bewegliches Doppel-M.G.

Bild 96. Heckstand des Blackburn Perth Flugbootes.

Bild 97. M.G.-Seitenstand des französischen Nachtbombers Blériot 127. Dieser Stand wird durch die Verlängerung der Seitenmotorengondeln gebildet.

Um senkrecht nach unten schießen zu können, muß sich der Schütze aufrichten und sich etwas über die Bordwand lehnen. Die Gefahr, im Kampf aus der Gondel zu fallen, wird dadurch vermindert, indem der Schütze sich mit einem Gurt am Boden anschnallt.

Bild 98. Beobachterstand — Innenansicht — des modernen französischen Aufklärers Breguet 273. Links unten auf dem Bild ist die Lafette für die Kamera sichtbar. In der Mitte, an der rechten Bordwandinnenseite befinden sich die Patronentrommeln, darüber der Kartenroller, nach rechts die Bombenabwurfhebel und darunter die Steckdosen zur Stromentnahme für die elektrische Anzeigevorrichtung der Bombenabwurfgeräte.

Bild 99. M.G.-Stand-Verkleidung des englischen Mehrzweckeflugzeuges Bristol 120. Der turmartige Aufbau besteht aus Zellonscheiben und einem Duralgerippe, das mit dem M.G.-Ring fest verbunden ist.

Bild 100. Rumpfvorderteil des Kampfmehrsitzers Breguet 414. Große Fenster in der Vorderwand vergrößern die Sicht des Bombenschützen. Der M.G.-Stand ist mit einem kuppelartigen Aufbau umgeben, um den Winddruck, der auf den Schützen und auf das M.G. von nachteiligem Einfluß ist, zu verringern. Der in der Haube für die Doppelmaschinengewehre vorgesehene Spalt kann durch einen rolladenähnlichen Schieber geöffnet und geschlossen werden.

Bild 101. Die neueste Bauart zur Verkleidung eines Maschinengewehrstandes. Das Bild zeigt die Wiegenkuppel des neuen französischen Bombers Lioré et Olivier Le O 208, in der der Schütze sitzt. Die Bewegung des Maschinengewehrs erfolgt nur durch die Kippbewegungen der Kuppel und durch die horizontalen Drehbewegungen des ganzen Turmes.

Rumpfseitenwänden gegenüberliegend angebaut, um das Schußfeld zu vergrößern. Denselben Zweck hatten die Maschinengewehrstände, die in den Verlängerungen der Seitenmotorgondel eingebaut waren. Wenn sie auch das Schußfeld vergrößerten, so war in dieser Anlage der große Nachteil der Trennung der Maschinengewehrschützen von der eigentlichen Besatzung sehr störend. Es findet daher diese Bauart nur noch in Amerika bei dem Curtiß und in Frankreich bei dem Blériot 127 Bomber Verwendung.

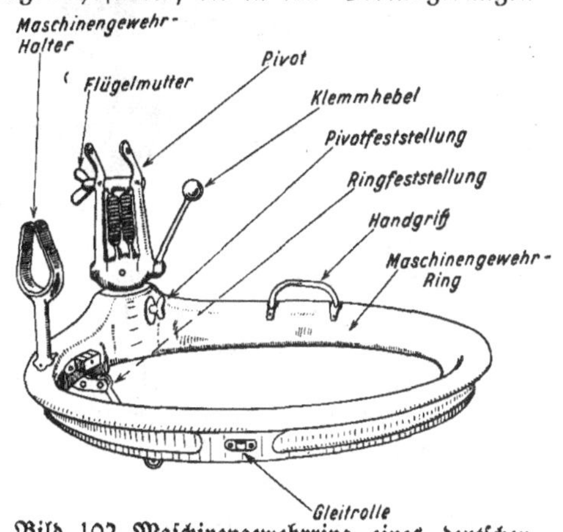


Bild 102. Maschinengewehrring eines deutschen Kriegsflugzeuges, Baujahr 1916.

Die Anordnung der Maschinengewehrstände kann sehr verschieden sein. So gibt es sehr günstige, aber auch wieder sehr ungünstige Anlagen. In welcher Art sich diese oder jene Vor- oder Nachteile auswirken, wird der spätere Abschnitt über das Schußfeld, in bezug auf den Flugzeugbau, ausführlich berichten.

Die Maschinengewehrstände selbst sind von dem Maschinengewehrring, auf dem die Maschinengewehre befestigt sind, umgeben. An den Seitenwänden, in greifbarer Nähe, hängen die Patronentrommeln, in Bugständen und in den Ständen der Tagbomber und Aufklärer außerdem die Bombenabwurfhebel und alle weiteren Instrumente, die für den Bombenwurf erforderlich sind.

In neuer Zeit werden die Gefechtsstände wegen der erhöhten Winddrücke, infolge der Geschwindigkeitssteigerung, mit Windschutzkuppeln umgeben. Diese bestehen aus turmartigen Aufbauten, aus einem Rahmenwerk und Zellonscheiben, die mit dem Maschinengewehrring verbunden sind und sich mit dem Ring drehen. An der Stelle der Maschinengewehre ist der Turm ausgeschnitten, um die Beweglichkeit der Maschinengewehre nach oben und unten nicht einzuschränken. Die Maschinengewehrstände-Verkleidung findet immer mehr Anerkennung und Sympathie, so daß man sie nicht nur bei Bombern, sondern auch bei Aufklärern findet.

Die Befestigung der starren Maschinengewehre erfolgt auf Lafetten, wie sie bereits beschrieben wurden, die beweglichen entweder auf Drehringen, Wiegenlafetten System Junkers, und Lafetten System Fairey, oder in Dreh- und Senktürmen.

Bild 103. Englischer M.G.-Ring mit Lewis-M.G. aus dem Jahre 1917.

Die Drehringe wurden bereits während des Krieges angewandt und haben eine verhältnismäßig kurze Entwicklungszeit benötigt. Mit Ausnahme einiger Sonderkonstruktionen, die infolge der Gitterrumpfbauart mit vorn liegender Rumpfgondel für die Besatzung nicht ausreichten, das Schußfeld hinter den Tragflächen zu bestreichen, wurde die Grundform eines Ringes, der auf Rollen gelagert um seine Achse um 360° gedreht werden konnte, schon sehr bald festgelegt. Die deutschen Maschinengewehrringe waren fast ausschließlich aus Holz hergestellt und trugen eine geschweißte oder aus verschiedenen zusammengesetzten Stahlteilen bestehende Gabel zur beweglichen Befestigung der Maschinengewehre. Der Ring und auch die Gabel waren in jeder Lage feststellbar.

Frankreich und vor allem England stellten ihre Maschinengewehrringe sehr bald aus Metall her und versahen diese mit dem heute noch beibehaltenen, nach oben und unten schwenkbaren Bügel zur Aufnahme des Pivotzapfens. Der Bügel stand unter dem Druck von Gummiseilen, um den mit dem Maschinengewehr belasteten Bügel leichter nach oben schwenken zu können. Diese Maschinengewehrringe hatten den Vorteil, dem Schützen größere Schußmöglichkeit zu bieten und das Schußfeld zu vergrößern.

Bild 104. Vickers-Scarff-M.G.-Ring Nr. 7 mit beweglichem Vickers-Berthier-M.G.

Die ständig verbesserten Flugeigenschaften und immer größer werdenden Geschwindigkeiten hatten zur Folge, daß der Schütze das bewegliche Maschinengewehr wegen der allzu großen Winddrücke nicht mehr voll ausnutzen konnte. Die Ringe genügten nicht mehr den Anforderungen und mußten durch Neukonstruktionen ersetzt werden, die eine Einrichtung besaßen, den Winddruck auszugleichen.

Der Windausgleich wurde durch zwei verschiedene Arten gelöst. England, und zwar die Firma Vickers, konstruierte einen Maschinengewehrring, der eine Druck-

Bild 105. Vickers-Doppel-M.G. Muster F auf Vickers Scarff M.G.-Ring Nr. 7 montiert.

feder und zwei exzentrisch gelagerte Ringe für den Windausgleich vorsah. Mit Hilfe dieser Windausgleichsvorrichtung, die sich bis zur Gegenwart mit kleinen Änderungen und verstärkter Druckfeder gehalten hat, konnte das Maschinengewehr wieder ohne physische Anstrengungen gehandhabt werden.

Der von der englischen Fliegertruppe eingeführte Maschinengewehrring wurde von W. O. Scarff, vom englischen Marineflugwesen, entworfen und von Vickers gebaut.

Die Originalmodelle der Vickers-Scarff-Maschinengewehrringe, die allgemein als die erfolgreichsten seit dem Kriege angesehen sind und deshalb auch in den

Bild 106. Vickers-Scarff-M.G.-Ring Nr. 8.

verschiedensten Staaten nachgebaut wurden, waren den Forderungen der modernen Maschinen nicht mehr gewachsen. Die modernen Maschinengewehrringe, Nr. 7 und 8, sind mit kräftigen Windausgleichen versehen, um das Schwenken der Maschinengewehre zu erleichtern und den Schützen zu entlasten.

Der Maschinengewehrring 8, der nach den gleichen Grundsätzen aufgebaut ist wie der Ring 7, vereinigt in sich verschiedene Verbesserungen. Der ganze Ring ist so gehalten, daß alle dem Beobachter zunächst liegenden Teile von ganz glatter Art sind und keine Unebenheiten aufweisen, die im Falle einer Notlandung einen Unfall verursachen könnten.

Die elastischen Schnüre für den Pivotbügel, die sich als schnell abnutzbar erwiesen haben, sind durch Druckfedern ersetzt worden. Auf beiden Seiten des Pivotbügels sind je 2 Reihen Federn und Federträger, die für den Gewichtsausgleich von 2 Gewehren dienen. Die äußere Reihe kann jedoch entfernt werden, wenn nur 1 Gewehr aufmontiert wird. Der Pivotbügel ist derart eingerichtet, daß er in jeder Höhenlage arretiert werden kann, ohne das Feuer zu unterbrechen.

Es sind ferner Vorkehrungen getroffen worden, daß der effektive Radius des Gewehrarmes vergrößert werden kann. Diese Verlängerung des Gewehrarmes bietet, insbesondere für Flugzeuge mit breiterem Rumpf, Vorzüge, da hierdurch das Schießen an der Rumpfwand senkrecht nach unten ermöglicht wird.

2 Pivothülsen erleichtern die Verwendung eines einfachen oder Doppelmaschinengewehres.

Der Mechanismus des Windausgleiches, der an beiden Mustern gleich ist, ist in nachstehender Diagrammzeichnung bezüglich seiner Arbeitsweise erklärt. Die Flugrichtung ist durch einen Pfeil auf der Zeichnung angegeben. Ferner bedeuten:

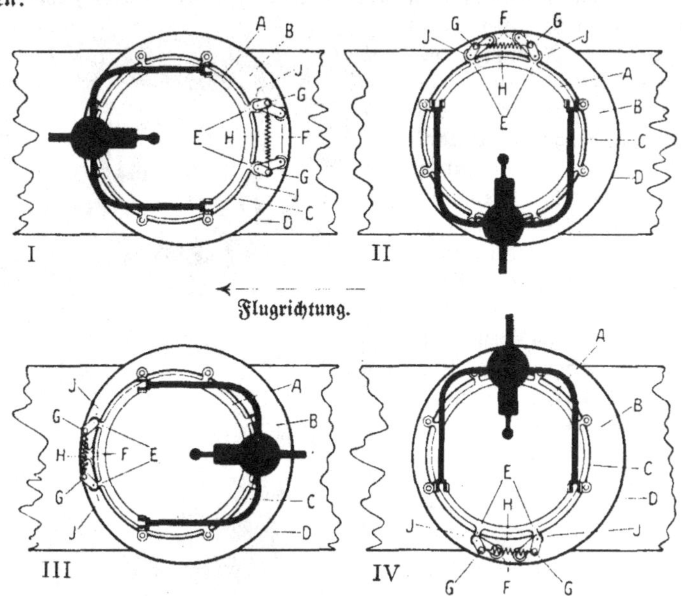


Bild 107. Arbeitsschema der Vickers-M.G.-Ringe.

A der drehbare Ring, auf dem der Gewehrarm befestigt ist;

B der feste exzentrische Ring, auf dem sich der Ring A bewegt;

C und D Rollbahnen für die Gleitrollen J und F;

F Gleitrollen, die an den unteren Auslegern befestigt sind. Diese Rollen werden durch die Bahn B geführt;

G Gleitrollen, zwischen denen die Druckfeder H angebracht ist;

J Gleitrollen, die in der zentrischen Spur C laufen.

Figur I zeigt das Gewehr in der Flugrichtung. In dieser Stellung wird das Gewehr weder links noch rechts von dem Wind beeinflußt.

Die Feder H hat ihre großmöglichste Ausdehnung, und die Rollen F und J, die gleichmäßig an jeder Seite der Mittellinie angeordnet sind, üben keine Drehbewegungen aus, d. h. der Ring befindet sich im Gleichgewicht.

Figur II zeigt das Gewehr in Richtung nach Backbord; in dieser Stellung wird die Waffe vom Luftdruck gegen das Ende des Flugzeuges gedrückt, und die Rolle F wirkt auf die äußere Gleitbahn D. Wenn das Gewehr mit dem

Wind bewegt wird, werden die Rollen nach innen gedrückt und die Feder zusammengepreßt. Wenn das Gewehr gegen den Wind bewegt wird, dehnt sich die Feder aus und unterstützt so den Schützen beim Drehen des Maschinengewehrringes.

Bei der Bewegung in der Windrichtung wird der von der Luft auf das Gewehr ausgeübte Druck in der Feder aufgenommen und kann für das Schwenken des Gewehres gegen den Wind verwendet werden, wobei der Mechanismus der Feder die Wirkung des Windes in allen Stellungen des Ringes ausgleicht.

Figur III zeigt das Gewehr in entgegengesetzter Richtung des Fluges. In dieser Stellung befindet sich die Feder unter dem Maximaldruck, während die Rollen, wie in Figur I, in äußerster Ruhelage verharren. Wenn das Gewehr von rechts nach links geschwenkt wird oder entgegengesetzt, unterstützt die Feder die Drehbewegung.

Figur IV zeigt das Gewehr in Richtung Steuerbord; die Feder ist teilweise gelockert, die Stellung des Ringes ist ausgeglichen.

Die Federn, Rollen und Gelenkhebel sind hinter dem rückwärtigen Ende des Ringes angeordnet, so daß sie die Bewegungen des Schützen in keiner Weise hindern.

Bild 108. M.G.-Ring-Einbau mit getrennt angeordnetem Windausgleich eines Fokker-CV-Aufklärers.

Die von Frankreich verwandten Maschinengewehrringe sind mit einem Windausgleich versehen, der, im Rumpf untergebracht, an den Ring angeschlossen ist. Bei dieser Konstruktion ist der Maschinengewehrring mit einem Radkranz umgeben, der in ein Rad, das an dem Rumpf befestigt ist, eingreift. Dieses Rad greift seinerseits in ein weiteres Rad, das unter dem Einfluß starker Gummiseile steht. Die Stärke der Gummiseile sind dem Winddruck, der von der Fluggeschwindigkeit abhängt, angepaßt. Die Gesamtanordnung ist derart getroffen, daß, wenn das Maschinengewehr mit dem Ring entgegengesetzt zur Flugrichtung gedreht werden soll und der volle Winddruck sich auf das Maschinengewehr auswirkt, die Gummiseile, in diesem Fall der Windausgleich, dagegen mit der gleichen Kraft arbeiten. Die Kräfte gleichen sich aus, und der Schütze kann ohne besondere Anstrengung den Ring einschließlich dem Maschinengewehr nach jeder Richtung drehen.

Die englische und französische Einbauweise hat sich bis heute ausgezeichnet bewährt.

Mit zunehmender Geschwindigkeit traten jedoch Schwierigkeiten auf, die dazu zwangen, die modernen schnellen Flugzeuge mit anderen Maschinengewehrbefestigungen zu versehen. Bei der üblichen Drehringanordnung war der Schütze noch zu sehr dem Luftstrom ausgesetzt, so daß dessen Kraft bald versagte und auch nicht durch eine Verstärkung des Windausgleichs wieder aufzurichten war. In einem Flugzeug, das eine Geschwindigkeit von 320 km/h entwickelt und im Kurvenkampf ungewohnt hohe Beschleunigungskräfte auftreten, wird es dem Schützen physisch nicht mehr möglich sein, in dem Luftstrom zu stehen, stehend die Maschinengewehre zu bedienen und die Maschinengewehrringe zu drehen. Hierzu kommt noch bei einem einmotorigen Flugzeug mit vornliegender Zugschraube die Luftschraubenwirkung, die etwa mit 15 % Geschwindigkeit in Rechnung gestellt werden kann. Demnach wird in einem Flugzeug von 320 km/h Geschwindigkeit ein Luftdruck auf den Beobachter wirken, der einer Geschwindigkeit von 368 km/h entspricht.

Dies führte dazu, zunächst dem Einbau der Waffen größere Bedeutung beizumessen.

Beispiele für die Umgehung der hohen Windeinflüsse zeigen die englischen Flugzeuge Hawker sehr anschaulich.

So ist bei dem Hawker-Hart-Tagbomber der Winddruck auf den Beobachter dadurch vermindert worden, daß der Beobachterstand mit seinem Maschinengewehr bis an den Führersitz herangerückt und unter den Windschutz des Führersitzes gestellt wurde. Bei dem Hawker-Demon wurde der Maschinengewehrstand tiefer verlegt und der Drehkranz des Maschinengewehres nach vorn geneigt (s. Bild 11).

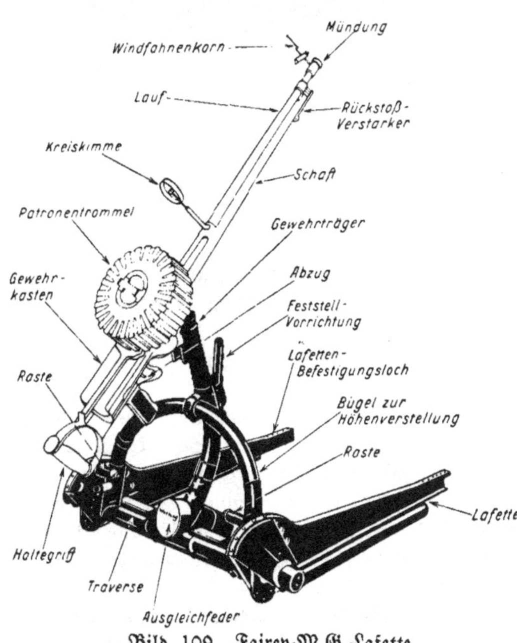

Bild 109. Fairey-M.G.-Lafette.

Auch diese Anordnung schloß eine Umgestaltung der Maschinengewehrringe nicht aus.

Die Fairey-Lafette ist das letzte Ergebnis zur Verminderung der Windeinflüsse auf Hochleistungsflugzeuge. Sie findet daher Verwendung auf englischen Land- und Wasserflugzeugen zur Befestigung der beweglichen Maschinengewehre.

Die Lafette besteht aus einem Fundamentrahmen, der in allen Flugzeugen fest eingebaut wird. Um die beiden Schenkelendpunkte dreht sich, in Rasten verstellbar, der Pivotbügel mit dem Gewehrträger. Durch einen Handhebel kann die Raste gelöst und der Pivotbügel mit Gewehrträger nach oben und unten gesenkt werden. Der Gewehrträger selbst läßt sich nach der Seite hin, und zwar nach rechts und links, schwenken. Hierdurch wird erreicht, daß der Beobachter, sitzend, nach allen Richtungen schießen kann, ohne selbst große körperliche Arbeit zu leisten.

Wenn das Maschinengewehr nicht gebraucht wird, kann es nach hinten, durch vollkommenes Niederdrücken des Pivotbügels, in den Rumpf versenkt werden, so daß die Form des Flugzeugrumpfes nicht durch Luftwiderstand bietende Aufbauten gestört wird.

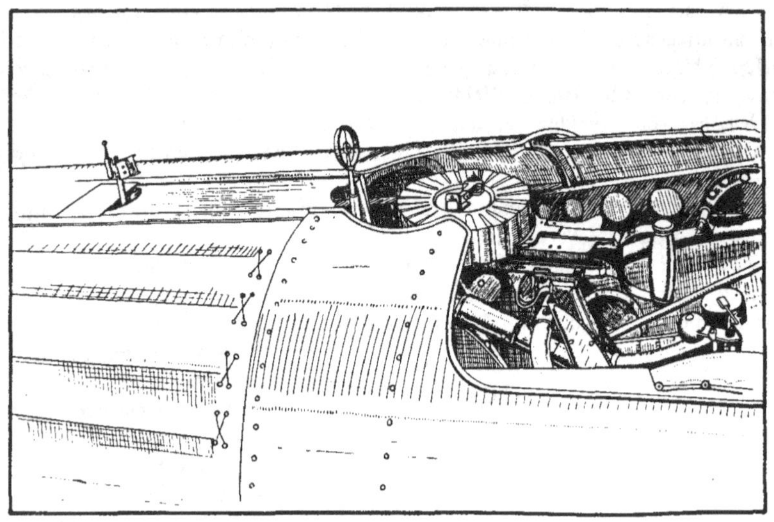

Bild 110. Einbau der Fairey-Lafette. Die Waffe befindet sich in Ruhelage, gesenkt und verdeckt.

Die bisher angeführten Maschinengewehrbefestigungen dienten lediglich für die Maschinengewehrmontage auf dem Rumpf zur Bestreichung des oberen Schußfeldes.

Das untere Schußfeld wird von dem unter dem Rumpf eingebauten Maschinengewehr beherrscht.

In der ersten Zeit wurden die Maschinengewehre auf dem Boden des Rumpfes in einfache Drehzapfen gelagert und der Rumpf mit einem Schußkanal versehen (Gotha G 3). Dadurch wurde erreicht, daß das untere Maschinengewehr, in der höchsten Lage nach oben geneigt, in etwa 200 m Entfernung den Schußbereich des auf dem Rumpf vorgesehenen Maschinengewehres überschnitt und den toten Winkel von hinten deckte. Die Bewegung nach der Seite hin war begrenzt, genügte jedoch, den Angreifer unter Feuer zu halten.

Diese Art der Montage wurde später wieder von England aufgegriffen und verbessert. Der Tagbomber Boulton Paul Sidestrand ist mit einem ähnlichen

Maschinengewehrstand ausgerüstet. Der Schußkanal fiel weg, dafür wurde ein etwas tiefer liegender Stand, mit einem einfachen Pivotbügel ausgestattet, vorgesehen. Der Bügel und das Maschinengewehr wird von einem knienden Schützen bedient. Die Schußhöhe wird durch die Rumpfunterseite begrenzt und die seitlichen Schwenkungen des Maschinengewehrs durch den räumlichen Aufbau des Schießstandes.

Handley Page löste den Einbau in seinem „Hyderabad"-Nachtbomber durch einen in Gummiseilen aufgehängten und in zwei Drehpunkten gelagerten Bügel. Auf dem Bügel ruht in einem Drehzapfen das Maschinengewehr, das von dem Schützen in liegender Haltung bedient wird.

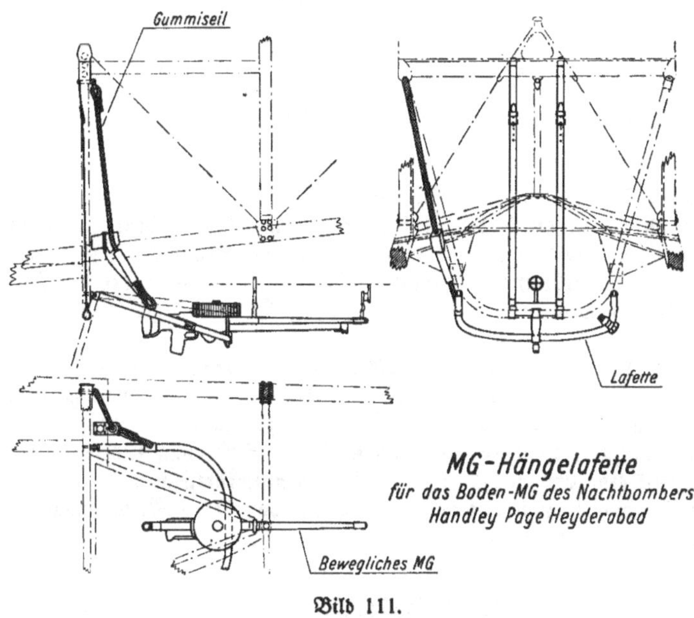


Bild 111.

Der Schußkanal, wie ihn im Kriege die Gothaer Waggonfabrik in ihren Flugzeugen vorsah, gelangte im modernen Flugzeugbau nochmals zur Anwendung. Das von der A. B. Flygindustri in Schweden, nach Junkers Patenten, gebaute einmotorige Kampfflugzeug war mit einem Hängestand, zur Aufnahme des Maschinengewehrschützen, und mit einem im Rumpf ausgesparten Schußkanal versehen. Der Schützenstand war nach hinten offen und mit einem Pivot zur Aufnahme eines Maschinengewehres versehen. Der Schütze konnte das Maschinengewehr sitzend bedienen. Wegen der niedrigen Bauhöhe mußten seine Beine im Freien hängen, die gegen den Winddruck durch Blechgamaschen geschützt waren. Das Pivot bestand aus einem rechteckigen Rahmen, der unten eingehängt und oben mit einem lösbaren Verschluß befestigt war. Im Gefahrsmoment konnte das ganze Pivot, einschließlich des Maschinengewehrs, ausgeklinkt und abgeworfen werden, um dem Schützen für den Fallschirmabsprung

Bild 112.
Hängestand unter dem Rumpf eines Aufklärers.

die Öffnung freizugeben. Das Gewehr ruhte in einem drehbaren Zapfen. Die Bewegungen waren durch den Aufbau des Hängestandes begrenzt. Nach oben wurde das Schußfeld durch den oben erwähnten Schußkanal im Rumpf erweitert. Diese Anordnung befriedigte nicht restlos, da besonders die starre Art des Maschinengewehrstandes einen zu großen Geschwindigkeitsverlust mit sich brachte.

Die letzte Lösung lag nun in Maschinengewehrständen, die, nach jeder Richtung und bequem, den Schutz des Schußfeldes unter dem Flugzeug aufnehmen und im Nichtbedarfsfalle aus dem Luftstrom genommen werden konnten, um die Geschwindigkeit nicht zu beeinflussen. Diese Forderung führte zu der Konstruktion von ein- und ausfahrbaren Maschinengewehrtürmen.

Diese Art wurde zum erstenmal im Kriege von der A.E.G. ausgeführt und mit einer Kanone ausgerüstet.

Bild 113.
Der Schütze sitzt im Hängestand mit dem Rücken gegen die Flugrichtung und bedient die auf einer ausklinkbaren Lafette montierte bewegliche Waffe. Der von dem Rumpf gebildete obere Schußkanal ist deutlich sichtbar.

Der Maschinengewehrturm wurde unter der Rumpfkanzel eines Großflugzeuges drehbar angeordnet. Diese Anordnung war nicht günstig, da das eigentliche Angriffsfeld von hinten unten nicht genügend gedeckt war. Mit dem Bau eines Maschinengewehrturmes mit einer Kanone wurde letzten Endes auch ein anderer Zweck verfolgt, der lediglich der besseren Verwendung der Maschinenkanone gegen Erdziele diente.

Die heutigen Maschinengewehrtürme dienen zur Sicherung des Schußfeldes unter dem Rumpf. Sie sind daher vorerst nur mit Maschinengewehren bestückt.

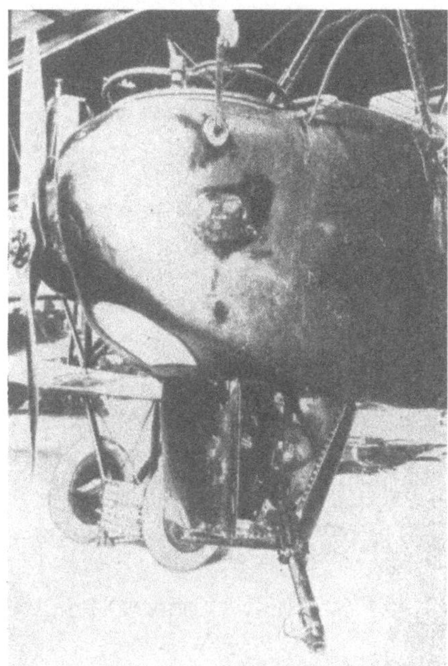

Bild 114. Drehbarer Hängestand mit Maschinenkanone eines deutschen Bombenflugzeuges von 1918. Der Turm konnte nicht eingezogen werden, weshalb er im Fluge von oben bestiegen werden mußte.

Der dreh- und senkbare Turm dient als Lafette des Maschinengewehres und kann daher ohne weiteres zu den Lafettenarten zählen, da alle Drehbewegungen, die sonst mit einem Drehring oder einer Lafette vorgenommen, durch die Bewegungsmöglichkeit des Turmes ersetzt werden.

Die Maschinengewehrtürme bieten Platz für einen Schützen und werden von diesem auch bedient. Sie besitzen alle zylindrische Form, große Fenster und an der Seite der Maschinengewehrbefestigung eine schmale, längliche Aussparung für die senkrechte Schwenkbarkeit des Maschinengewehres. Die Drehbewegungen erfolgen durch Handbetrieb, das Ein- und Ausfahren in dem Rumpf mittels eines Flaschenzuges.

Die Türme werden gehalten und geführt durch zwei Gleitrohre, die im Innern des Flugzeuges befestigt sind. Der Turm selbst hängt an einem drehbaren Ring, der wiederum mit den Gleitrohren starr verbunden ist. Während des Gefechtes wird der Turm durch einen Schützen besetzt, ausgefahren und nach Beendigung des Kampfes wieder in den Rumpf eingefahren und verriegelt.

## Lafettierung der Maschinenkanone.

Die immer stärker auftretende Frage der Flugzeugausrüstung mit Maschinenkanonen brachte auch eine intensivere Betrachtung des Einbaues derselben mit sich. Durch die größere Beanspruchung beim Schießen war man gezwungen, ganz andere Wege zu gehen, so daß man in absehbarer Zeit auch den Flugzeugaufbau entsprechend umstellen muß, um die Bewaffnung mit Maschinenkanonen auch wirksam ausnutzen zu können.

In diesem Abschnitt, der sich hauptsächlich mit dem augenblicklichen Einbau der schweren Waffe befassen soll, wird vorläufig noch davon abgesehen, auf den Einfluß der Waffe auf den Flugzeugbau näher einzugehen.

Vorläufig werden die Maschinenkanonen noch, den Maschinengewehren gleich, auf Drehringe, die mehr oder weniger große Bewegungsfreiheit bieten, montiert.

Der Oerlikon-Drehring für Flugzeugmaschinenkanonen und freihändiges Richten stellt das Gegenstück zum üblichen Drehring für das Beobachter-Maschinen-

Bild 115. Oerlikon-Drehring Muster 1 FRF für Maschinenkanonen und freihändiges Richten.

gewehr dar. Der Oerlikon-Drehring wird von der Werkzeugmaschinenfabrik Oerlikon in drei verschiedenen Mustern, 1 FRF, 1 FRL, 1 FRS, hergestellt, in Zugehörigkeit zu den drei Modellen der Maschinenkanonen.

Seine Konstruktion gleicht indessen nur im Prinzip derjenigen des Maschinengewehrringes. Der Aufbau und die Mittel zum Richten der Waffe sind andere, wodurch das Höhenrichtfeld einen größeren Winkelbereich erhält.

Für die drei Maschinenkanonenmodelle wurden entsprechende Drehringe entwickelt:

| | | | | | | |
|---|---|---|---|---|---|---|
| Zum Maschinenkanonenmodell | F | gehört | Drehring | Muster | 1 FRF. |
| " | " | L | " | " | " | 1 FRL. |
| " | " | S | " | " | " | 1 FRS. |

Die Einbaumaße aller drei Muster sind unter sich gleich und so gehalten, daß jeder für einen Maschinengewehrring ausgebaute Gefechtsstand wechselweise auch den Drehring Oerlikon erhalten kann.

Der Platzbedarf der drei Drehringe ist aus der nachstehenden Zeichnung, die auch als Unterlage für die folgende Beschreibung dient, zu ersehen.

**Die beiden Hauptfunktionen des Drehringes sind:**

1. Ausgleich des Winddruckes bei seitlichem Richten der Kanone zum Schuß quer zur Flugrichtung.

2. Einstellung der Neigungswinkel, Heben und Senken der Kanone gegen ihre Schwergewichtswirkung ohne körperliche Kraftanstrengung des Schützen.

Zur Erfüllung der erstgenannten Forderung besitzt der Drehring die Form einer Exzenterscheibe. Der innere Kreis bildet den Ausschnitt, in dem der Schütze steht; seine Achse ist Drehmittelpunkt des Drehringes, der auf einem mit dem Flugrumpf fest verbundenen Fundamentring aus Kugellagern drehbar gelagert ist. Der äußere Kreis, dessen Achse exzentrisch zum Drehmittelpunkt liegt, ist als Rinne zum Auflegen eines Gummikabels ausgebildet. Mit dem Fundamentring ist ein Ausleger fest verbunden, der ebenfalls am Rumpf montiert wird und eine Rolle trägt. Durch gemeinsame Umschlingung der Rolle und des äußeren Kreises des Drehringes mittels eines starken Gummikabels widerstrebt der Drehring jeder Kraft, die ihn aus seiner Nullage, also der Lage seiner geringsten Entfernung von der losen Rolle, herauszudrehen sucht, Die dabei auftretenden Drehmomente werden durch die zwangsläufigen Exzenterbewegungen und durch die Wahl der entsprechenden Befestigungsgrößen so festgelegt, daß in jeder Lage ein dem Fahrtwindmoment gleichkommendes, entgegengesetzt gerichtetes Moment erzeugt wird, damit der Schütze ohne Kraftaufwand seine Waffe horizontal in jeder beliebigen Richtung drehen und halten kann.

Bild 116.
Der gleiche Maschinenkanonen-Drehring Oerlikon, wie in vorhergehender Abbildung mit nach unten gerichteter Kanone.

Um auch dasselbe für die als zweite Funktion des Drehringes gekennzeichnete Bewegung der Waffe zu erreichen, wurde die Waffe beweglich gelagert. Auf dem in Nullage befindlichen Drehring, der zuvor erwähnten Rolle gegenüber, ruht in einem Träger kugelgelagert ein Auslegerpaar, das vorn in einem Pivotlager die Waffe trägt. Unabhängig von den Bewegungen des Auslegerpaares oder denen des Drehringes gestattet das Pivotlager eine Seitenrichtbewegung der Waffe von 20° nach beiden Seiten. Außerdem kann die Waffe, um einen beliebigen Schußwinkel nach unten, von einer die Ausleger hinten verbindenden Stütze, die sonst als Auflage und zur Befestigung der Waffe dient, abgehoben werden. Diese im Pivot ausführbaren Bewegungen stellen den Feinrichtbereich dar und gestatten eine Verfolgung des Zieles in engerem Rahmen ohne Betätigung der Drehring- oder Auslegerverstellung.

Die Auslegerverstellung in der erwähnten Trägerlagerung erfolgt gegen das Schwergewichtsmoment der Kanone durch Einwirkung einer Gegenzugvorrichtung mittels Gummikabel. Durch den Ausgleich des Waffengewichtes ist die Verstellung ohne Kräfteaufwand gewährleistet. Die Auslegerverstellbarkeit ermöglicht die Schwenkung der Maschinenkanone jeweils um einen Neigungswinkel von 90°, maximal nach unten und oben.

In jeder Lage können Ausleger wie Drehringe arretiert werden. Gelöst wird

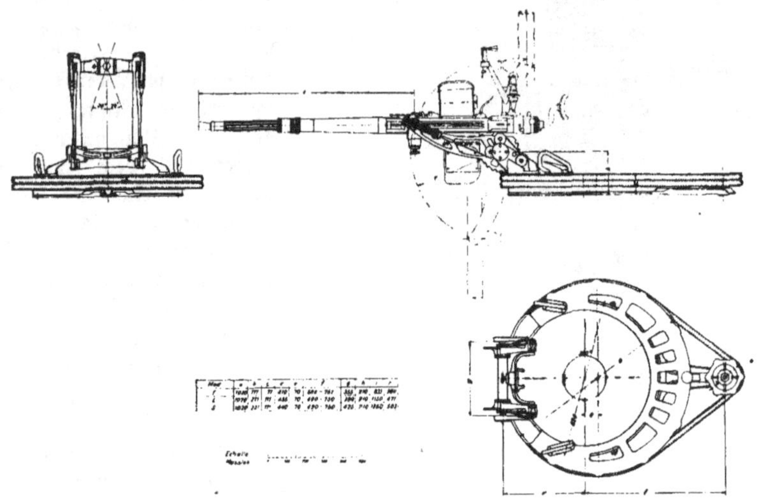

Bild 117. Zusammenstellungszeichnung des Oerlikon-Drehringes 1 FRF für Maschinenkanonen.

die Arretierung durch zwei Hebel, die in den Aussparungen der Handhabungsgriffe untergebracht sind und auf dem Drehring ruhen.

Der Einbau der Drehringe kann entweder fest in der Längsachse des Rumpfes eines mittleren Flugzeuges oder fest auf einer Bordseite eines größeren Flugzeuges oder zwischen den Bordseiten eines größeren Flugzeuges verschiebbar eingebaut werden. Diese Verschiebeeinrichtung gestattet, den Drehring quer über dem Flugzeugrumpf zu verschieben, um von Backbord oder Steuerbord schießen zu können. Sie besteht im wesentlichen aus drei im Flugzeugbau üblichen, quer über den Rumpf verlaufenden Gleitrohren und einer, den Drehring tragenden, leicht gängigen Rollenführung.

Die Rollenführung umfaßt die Gleitrohre radial von allen Seiten und nimmt die beim Schießen, infolge des Rückstoßes, sowie die, während des Fluges durch den Winddruck, entstehenden Kippmomente und das Eigengewicht des Drehringes auf, indem sie dieselben auf die Gleitrohre überträgt. Die Gleitrohre sind Bestandteile eines Rahmens, der auf dem Flugzeugrumpf befestigt wird. Irgendwelche Rumpfelemente (Rohre oder Profile) dürfen infolge der Befestigung durch Bohrungen oder dergleichen nicht angegriffen werden. Der Einbau des Gleitrohrrahmens kann sowohl im Ganzmetallrumpf, wie auch im Stahlrohrrumpf, erfolgen. Zwischen den beiden, den eigentlichen Ring tragenden Gleitrohren, steht der Schütze inmitten des Ringes, den er zur Querverschiebung auf die gewünschte Bordseite rollen kann.

In den beiden Endstellungen wird der Drehring am Rahmen durch einen Handgriff arretiert, wobei die gleichen Verhältnisse für den Schützen wie beim festen Einbau erreicht werden. Das Mehrgewicht für die Verschiebeeinrichtung beträgt je nach Rumpfseite 15 bis 20 kg.

## Zusammenstellung der Daten des Oerlikon-Drehringes für freihändiges Richten.

| | 1 FRF | 1 FRL | 1 FRS |
|---|---|---|---|
| Gewicht des kompl. Drehringes . . . . | 37 kg | 54 kg | 60 kg |
| Gewicht des automat. Zielgeräts . . . . | 2,5 kg | 2,5 kg | 2,5 kg |
| Gewicht des Hülsensackes . . . . . . | 1 kg | 1 kg | 1 kg |
| Gewicht des Verschieberahmens je nach Rumpfbreite . . . . . . . . . | 15 – 20 kg | 18 – 23 kg | 20 – 25 kg |
| Seitenrichtbereich durch Drehringverstellung | 360° | 360° | 360° |
| Höhenrichtbereich durch Auslegerverstellung und mit hinten aufgelegter Waffe . . | + 90° bis – 75° | + 90° bis – 80° | + 90° bis – 85° |
| Seitenrichtbereich im Pivot . . . . . | ± 20° | ± 20° | ± 20° |
| Tiefenrichtbereich im Pivot* (Abheben d. Waffe v. hinterer Aufl.) | etwa 40° + mehr | etwa 40° + mehr | etwa 40° + mehr |
| Gesamthöhenrichtbereich . . . . . . | + 90° bis – 90° | + 90° bis – 90° | + 90° bis – 90° |

*) Ein weiteres Abheben bedingt eine unbequeme Haltung des Schützen, es werden daher richtiger die Ausleger gesenkt.

### Oerlikon-Drehring mit Richtgetrieben Muster 2 FRL.

Diese Lafette, die demselben Zweck dient wie die zuvor beschriebene, unterscheidet sich von dieser nur durch die Einrichtung, mit welcher die Waffe gerichtet wird. An Stelle des freihändigen Richtens tritt das Richten mit Getrieben. Dies bedingt einen anderen Aufbau und ändert die äußere Formgebung. Der Schütze steht nicht mehr im Ring, sondern sitzt auf einem mit der Lafette verbundenen beweglichen Sitz. Ein Windausgleich, wie bei den Drehringen 1 FRF, – L, – S, ist nicht vorhanden, da durch die Verteilung der dem Flugwind ausgesetzten Flächen das Drehmoment verkleinert worden ist und das Seitenrichtgetriebe die bleibenden Restmomente leicht überwindet.

Obige Lafette wird zunächst nur für die Maschinenkanone, Modell „L", gebaut, ist aber für die weittragende Waffe, „S", bereits vorgesehen.

Die Einbaumaße auch dieser Flugzeuglafette sind denen des normalen Maschinengewehrringes angepaßt.

Auf einem Fundamentring, der den einzigen festen Bauteil der Lafette darstellt und mit dem Flugzeugrumpf verbunden ist, ist der eigentliche Drehring

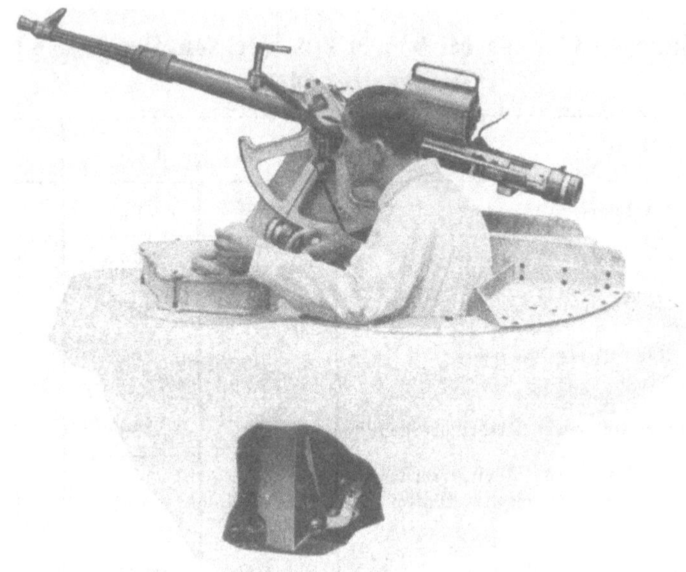

Bild 118. Drehring Oerlikon mit Richtgetrieben Muster 2 FRL und mit dem Fuß zu betätigendem Abzug der Kanone.

drehbar gelagert. In Schußrichtung rechts auf demselben ruht die Oberlafette als Trägerin der Waffe und des Höhenrichtgetriebes. In dem von der Oberlafette nicht überdeckten größeren linken Teil des inneren Ringausschnittes nimmt der Schütze Platz, und zwar befinden sich etwa in der Mitte des Ausschnittes der Schützensitz, links davor oben auf dem Drehring das Seitenrichtgetriebe und unten vor dem Sitz das Pedalgerüst mit dem Abzug.

Die ganze Lafette ist auf dem Fundamentring um 360° drehbar. Mit der Höhenrichtmaschine kann die Waffe von etwa – 40° bis + 90° gerichtet werden. Um einen bequemen Einstieg von oben und von unten durch den Rumpf zu ermöglichen, ist der Sitz hochklappbar. Im hochgeklappten Zustand gibt er das Ringinnere frei und kann um seine Aufhängeachse pendelnd bewegt werden, was den Einstieg von unten wesentlich erleichtert. In der Gebrauchsstellung ist der Sitz durch selbsttätiges Einschnappen in einer Rast blockiert.

Rechter Hand bewegt der Schütze das mit selbsthemmendem Schneckentrieb auf das Pivot der Waffe arbeitende Höhenrichtgetriebe. Mit der Linken hält er das Seitenrichtrad. Das Seitenrichtgetriebe ruht geschlossen in einem aus dem Drehring herausnehmbaren Getriebekasten. Auch hier verhindert ein selbsthemmender Schneckentrieb eine Änderung der getroffenen Einstellung. Beide Getriebe besitzen eine Richtgeschwindigkeit von 50° je Handraddrehung.

Die Füße des Schützen ruhen auf der Fußraste des Pendelgerüstes. Durch Heruntertreten des Abzugspedals mit dem rechten Fußabsatz wird der Abzug der Waffe ausgelöst.

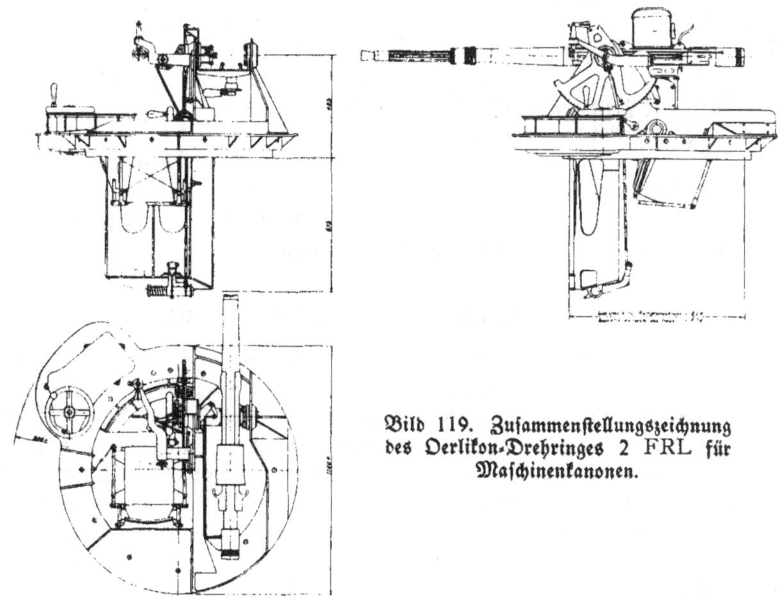

Bild 119. Zusammenstellungszeichnung des Oerlikon-Drehringes 2 FRL für Maschinenkanonen.

Vor dem Auge des Schützen bewegt sich, parallel mit der Waffe, das Visier, welches den Einfluß der Eigengeschwindigkeit mittels Windfahnenkornes, den der Gegnergeschwindigkeit durch ein Kreisvisier ausgleicht. Das Visier ist durch einen leicht lösbaren Verschluß mit der Lafette verbunden und kann nach der Ladung vom Schützen abgenommen und im Rumpfinnern untergebracht werden. Seine Einfachheit im Aufbau und in der Anwendung kommt der Forderung, Störungen während des Fluges auszuschalten, weitgehendst entgegen.

Der Magazinwechsel erfolgt mit der rechten Hand bequem vom Sitz aus. Wie bei dem Drehring für freihändiges Richten gelangt das Trommelmagazin mit dem bedeutend kleineren Luftwiderstand zur Anwendung.

Das Trommelmagazin wird im allgemeinen für 15 Patronen Inhalt gebaut, doch sind auch Magazine für eine größere Menge Patronen im Gebrauch. Die jeweils in der Trommel noch zur Verfügung stehende Schußzahl wird durch einen Schußzähler mit deutlich sichtbaren Zahlen registriert.

| | | | | | | | |
|---|---|---|---|---|---|---|---|
| Das | Trommelmagazin | für | das | Kanonenmodell | F | wiegt | 2,7 kg |
| " | " | " | " | " | L | " | 3,2 " |
| " | " | " | " | " | S | " | 3,8 " |

**Daten des Oerlikon-Drehringes mit Richtgetrieben Muster 2 FRL.**

| | |
|---|---|
| Gewicht des Drehringes, komplett mit Zielapparat, etwa | 95 kg |
| Seitenrichtbereich . . . . . . . . . . . . . . | 360° |
| Höhenrichtbereich . . . . . . . . . . . . . . | + 90 bis − 40° |
| Seitenrichtgeschwindigkeit bei etwa 2,5 Handraddrehungen je Sekunde . . . . . . . . . . . etwa | 12,5°/sec |
| Höhenrichtgeschwindigkeit bei etwa 2,5 Handraddrehungen je Sekunde . . . . . . . . . . . etwa | 12,5°/sec |
| Die Seitenrichtgeschwindigkeit erlaubt, ein mit einer Relativgeschwindigkeit von . . . . . . . . | 55 m/sec (200 km) |
| bzw. | 90 m/sec (325 km) |
| in einer Entfernung von . . . . . . . . etwa | 250 m |
| bzw. etwa | 400 m |
| vorbeifliegendes Flugzeug unter Feuer zu halten. | |

**Oerlikon Muster 1 Fla Rumpfbug-Lafette.**

Die Lafette 1 Fla wurde zu dem Zweck geschaffen, an Stelle des starren Einbaues der 2-cm-Maschinenkanone Oerlikon in das Flugzeug eine Lafettierung mit beschränktem Richtbereich treten zu lassen. Es handelt sich bei dem Einbau der Kanone vorn in das Innere des Flugzeugrumpfes mit Schußrichtung in Flugzeugrichtung um eine Bewaffnungsart, die insbesondere für schwere, mehrmotorige (Kampf- und Bomben-) Maschinen in Frage kommt, deren Tragfähigkeit ausreicht, zur Abwehr nach oben, unten und hinten noch andere Waffen (Maschinenkanonen oder Maschinengewehre) mit sich zu führen. Indessen bieten sich auch für Maschinen kleiner Tragfähigkeit dieselben Vorteile durch Verwendung der nachstehenden Lafette. Der Entwicklung und Schaffung dieser Lafette lag die Forderung zugrunde, bei der Verfolgung feindlicher Bombengeschwader in eigener Flugrichtung diese auf große Entfernung mit der 2-cm-Granate beschießen zu können, was mit der Lafette 1 Fla wegen der gegebenen Richtmöglichkeiten der Waffe in ausgezeichneter Weise möglich ist.

Die Richtung der Maschinenkanone geschieht nicht, wie beim starren Einbau, durch den Piloten, wobei die Treffsicherheit durch die Schwankungen des Flugzeuges sehr herabgesetzt wird, sondern durch den Schützen. Er kann unabhängig vom Steuermanöver des Piloten seine Waffe genau auf das Ziel richten.

Diese Bauart der Lafette mit der dazugehörigen 2-cm-Kanone eignet sich besonders für mehrsitzige und zweimotorige Kampfflugzeuge, die mit überlegener Eigengeschwindigkeit zur Verfolgung feindlicher Bombengeschwader eingesetzt werden.

Einen weiteren Vorteil weist diese Lafette durch den Einbau auf, da der Schütze, durch die Verkleidung des Rumpfes, vor dem Luftstrom gedeckt und bequem seine Manöver ausführen kann. Damit verbessern sich auch die aerodynamischen Verhältnisse des Flugzeuges, was um so wichtiger ist, als es auf große Fluggeschwindigkeit ankommt.

Wie schon angedeutet, sind alle diejenigen Flugzeug- und Flugboottypen für den Einbau der Lafette 1 Fla besonders geeignet, deren Rumpfspitze keinen Motor trägt oder bei denen die Motoren über dem Flügel, zwischen oder in den Tragdecks angeordnet sind.

Die Lafette wird in die Rumpfspitze eingebaut, so daß das Rohr der Kanone aus dem Rumpf vorn herausragt. Da die Kanone richtbar ist, muß die Rumpfvorderwand aufgeschnitten werden. Ein am Rohr angeschlossener, dünnwandiger Stahlkegelmantel trägt hinten eine nachgiebige Fortsetzung aus Leder, welche am Rumpf befestigt ist. Auf diese Weise wird in allen Richtstellungen eine luftdichte Abdeckung des Rumpfausschnittes erreicht.

### Die Lafette besteht aus drei Hauptteilen:

der Fundamentplatte, der Unterlafette und der Wiege.

Die Wiege trägt, an 2 Punkten gehalten und vorne verriegelt, die Waffe. Der Drehpunkt der Wiege ist gleichzeitig die Achse für die Höhenrichtung. In ihrer Höhenrichtachse ruht die Wiege in 2 kräftigen, nach hinten geschweiften Trägerarmen der Unterlafette. Rechter Hand auf der Unterlafette ist das Höhenrichtgetriebe angeordnet (selbsthemmender Schneckentrieb), welches mit Hilfe des ebenfalls auf der Unterlafette gelagerten Höhenrichtrades über eine beide Elemente verbindende Welle angetrieben wird.

Linker Hand befindet sich, horizontal drehbar, das Seitenrichtrad als Antriebsorgan des in der Unterlafette gelagerten Seitenrichtgetriebes.

Die Unterlafette ruht in einem schräg unterhalb des Wiegenlagers befindlichen Halszapfenlager, der Seite nach drehbar, auf der Fundamentplatte. Mit der Fundamentplatte ist der Seitenrichtbogen fest verbunden, auf dem das Seitenrichtgetriebe mittels Stirnräder sich abwälzt.

Diese Anordnung ermöglicht die Verstellung der Höhenrichtung, ein Auf- und Abwärtsschwenken der Wiege, samt Kanone, in der Unterlafette. Der Antrieb des Seitenrichtgetriebes dreht die Unterlafette samt Wiege und beiden Richträdern auf der Fundamentplatte nach rechts oder links. Es bleiben demnach in allen Richtstellungen die Handräder relativ an gleicher Stelle.

Die Höhenrichtung beträgt $\pm 12{,}5°$, die Seitenrichtung $\pm 15°$. Vier mit Gummipuffern versehene Sockel der Fundamentplatte dienen zur Befestigung der Lafette mit dem Rumpf.

Die Lafette war ursprünglich nur für die 2-cm-Maschinenkanone Modell S (mit einer Anfangsgeschwindigkeit von 835 bis 870 m/sec und einer Schußfolge von 280 Schuß in der Minute) vorgesehen.

Um aber auch das leichtere Modell L (mit einer Anfangsgeschwindigkeit von 670 bis 700 m/sec und einer Schußfolge von 350 Schuß in der Minute) aufnehmen zu können, wurde sie dann für beide Modelle geeignet gebaut.

Der Einbau der Lafette erfolgt auf dem Fußboden des Rumpfes, der wechselweise auch dem Schützen eines oben auf der Rumpfspitze montierten Drehringes (Maschinengewehr oder 2-cm-Oerlikon-Maschinenkanone) als Standplatte dienen kann.

Ist die Lafette im Aufbau und Größe der Bedingung, für beide Modelle geeignet zu sein, angepaßt, ergibt sich ein zwangloser Einbau in die Rumpfbugstände. Der untere, verstellbar ausgeführte Sitz für Bombenwerfer hinter dem Abwurfzielfernrohr dient gleicherweise zur Bedienung der Lafette, indem er für diesen Zweck in einem der Körpergröße entsprechenden Maße nach oben zu verstellen ist.

Bild 120. Starrer Einbau der Oerlikon-Maschinenkanone Modell S mit Quergurtzuführung und einer Munitionstrommel für 125 Schuß.

Die Visur erfolgt über ein auf der Waffe fest montiertes Visier, welches aus Kugelkimme und Kreiskorn besteht. Dieses einfache Visier genügt vollkommen der Anforderung, da im allgemeinen der Flug des Gegners mit dem eigenen Flug gleichgerichtet ist und der Angriff keine Korrektur für beide Geschwindigkeiten erfordert. Bilden die Flugrichtungen dennoch einen spitzen Winkel, so ermöglicht das Kreiskorn, den richtigen Vorhalt zu wählen. Die Entfernung kann durch die Verstellbarkeit der Kimme eingestellt werden.

Die Munitionszufuhr geschieht durch Trommelmagazine, die bequem in Greifnähe, beiderseits an der Rumpfwand, hängen.

Durch entsprechende Anordnung der Richtachse ist die bei den größten Richtausschlägen der Waffe vom Auge des Schützen umfahrene Ebene, trotz der mit Rücksicht auf die Staffelung des Gegners verschieden großen Richtfelder, nahezu quadratisch begrenzt. Sie kann durch Aufrichten und Hin- und Herneigen des Oberkörpers bequem vom Sitz aus bestrichen werden. Zwei Fußbretter, rechts und links vor dem Sitz, ermöglichen ein noch höheres Aufrichten des Körpers.

Mit ihrer äußerst niedrigen Feuerhöhe von noch nicht 300 mm gewährleistet die Lafette ein vollkommen ruhiges und präzises Schießen ohne Mehrbeanspruchung für die Rumpfkonstruktion.

**Daten der Oerlikon-Rumpfbuglafette Muster 1 Fla.**

| | |
|---|---|
| Gewicht der Lafette komplett . . . . . . . | etwa 60 kg |
| Gewicht des Zielgerätes . . . . . . . . | „ 3 kg |
| Seitenrichtbereich . . . . . . . . | ± 15° |
| Höhenrichtbereich . . . . . . . . | ± 12,5° |

Seitenrichtgeschwindigkeit bei etwa 25 Handraddrehungen je Sekunde . . . . . . etwa 12,5°/sec

Höhenrichtgeschwindigkeit bei etwa 2,5 Handraddrehungen je Sekunde . . . . . . „ 7,5°/sec

Das Ausfahren des ganzen Seitenrichtfeldes benötigt bei 2,5 Handraddrehungen je Sekunde . . . . . . . . . . . . . „ 2,4 sec

Das Ausfahren des ganzen Höhenrichtfeldes benötigt bei 2,5 Handraddrehungen je Sekunde . . . . . . . . . . . . . „ 3,3 sec

## Starrer Einbau der Maschinenkanone mit Quergurtzuführung.

Soll der Einbau der Maschinenkanone unter solchen Verhältnissen erfolgen, daß ihre Bedienung während des Fluges ausgeschlossen ist, wie dies z. B. beim starren Einbau in dem Jagdeinsitzer der Fall ist, so muß vom Start an eine ununterbrochen schußbereit daliegende größere Munitionsmenge zur Verfügung stehen.

Diese Forderung erfüllt die Quergurtzuführungsanlage, welche die Munitionstrommel, den Zuführer und das Gurtengliederband umfaßt. Das Gurtengliederband, welches aus den mit Haken aneinanderhängenden Gurtengliedern besteht, wovon jedes eine Patrone hält, ruht in der Trommel, auf einer drehbaren Achse aufgespult.

An Stelle eines Magazins trägt die Waffe einen Zuführer, welcher das Gurtgliederband aus der Trommel herauszieht, die Patronen aus den Gliedern herausdrückt, diese in die Waffe führt und endlich die leeren Gurtenglieder einzeln abwirft.

Im wesentlichen besteht der Zuführer aus einem Rahmen, in dem zwei Kipphebel gelagert sind, welche, von den Verschlußschienen der Waffe gesteuert, die beschriebene Arbeit verrichten.

Die Gurttrommel wird für ein Fassungsvermögen von 100 bis 125 Patronen gebaut. Nach dem Fassungsvermögen richtet sich der Platzbedarf und das Einbaumaß der Anlage.

Das Zusammenwirken von Zuführer und Munitionstrommel setzt eine relativ starre Anordnung von Kanone und Trommel voraus.

Die Quergurtzuführungsanlage wird daher vorwiegend in jenen Fällen verwendet, wo die Bedienung der Waffe auf die Betätigung des Abzuges beschränkt ist und der Einbau der Waffe, außerhalb der Reichweite der Hand, erfolgen muß. Als Beispiel dieser Anlage dient der Einbau in den Jagdeinsitzer.

### Daten der Quergurtzuführungsanlage.

Gewicht einer Munitionstrommel mit Fassungsvermögen von 125 Patronen, Modell S . . . 16 kg

Gewicht derselben Trommel mit 125 Patronen, mit Zündergeschossen gefüllt . . . . . . . . . etwa 50 kg

Gewicht des Zuführers, Modell S . . . . . . . „ 4,2 kg

Gewicht eines Gurtengliedes, Modell S . . . . 0,021 kg

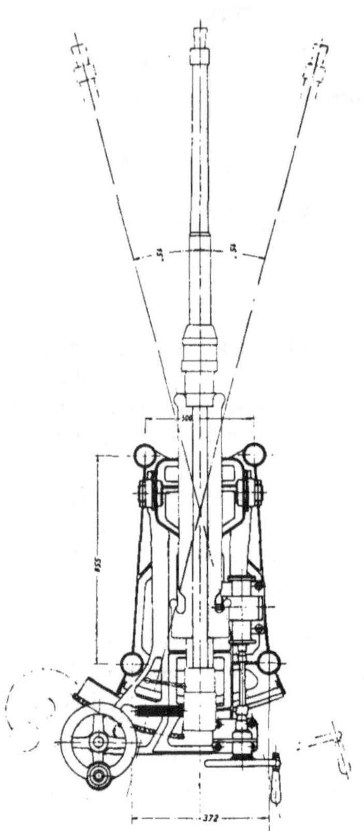



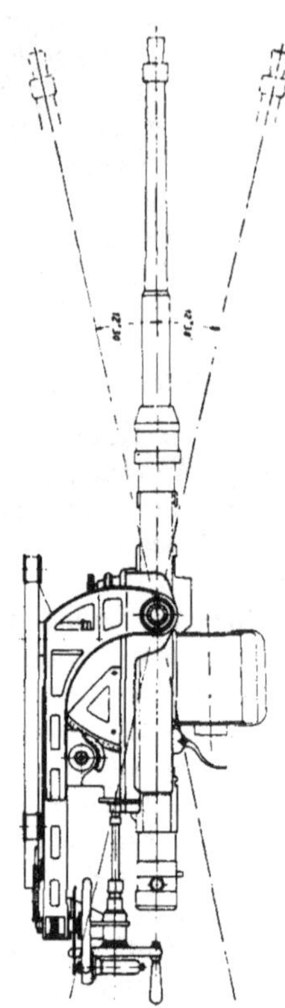

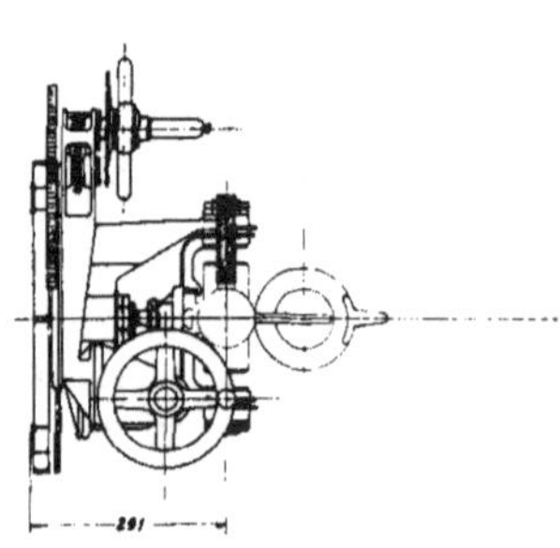



Bild 121. Zusammenstellungszeichnung der Oerlikon-Rumpfbuglafette 1 FL a für 2 cm Maschinenkanonen.

## Aufstellung der Gesamtgewichte der einzelnen kompletten Flugzeugbewaffnungs-Anlagen für Oerlikon-Maschinenkanonen.

1. Gewicht beim Start für die gefechtsbereite Ausrüstung mit 1 FRF

| Anzahl | Gegenstand | | Gewicht | |
|---|---|---|---|---|
| 1 | Stück 2-cm-Maschinenkanone, Modell F . | etwa | 30,0 | kg |
| 1 | Hülsensack . . . . . . . . . . . | | 1,0 | „ |
| 1 | automatischer Zielapparat . . . . . | | 2,5 | „ |
| 150 | Schuß Granatmunition . . . . . . . | „ | 28,0 | „ |
| 10 | Trommelmagazine zu je 15 Schuß . . . | „ | 27,0 | „ |
| 1 | Drehring 1 FRF . . . . . . . . . | „ | 38,0 | „ |
| | Gesamtgewicht: | etwa | 126,5 | kg |

2. Gewicht beim Start für die gefechtsbereite Ausrüstung mit 1 FRL

| Anzahl | Gegenstand | | Gewicht | |
|---|---|---|---|---|
| 1 | Stück 2-cm-Maschinenkanone, Modell L . | etwa | 43,0 | kg |
| 1 | Hülsensack . . . . . . . . . . . | | 1,0 | „ |
| 1 | automatischer Zielapparat . . . . . | | 2,5 | „ |
| 120 | Schuß Granatmunition . . . . . . . | „ | 26,0 | „ |
| 8 | Trommelmagazine zu je 15 Schuß . . . | „ | 25,0 | „ |
| 1 | Drehring 1 FRL . . . . . . . . . | „ | 55,0 | „ |
| | Gesamtgewicht: | etwa | 152,5 | kg |

3. Gewicht beim Start für die gefechtsbereite Ausrüstung mit 1 FRS

| Anzahl | Gegenstand | | Gewicht | |
|---|---|---|---|---|
| 1 | Stück 2-cm-Maschinenkanone, Modell S . | etwa | 62,0 | kg |
| 1 | Hülsensack . . . . . . . . . . . | | 1,0 | „ |
| 1 | automatischer Zielapparat . . . . . | | 2,5 | „ |
| 90 | Schuß Granatmunition . . . . . . . | „ | 22,0 | „ |
| 6 | Trommelmagazine zu je 15 Schuß . . . | „ | 23,0 | „ |
| 1 | Drehring, Modell 1 FRS . . . . . . | „ | 60,0 | „ |
| | Gesamtgewicht: | etwa | 170,5 | kg |

4. Gewicht beim Start für die gefechtsbereite Ausrüstung mit 2 FRL

| Anzahl | Gegenstand | | Gewicht | |
|---|---|---|---|---|
| 1 | Stück 2-cm-Maschinenkanone, Modell L . | etwa | 43,0 | kg |
| 150 | Schuß Granatmunition . . . . . . . | „ | 32,0 | „ |
| 10 | Trommelmagazine zu je 15 Schuß . . . | „ | 32,0 | „ |
| 1 | Getriebedrehring 2 FRL, komplett mit Visier . . . . . . . . . . . | | 95,0 | „ |
| | Gesamtgewicht: | etwa | 202,0 | kg |

5. Gewicht beim Start für die gefechtsbereite Ausrüstung mit 1 Fla (Rumpfbuglafette)

a) mit Waffe, Modell S

| | | | |
|---|---|---|---|
| 1 | Stück 2-cm-Maschinenkanone, Mod. S | etwa | 62,0 kg |
| 150 | Schuß Granatmunition . . . . . . | „ | 37,0 „ |
| 10 | Trommelmagazine zu je 15 Schuß . . | „ | 38,0 „ |
| 1 | Zielapparat . . . . . . . . . | „ | 3,0 „ |
| 1 | Rumpfbuglafette 1 Fla . . . . . . | „ | 60,0 „ |
| | Gesamtgewicht: | etwa | 200,0 kg |

b) mit Waffe, Modell L

| | | | |
|---|---|---|---|
| 1 | Stück 2-cm-Maschinenkanone, Mod. L | etwa | 43,0 kg |
| 150 | Schuß Granatmunition . . . . . . | „ | 32,0 „ |
| 10 | Trommelmagazine zu je 15 Schuß . . | „ | 32,0 „ |
| 1 | Zielapparat . . . . . . . . . | „ | 3,0 „ |
| 1 | Rumpfbuglafette 1 Fla . . . . . . | „ | 60,0 „ |
| | Gesamtgewicht: | etwa | 170,0 kg |

Da die Unterbringung der Magazine im Rumpfbau sehr einfach ist, wurde für diese Aufstellung die Schußzahl sehr hoch gewählt.

Mit 90 Schuß in den entsprechenden 6 Magazinen zu je 15 Schuß stellen sich die Gesamtgewichte

| | | |
|---|---|---|
| für die Verwendung des Modelles S auf . . | etwa | 170 kg |
| für die Verwendung von Modell L auf . . | „ | 145 „ |

6. Gewicht beim Start für die gefechtsbereite Ausrüstung mit Modell S mit Quergurtzuführungsanlage

| | | | |
|---|---|---|---|
| 1 | Stück 2-cm-Maschinenkanone, Modell S . | etwa | 62,0 kg |
| 125 | Patronen mit Munitionstrommel mit Zündergeschossen gefüllt . . . . . . . . . | „ | 50,0 „ |
| | Zuführer . . . . . . . . . . . . | „ | 4,2 „ |
| | Gesamtgewicht: | etwa | 116,2 kg |

Auf Grund der geringen Schußfolge der Motorkanone und besonders wegen der Unmöglichkeit, die mit einem Sternmotor ausgerüsteten Jagdeinsitzer mit einer Motorkanone zu versehen, wurde zur Ergänzung der Kanonenbewaffnung noch eine Flugzeug-Mehrfach-Kanone entwickelt, die außerhalb des Luftschraubenkreises im Flügel eingebaut wird.

Die Schwierigkeiten, die sich hierbei im Einbau einer zu weitgehenden Verletzung des Flügelprofiles ferner im allzu weiten Vorstehen des Laufes aus der Flügelnase unangenehm bemerkbar machten, wurden durch die neue Flugzeug-Mehrfach-Kanone der Werkzeugmaschinenfabrik Oerlikon umgangen.

Diese neue Kanone, die in den Flügeln der modernen Jagdeinsitzer eingebaut ist, bereits in Frankreich und in Polen sehr großen Anklang gefunden hat, zeichnet sich durch das kleine Gewicht, die geringe Baulänge und durch die geringe Beanspruchung der Flügelzelle infolge der Rückstoßkräfte beim Schießen besonders aus.

Die Oerlikon-Kanone „FF" mit folgenden Hauptangaben:

| | | |
|---|---|---|
| Kaliber . . . . . . . . . . . . | | 20 mm |
| Gesamtgewicht einschl. Spannvorrichtung . | etwa | 25 kg |
| Gesamtlänge . . . . . . . . . . . | etwa | 1340 mm |
| Anfangsgeschwindigkeit . . . . . . . . | etwa | 600 m/sec |
| Schußfolge . . . . . . . . . . . . | etwa | 550 Schuß/min |

wird für zwei verschiedene Einbauarten geliefert.

Die erste Art sieht einen Einbau im Flügel mit durchdrungenen Holmen, die zweite eine Aufhängung unter dem Flügel vor.

Um den Einbau in den Flügeln zu ermöglichen, der zweifellos aerodynamisch der beste ist, werden die Abmessungen der Waffe so gehalten, daß die Kanone in einem möglichst kleinen, für jede Holmkonstruktion tragbaren Ausschnitt untergebracht werden kann.

Bild 122. Wassergekühlter Reihenmotor Hispano Suiza mit eingebauter Oerlikon-Kanone.

Die nachstehende Zeichnung zeigt den Einbau in dem Flügel. Im Grundriß erkennt man das rechts an der Kanone angebrachte Trommelmagazin und einen links angeordneten Führungskanal für die ausgeworfenen Hülsen, die in einen Sammelbehälter am Ende des Kanals gelangen und durch eine Fallklappe am Zurückgleiten gehindert werden.

Über der Kanone, mit dieser starr verbunden, liegt die pneumatische Vorrichtung zum Spannen des Verschlusses, die mit der Bordpreßluftflasche durch eine Rohrleitung verbunden ist.

Die Bedienung des Abzuges und des Sicherungshebels erfolgt vom Steuerknüppel bzw. Instrumentenbrett aus durch Bowdenzüge. Der Anschluß hierfür ist hinten an der Kanone ersichtlich. Die komplette Kanone ist verstellbar an den die Holme verbindenden Traversen befestigt. Durch die Verstellschrauben kann die Seelenachse der Kanone derart eingerichtet werden, daß die Flugbahnen sich in einer beliebigen Entfernung auf der Verlängerung der Visierlinie des Piloten schneiden.

Der Lauf kann mit einem drehbaren Handgriff aus dem Flügel von vorn herausgezogen werden. Mit einigen weiteren Handgriffen läßt sich der Verschluß, während die übrigen Teile der Kanone im Flügel montiert bleiben, leicht nach hinten herausnehmen. Durch diese Vorkehrungen ist eine schnelle Überprüfung und Reinigung der Kanone weitgehend ermöglicht worden. Große Bedienungsklappen an der Unterseite des Flügels erleichtern den Reinigungsvorgang. Ebenso einfach ist der Einbau der Kanone selbst. Zuerst erfolgt das Einbringen des

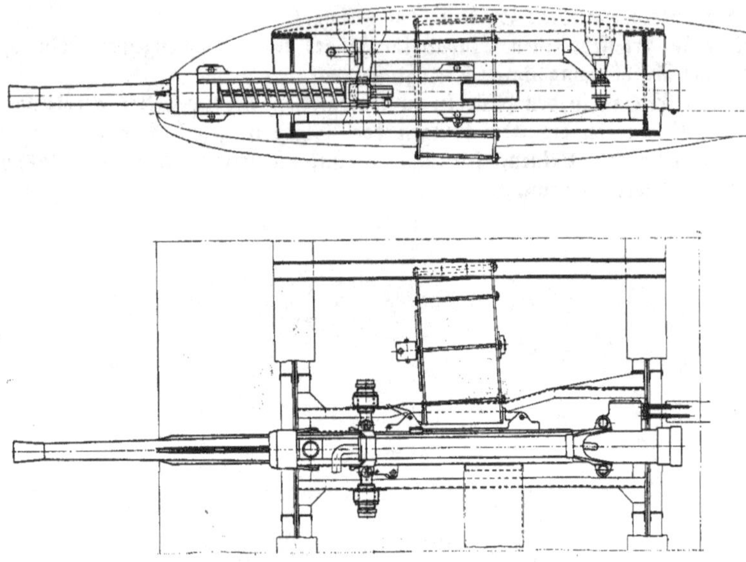

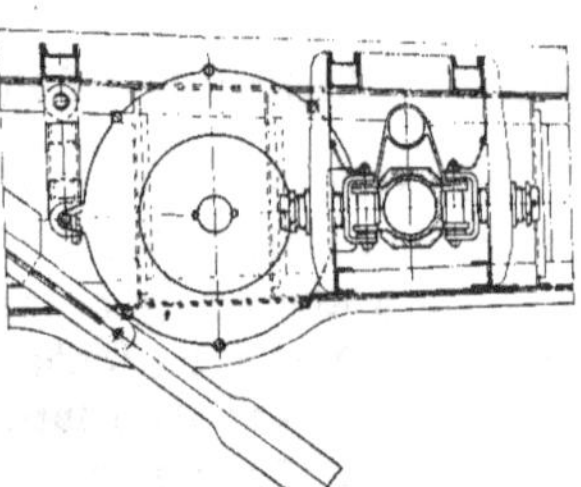

Bild 123. Einbau der Oerlikon-Mehrfach-Kanone „FF" im Flügel eines Jagdeinsitzers im Grundriß, Seitenansicht und Vorderansicht.

Verschlußgehäuses einschließlich dem Verschluß, Abzug und Spannvorrichtung, dann das Einschieben des Laufes von vorn.

Vor dem Start wird das gefüllte Magazin ebenfalls von unten eingeführt und befestigt und während des Fluges der Verschluß durch Öffnen des Hahnes an der Preßluftflasche gespannt.

Für die beiden Einbaumöglichkeiten sind drei Arten von Trommelmagazinen von 45, 60 und 75 Schuß Fassungsvermögen vorgesehen. Ihre Gewichte betragen im geladenen Zustand etwa 13,5, 18 und 22 kg.

Die englische Kanonenlafette für die Vickers-Kanone von 37 mm Kaliber sieht eine drehturmähnliche Konstruktion vor. Die Kanone ruht in einer Gabel, die gleich einem Pivotzapfen in einem vertikalen Träger beweglich gelagert ist. Der vertikale Träger steht auf einem mittels Fußhebel arretierbaren Ring, der

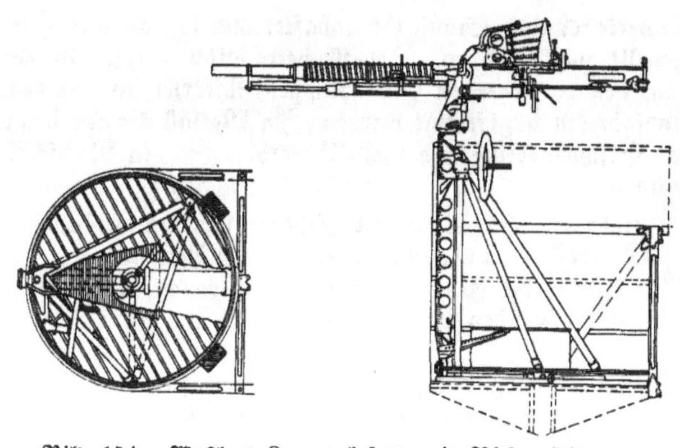

Bild 124. Westland-Kanonenlafette mit Vickers-3,7 cm Schnellfeuerkanone.

gegen den Träger durch Rohre abgestützt ist. Während die Kanone frei mit der Hand gerichtet wird, erfolgt die Drehung des Ringes durch ein Handgetriebe. Bei der Bedienung der Waffe steht der Schütze und zielt über ein Fahnenkorn, das an der Seite der Kanone angebracht ist.

Diese Art der Lafettierung von schweren Flugzeugwaffen kann nicht mit der vorher besprochenen Art verglichen werden, da diese Einbauart noch eine behelfsmäßige Lösung darstellt.

## Flugzeugbomben, die Hauptangriffswaffe der Flugzeuge.

Die Bombenflugzeuge sind völkerrechtlich erlaubte Kriegsmittel, sie ersetzen die Artillerie da, wo sie nicht mehr hinreicht, und sollen, wie diese, lebende und tote Ziele vernichten und zerstören.

Die Bomben werden je nach den Vorrichtungen mit Hebeln oder automatisch abgeworfen.

Die Bomben werden auf Ziele eingesetzt, deren Zahl und Art ständig zunehmen werden. Die Würfe erfolgen nicht nur auf Etappengebiete, sondern auch weit ins Innere des Landes. Zu den Zielen der Bombenangriffe gehören Truppenbereitstellungen, Flughäfen, Eisenbahn- und Verkehrsknotenpunkte, Munitionslager, Industrie- und Hafenanlagen, behördliche Gebäude, Funkstationen, kurz alle Ziele von militärischer und wirtschaftlicher Bedeutung, die sich im Ernstfall verteilt, getarnt oder geschützt darbieten.

Durch die verschiedene Art der Angriffsobjekte wurden Bomben von kleinem bis zum großen Kaliber und von verschiedener Wirkung entwickelt. Es gelangen daher Bomben von 1 bis 1800 kg Gewicht zur Anwendung, die sich wiederum in Brandbomben von 1 bis 5 kg, in Splitterbomben von 10 bis 25 kg, in Minenbomben von 50 bis 1800 kg und in Gasbomben von 25 bis 100 kg unterteilen lassen.

Zu Anfang gab man der Bombe eine Kugel-, später eine Tropfenform. Erst nach geraumer Zeit wurde die torpedoähnliche Form gewählt, die auch heute noch vielfach verwandt wird. Diese Form hatte viele Vorteile. Ihre Stabilität überragte alle anderen Formen und erwies sich überaus günstig.

Ausgiebige Bombenwurfversuche ergaben, daß zylindrische Bomben mit gleicher Querschnittbelastung den torpedoförmigen nicht sehr nachstanden. Amerika und England haben schon sehr früh durch Versuche festgestellt, daß der zylindrischen Bombe eine bemerkenswerte Stabilität anhaftet und den anderen Formen unbedingt gleichgestellt werden kann. Sie ist beträchtlich billiger in der Herstellung und kann mit den vorhandenen Einrichtungen, Werkzeugen und dem Personal der Munitionsfabriken angefertigt werden. Im Notfall können sogar Bomben aus vorrätigen Geschoßrohlingen hergestellt werden, um den Nachschub nicht unterbrechen zu müssen.

Die Einteilung der Bombengewichte in den verschiedenen Ländern weichen nur wenig voneinander ab. Die meisten Länder begnügen sich zur Zeit noch mit der größten Bombe von 500 kg, da die Flugzeuge wohl das Gewicht, aber die in ihren Dimensionen gewaltigen Bomben von 800 bis 1800 kg nur vereinzelt aufnehmen können.

Die Bomben, wie sie heute Verwendung finden, bestehen aus dem Hauptkörper, der den Sprengstoff enthält, den Leitflächen und den Zündern.

Der Wurf der Bombe erfolgt nur mit der Beschleunigung, die durch die Eigengeschwindigkeit des Flugzeuges auf sie übertragen wird. Der Bombenkörper wird daher beim Abwurf weit geringer beansprucht als ein Artilleriegeschoß beim Abfeuern, ihre Auftreffgeschwindigkeit wird, trotz stetigen Anwachsens der Fallgeschwindigkeit, einen gewissen kritischen Wert nicht überschreiten. Die derzeitigen Bomben erreichen eine Fallgeschwindigkeit von höchstens 300 bis 450 m/sec. bei einer Abwurfhöhe von 5000 bis 10 000 m.

Ihre Endgeschwindigkeit läßt sich kaum noch steigern, obwohl Bestrebungen im Gange sind, der Bombe durch Raketentreibsatz eine höhere Auftreffgeschwindigkeit zu verleihen. Durch den Sturzflug wurde die mittlere Fallgeschwindigkeit zu erhöhen versucht, was auch erreicht wurde. Aber alle Versuche werden nur in beschränktem Maße Mittel und Wege finden, um die Fallgeschwindigkeit wesentlich zu erhöhen.

Die Durchschlagskraft wird im Vergleich zum gleichwertigen Geschoß auf Beton und Panzer stets geringer sein und die gleiche oder eine höhere Durchschlagskraft wird nur durch die Verwendung von Bomben größeren Kalibers erreicht werden können. Wie groß der Unterschied der Auftreffwucht ist, von der man die Durchschlagskraft ableiten kann, läßt nachstehende Tabelle erkennen, bei der als Auftreffgeschwindigkeit der Bomben bei 250 m/sec, der Artilleriegeschosse 350 m/sec. eingesetzt wurde.

| Geschoßart | Bezeichnung | Gewicht kg | Kaliber mm | Auftreffwucht m/t |
|---|---|---|---|---|
| Bombe . . . . . . . . | 12 kg | 12 | 90 | 38 |
| Artl.-Geschoß . . . . . | 105 mm | 15 | 105 | 94 |
| Bombe . . . . . . . . | 50 kg | 50 | 180 | 160 |
| Artl.-Geschoß . . . . . | 150 mm | 42 | 150 | 262 |
| Bombe . . . . . . . . | 100 kg | 100 | 250 | 360 |
| Artl.-Geschoß . . . . . | 210 mm | 100 | 210 | 750 |
| Bombe . . . . . . . . | 300 kg | 300 | 260 | 970 |
| Bombe . . . . . . . . | 1000 kg | 1000 | 550 | 3200 |
| Artl.-Geschoß . . . . . | 420 mm | 900 | 420 | 5600 |

Wegen der dickeren Wandung der Artilleriegeschosse ist die Querschnittsbelastung hierbei höher als bei Abwurfbomben.

Die im Kriege ständig wachsenden Anforderungen verlangten unter anderem eine wesentlich höhere Sprengwirkung, die man in der Steigerung der Sprengstoffmenge zu erreichen versuchte. Es wurde damit ein Wert von 65 bis 70% des Gesamtgewichtes auf Kosten der Mantelstärke erreicht. Die Sprengwirkung war damit vergrößert, aber die Durchschlagskraft und die Widerstandsfähigkeit der Bombe stark gesunken. Damit begann die Umkehrung zu einem Mittelwert, der etwa 45 bis 50% betrug. Auch dieser Wert kann noch nicht als endgültig angesehen werden, zumal eine größere Sprengstoffwirkung sehr erwünscht wäre. Die lokale Sprengwirkung wächst mit der Zunahme der Sprengstoffladung. Sie wird verbessert durch eine bestimmte starke und gasdichte Bombenwand, um einen genügend starken Innendruck bei der Zündung der Bombe zu erhalten, der die Fortpflanzung des Detonationsvorganges durch die ganze Strengstoffmasse gewährleistet.

Bild 125. Carbonitbomben von 4,5 – 10 und 20 kg Gewicht.

Die Konstruktion der Bombe muß demnach derart sein, daß sie dem Stoß beim Aufprall und der Beanspruchung beim Eindringen in festen Boden standhalten können und die Bombe erst in der gewünschten Eindringtiefe zur Entzündung gelangt.

Die ersten Bomben, die deutscherseits verwandt wurden, waren nach ihrer Entwicklungsstelle A.P.K.-Bombe (Artillerie-Prüfungs-Kommission) benannt worden. Sie besaßen eine Kugelform, wogen 5 und 10 kg und wurden aus Stahlguß mit Aufschlagzünder hergestellt und mit Sprengstoff gefüllt. Ihre Wirkung war zu gering, da beim Einschlag in den Boden der größte Teil ihrer Sprengstücke in die Erde statt nach oben geschleudert wurde. Von einer Verwendung und Weiterentwicklung wurde aus diesem Grunde abgesehen.

Erst als Frankreich durch einen Bombenangriff bewies, daß mit der Fliegerbombe Erfolge zu erzielen waren, wurden die Versuche wieder aufgenommen und eine neue Bombe entwickelt. Die Bomben wurden von der Sprengstoff A.G. „Carbonit" in Schlesien hergestellt und unter dem Namen „Carbonitbomben" geführt.

Diese Bomben hielten sich, Ende 1914 eingeführt, bis 1916 an der Front und wurden alsdann durch die P. u. W.-Bombe ersetzt.

Die Carbonitbomben, die ersten brauchbaren Abwurfswaffen für Flugzeuge, hatten eine birnenförmige Gestalt, die aus Stahlguß hergestellt wurde. Sie bestanden aus der Bombenhülle, den Stabilisierungsflächen und dem Zünder.

Der Zünder war am oberen Ende in der Hülle eingeschraubt. Dieser, als Aufschlagzünder ausgebildet, bestand aus dem Schlagbolzen mit Schlagbolzenspitze, dem Zündhütchen, der Sprengkapsel, die das Knallquecksilber enthielt, und der Zündkapsel, auch Initial genannt, aus gepreßtem Trotyl. Die Wirkung wurde dadurch erreicht, daß der Schlagbolzen mit seiner Spitze beim Aufschlagen das Zündhütchen zur Entzündung brachte. Um eine unfreiwillige Berührung des Schlagbolzens mit dem Zündhütchen zu verhindern, befand sich als Sicherung zwischen Zündhütchen und Schlagbolzen, zum Halten des Schlagbolzens, eine Spiralfeder. Der Schlagbolzen wurde ferner durch einen Windflügel gesichert, der mit seiner Achse in den Schlagbolzen eingeschraubt war und sich erst nach einem Fall von 150 m (gleich der Sicherungshöhe) selbsttätig durch den Luftdruck aus dem Schlagbolzen herausschraubte und diesen freigab.

Der Windflügel wurde bei den Bomben über 5 kg durch eine unter Federdruck stehende Haube, die wiederum durch einen Vorstecker gehalten wurde, gesichert. Die Feder wird durch den bei dem Fall entstehenden Luftdruck überwunden, um den Windflügel freigeben zu können.

Die Füllung dieser Bomben war verschieden.

Die am häufigsten geworfenen Bomben waren mit Trinitrototuol, durch Nitrieren von Totuol dargestellt, kurz Trotyl genannt, gefüllt. Trotyl ist ein kristallinischer fester Körper, der bei etwa 80° schmilzt und in diesem Zustand in die Bombe eingefüllt werden kann. Er ist ein Sicherheitssprengstoff, der kaum empfindlich gegen Stoß und Schlag ist und angezündet mit ruhiger rauchender Flamme verbrennt. In Wasser kann Trotyl nicht gelöst werden und ändert seine Eigenschaften auch nicht durch die Einwirkung von Feuchtigkeit. Empfindlicher als das im geschmolzenen Zustand eingefüllte Trotyl ist das kristallinische unter bedeutendem Druck in Form gepreßte, das den inneren Kern der Bombe ausfüllt. Gepreßtes Trotyl befindet sich auch in dem Initial des Zünders.

In eine kleine Bohrung des Initials wurde bei der Zünderladung eine Sprengkapsel mit Knallquecksilber gebracht.

Knallquecksilber ist ein außerordentlich empfindlicher Sprengstoff, der bei leisem Schlag, Stoß oder Reibung detoniert. Verhältnismäßig geringe Temperaturen genügen ebenfalls, um seine detonierende Wirkung auszulösen.

Außer der Sprengkapsel befand sich noch ein Zündhütchen im Zünder, ebenfalls mit Knallquecksilber gefüllt, auf das der Schlagbolzen direkt wirkte. Beim Aufschlag stach die Schlagbolzenspitze das Zündhütchen an, wobei eine Stichflamme entstand, die sich auf die Sprengkapsel übertrug und damit das Initial zur Wirkung brachte. Diese Übertragungsladung entzündete erst das Trotyl in der Bombe, um die Sprengung der Bombe herbeizuführen.

Die Carbonitbomben wurden mit dem Gewicht von 4,5 – 10 – 20 und 50 kg hergestellt.

Die Fliegermaus, die kleinste Bombe der Jahre 1914 bis 1916, war ein kleines Handwurfgeschoß von etwa 800 g, das sich von den anderen Bomben hauptsächlich dadurch unterschied, daß ihr der Stabilisierungsring um die Windflügel (Entsicherungsluftschraube) fehlte, ferner daß sie an Stelle des am Ende angebrachten Ringes durch einen Tuchwimpel stabilisiert wurde. Außerdem konnte ihre Bodenschraube durch einen Holzstab ersetzt werden, der das Eindringen in den Boden verhinderte und dadurch die Splitterwirkung vergrößern sollte.

Auch die 4,5 kg Bombe unterschied sich etwas von den übrigen Bomben. Sie hatte über dem Zünder keine Haube; die Bodenschraube konnte durch einen Eisenstab ersetzt werden, der die Splitterwirkung vergrößern sollte, da sie hauptsächlich gegen lebende Ziele verwandt wurde.

Die über 4,5 kg schweren Bomben besaßen an Stelle der Bodenschraube zur Erhöhung der Durchschlagskraft eine Stahlspitze.

Zur besseren Sicht des Einschlags enthielten alle Bomben, mit Ausnahme der Fliegermaus und der 50 kg Bombe, einen Rauchsatz, der dicht über der Füllöffnung gelagert war.

Zur selben Zeit wurde noch eine Übungsbombe und eine Brandbombe entwickelt. Erstere diente nur dazu, die Bombenschützen auszubilden, während die letztere auf leicht brennbare Ziele geworfen wurde.

Die Übungsbomben entsprachen in ihrer äußeren Form, Abmessungen und Gewichten genau den Sprengbomben. Sie sind jedoch nicht mit Sprengstoff, sondern mit einem Rauch- und Brandsatz gefüllt worden, der den Zweck hatte, den Aufschlag deutlich zu kennzeichnen.

Der Zünder war der gleiche wie der der scharfen Bomben, die Bombenhülle bestand dagegen aus Grauguß.

Die Carbonitbrandbombe bestand in ihrer mechanischen Zusammensetzung aus dem aus Eisenblech hergestellten Brennstoffbehälter, aus dem Behälter für Brand- und Rauchsatz, der Stabilisierungsvorrichtung und dem Zünder. Der Brennstoffzylinder hatte zylindrische Form, war unten abgeflacht und lief nach oben kegelförmig aus. Er bestand aus Stahlblech, an dem, ebenso wie bei der Sprengbombe, die Stabilisierungsringe befestigt waren.

Die Füllung der Bombe bestand aus drei Teilen, einem Teil Benzin oder Benzol, fünf Teilen Petroleum und einer geringen Menge flüssigen Teers, die mittels eines leicht brennbaren Stoffes entzündet wurden. Die Zündung erfolgte durch den Brandsatz, eine Anfeuerungsmasse im Zünder, und diese durch die Stichflamme des Zündhütchens.

Die Brandmasse der Füllung wurde durch eine Verschlußschraube, die mit einer Lederscheibe abgedichtet werden konnte, in die Bombe gegossen. Wegen Transportrücksichten wurde die Füllung, mit Ausnahme des Teerzusatzes, erst am Ort der Verwendung vorgenommen.

In den eigentlichen Brennstoffbehälter ragte ein zylindrischer, ebenfalls aus Blech bestehender Behälter hinein, der mit Rauch- und Brandsatz gefüllt war und an einem kegelförmig aufgesetzten Teil Schlitze trug. Diese waren mit einer leicht brennbaren Masse bedeckt und dienten zur Zuführung von Luft. Am oberen Ende befand sich der Zünder, der im Aufbau den gewöhnlichen der Sprengbombe glich.

Das Gewicht der gefüllten Brandbombe betrug 10 kg, davon 3,5 kg auf den Brennstoffanteil fielen.

Eine andere Brandbombe ist noch zu nennen, die in der Anfangszeit des Bombenflugwesens vielfach Verwendung fand.

Die Goldschmidt-Brandbombe war mit Benzol als Brennstoff gefüllt, außerdem mit einer Mischung von Teer und Thermit, die mit außerordentlich hoher Temperatur (3000° C) verbrannte und die die einschließenden Metallteile des Behälters durchschmolz.

In ihrer mechanischen Zusammensetzung bestand die Brandbombe aus dem eigentlichen Brandkörper, dem Stabilisierungsring und dem Zünder.

Der Brandkörper wurde von einem eisernen Zylinder, der unten konisch zulief und mit Thermit gefüllt war, gebildet. Um diesen Behälter befand sich ein zweiter aus dünnem Weißblech, der etwa 3½ Liter Benzol enthielt und mit geteerten Hanfstricken umwickelt war.

Der Zünder war der gleiche wie für die Sprengbombe. An Stelle der Spiralfeder, die bei der Sprengbombe zwischen Schlagbolzen und Zündhütchen lag, befand sich ein Sperrring, der von der Schlagbolzenspitze durchschlagen werden mußte, um das Zündhütchen anstechen zu können.

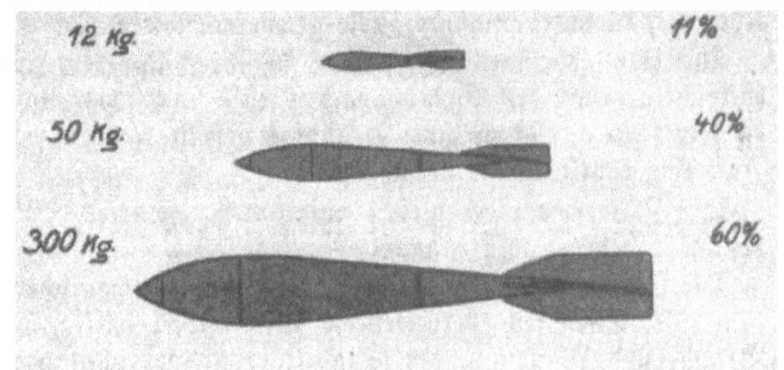

Bild 126. Die bekannten P. u. W.-Bomben aus dem Jahre 1918. Links die Bombengewichte, rechts das prozentuale Sprengstoffgewicht.

Das Gewicht betrug 10 kg. In ihrer Wirkungsweise unterschied sich die Goldschmidt-Brandbombe von der Carbonitbrandbombe dadurch, daß sie eine außerordentlich hohe Temperatur erzeugte, Thermit in ihrem Kern enthielt und durch die Hanfteerentwicklung eine Verspritzung des Benzols verhinderte, was eine lange Branddauer auf dem eigentlichen Brandherd gewährleistete.

Wenn auch die Wirkung der Carbonitbombe besser als die der A.P.K.-Bombe war, so hatte sie den Nachteil, daß sie noch lange nach dem Abwurf pendelte und einen beträchtlichen Abtrift im Winde besaß, der die Treffsicherheit sehr beeinflußte. Diese Nachteile und die gesteigerten Forderungen der Front zwangen zu der in der Zusammenarbeit mit der Firma Goerz-Friedenau entwickelten P. u. W.-Bombe, die Anfang 1916 an der Front eingeführt wurde.

Sie unterschied sich von der Carbonitbombe durch ihre bedeutend bessere ballistische Form und durch ihr hochwertiges Material (Stahl), wodurch eine höhere Eindringungstiefe erreicht wurde. Ihre Form war torpedoförmig, zur Stabilisierung waren am Ende der Bombe Leitflächen angeordnet, die einen Steigungswinkel zur Längsachse aufwiesen. Die Steigung bewirkte eine Drehung der Bombe während des Falles um ihre Längsachse, die einerseits die Stabilität der Bombe erhöhte, andererseits die Zünder entsicherten.

Die P. u. W.-Bomben waren mit dem Gewicht von 12,5 – 50 – 100 – 300 und 1000 kg hergestellt worden und fanden 1918 in der Verwendung ihren Abschluß.

Da sie zu den erfolgreichsten Abwurfgeschossen gehören und für die Entwicklung im Auslande von großer Bedeutung waren, sollen sie in diesem Abschnitt besondere Erwähnung finden. Die Konstruktion der P. u. W.-Bombe wird mit einigen Abweichungen noch von vielen Staaten weitergebaut und heute als Abwurfgeschoß geführt.

Die Bomben bestanden aus dem Hauptkörper, den Leitflächen und den Zündern.

Die kleinste Bombe von 12,5 kg mit dicker Wandung war eine reine Splitterbombe, die auf lebende Ziele geworfen wurde. An der Spitze war der Zünder aufgeschraubt, der auf Früh- oder Spätzündung eingestellt werden konnte. Die Zünder aller Bomben beruhten auf dem Prinzip der Fliehbackenentsicherung. Sie bestanden aus dem Hauptkörper, den Zündereinrichtungen, wie Zündhütchenträger, dem Schlagbolzen, der Verzögerungsfeder, und aus den drei Fliehbacken, die unter Blattfederdruck standen.

Die Zündung oder Verzögerung der Zündung konnte bei dem 12,5 kg Bombenzünder mittels eines Schlüssels von außen verstellt werden.

Bei diesem Vorgang wurde das Schlagbolzenkreuz verdreht, so daß beim Auftreffen der Schlagbolzen ohne Widerstand eine Zinkblechscheibe durchschlagen konnte, während bei Spätzündung der Zündhütchenträger eine Spiralfeder zu überwinden hatte und dann auf den Schlagbolzen aufschlug.

Die gewöhnlichen Zünder der 50÷1000 kg Bomben hatten eine Verzögerungseinrichtung in Form einer Spiralfeder, deren Federweg für die Verzögerung bestimmend war. Je länger die Feder, desto größer der Federweg, den der Schlagbolzen überwinden mußte, um so größer auch die Verzögerung.

Die Transportsicherung der Zünder erfolgte durch Vorstecker, die durch das Gehäuse und Schlagbolzen gesteckt wurden und damit den Schlagbolzen sperrten. Eine weitere Sicherung erfolgte durch die Fliehbacken. In Ruhelage wurden die nierenförmigen Fliehbacken im Zünderkopf, quer zur Bombenachse, angeordnet und mittels Blattfedern nach innen gedrückt. Hierdurch arretierten sie infolge ihrer kreisförmigen Aussparung im Mittelteil den Schlagbolzen, indem dieser, unter Federdruck stehend, vermöge seines Schlagbolzenkranzes klauenähnlich in die Aussparung der Fliehbacken eingriff.

Das Entfernen des Vorsteckers gab die Spiralfeder, die um den Schlagbolzen angebracht war, frei und hob den Schlagbolzenkranz aus den Aussparungen der Fliehbacken. Dadurch wurden die Fliehbacken freigegeben, die nun von den Zentrifugalkräften der in Umdrehung versetzten Bombe beeinflußt wurden. Die Stärke der Blattfeder richtete sich nach der Entsicherungshöhe. Letztere betrug etwa 150 m, d. h., nach einem freien Fall von etwa 150 m hatte die Bombe eine Umdrehungszahl von 300 je Minute erreicht, die ausreichte, die Blattfeder zu überwinden. Die Fliehbacken schlugen alsdann nach außen und gaben den Durchgang für den Schlagbolzen frei.

An dem Zünder, nach dem Innenteil der Bombe zu, wurde das mit Trotyl gefüllte Initial und eine Sprengkapsel angeschraubt, die, durch das Zündhütchen entzündet, die Zündung auf die Bombenfüllung übertrug.

Die 12,5 kg Splitterbombe war aus hochwertigem SM-Stahl hergestellt. Die Sprengstückzahl bei der Detonation betrug etwa 1400 Stück. Die Sprengstücke strichen infolge der Frühzündung flach über den Boden hinweg und können noch auf 300 m tödlich wirken.

Die 50 und 100 kg Bomben gehören zu den mittleren Minenbomben. Sie wurden auf tote Ziele geworfen und wirkten durch Gasdruck.

Die 300 und 1000 kg Bomben sind schwere Minenbomben; sie wurden wie schon die 100 kg Sprengbombe wegen ihrer Länge mit zwei Zündern, einem Kopfzünder und einem Bodenzünder zwischen Mittelkörper und Leitflächenaufsatzstück versehen. Der Aufbau der Minenbomben bestand aus denselben Teilen wie der der 12,5 kg Splitterbombe, nur mit dem Unterschied, daß die Wandung des Mittelkörpers nur so stark gehalten war, daß er der Aufschlagwucht standhielt. Der Vorderteil dagegen war aus Stahl hergestellt mit dickerer Wandung und gipfelte in einer starken Zünderstahlspitze. Die drei oder vier Leitflächen, an einem Stahlblechkegel angenietet, wurden an den Mittelkörper angeschraubt. Die Zünder arbeiten alle nach dem gleichen Prinzip und unterscheiden sich nur durch ihre äußere Größe.

Die Füllung aller Bomben bestand aus einem Gemisch von Trotyl und Ammonsalpeter, das in flüssigem Zustand nach abgeschraubtem Leitwerk durch die freigewordene Öffnung eingefüllt wurde.

Die Carbonitbomben von 4,5 bis 20 kg wurden im Rumpfinnern oder an der Außenwand senkrecht aufgehängt und abgeworfen. Die 50 kg Carbonitbomben wurden dagegen horizontal unterhalb des Rumpfes, mit der Spitze nach vorn, aufgehängt und horizontal abgeworfen. Die P. u. W.-Bomben wurden alle horizontal, mit der Spitze nach vorn, aufgehängt und auch horizontal abgeworfen.

Die modernen englischen Flugzeugbomben besitzen ein Gewicht von 10,8 – 22,5 – 52,8 – 104,0 – 113,0 – 235,0 – 250,0 und 500 kg, die sämtlich horizontal, mit der Spitze nach vorn, aufgehängt und horizontal abgeworfen werden. Ihre Form ist verschieden und richtet sich nach dem Gewicht und nach dem Ausmaß der Unterbringung. Die 10,8 kg Bombe, als Cooper-Splitterbombe bekannt, besitzt im Verhältnis zu ihrer Größe und im Vergleich zu den bisher beschriebenen Bomben eine ungewöhnlich starke Stahlgußwandung. Die Aufhängung der Bombe erfolgt horizontal an einer in Höhe des Schwerpunktes angebrachten Öse. Die Stabilisierung wird erreicht durch vier große Flügel aus Blech, die in einen konischen Holzstab eingelassen sind. Dieser Holzstab ist mittels einer längeren Schraube mit dem in den Boden der Bombe eingeschraubten Verschlußstück fest verbunden.

Die Bombe besitzt einen Kopf- oder Aufschlagzünder, der während des Transportes der Bombe durch eine gußeiserne Schutzkappe, die an das Kopfstück angeschraubt ist, geschützt wird. Auffallend ist die Konstruktion des Zünders, die von der aller bisherigen Zünder wesentlich abweicht. Die Entsicherung des Zünders erfolgt durch einen fünfflügeligen Propeller aus Aluminium, der natürlich im Ruhezustand der Bombe, in der Aufhängevorrichtung des Flugzeuges, sich nicht drehen kann. Er wird durch einen Draht, der einen seiner Flügel mit dem halbkugelförmigen Triebwerkgehäuse starr verbindet, festgehalten.

Beim Fall der Bombe setzt der linksdrehende Propeller in dem halbkugelförmigen Gehäuse ein Triebwerk mittels des oberen, zu einem Zahnrädchen umgearbeiteten Teil der Propellerspindel in Bewegung. Dieses Zahnrädchen greift

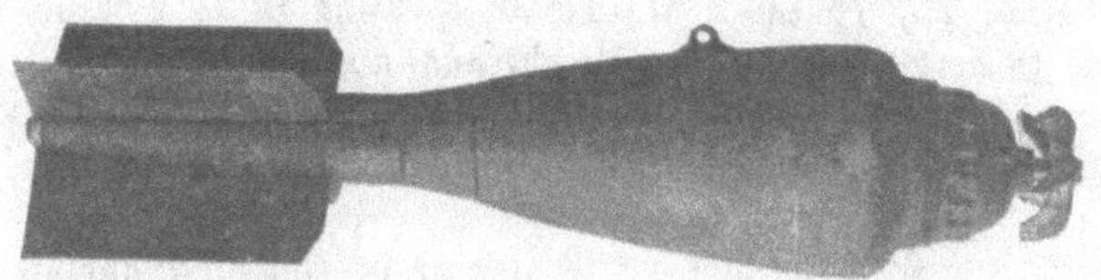

Bild 127. Englische 10,8 kg Splitterbombe ohne Schutzkappe.

in ein größeres Zahnrad ein, und durch dieses wird ein weiteres Zahnrad in Drehung versetzt. Im letzten Zahnrad befindet sich neben den eingepreßten Zahlen 25, 20, 15, 10, 5 eine zylindrische Aussparung, in die ein kurzer Schlagbolzen geführt wird. Soll der Zünder scharf werden, muß dieses Zalnrad so weit gedreht werden, daß diese Aussparung mit dem Schlagbolzen direkt vor die in dem

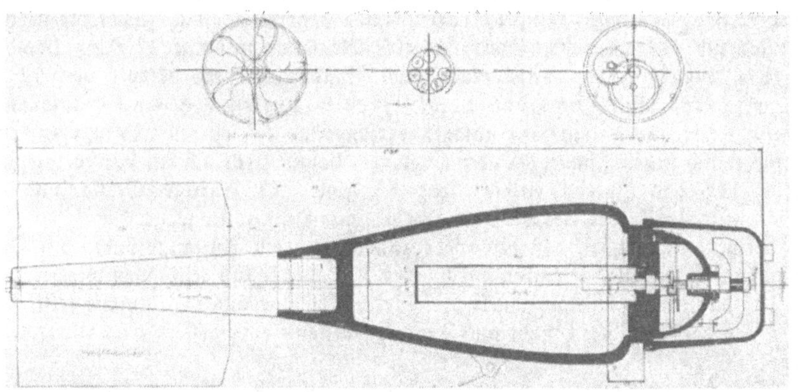

Bild 128. Englische 10,8 kg Splitterbombe System Cooper im Schnitt.

eingeschraubten Kopfstück sich befindende Sprengkapsel mit dem Zündhütchen und dem oberen Ende der Propellerspindel, dem Zahnrädchen, zu stehen kommt. Damit das Zahnrad den Schlagbolzen nicht über diesen Punkt hinweg dreht, ist eine Zahnreihe in diesem Augenblick unterbrochen, außerdem tritt ein kleiner Sperrnocken zwischen den beiden größeren Zahnrädern in Tätigkeit. Beim Aufschlag der Bombe stößt die Propellerspindel auf den Schlagbolzen, und dieser dringt in das Zündhütchen ein. Die Sprengkapsel und das Initial bringen den Sprengstoff der Bombe zur Detonation.

In dem zylindrischen Teil des halbkugelförmigen Triebwerkgehäuses gibt eine stärkere Feder der Propellerspindel den nötigen festen Halt, bewirkt aber auch zugleich beim Aufschlag der Bombe eine allerdings geringe Verzögerung der Zündung. Die seitliche kleine Schraube hat den Zweck, den Druck der Feder auf die Propellerspindel aufzunehmen.

Die in dem Zahnrad eingepreßten Zahlen bedeuten die Anzahl der Umdrehungen des Propellers. Im Ruhezustand der Bombe befindet sich gewöhnlich die Zahl 25 vor dem Zündhütchen und beim Fall, nach je 5 Umdrehungen des Propellers, die Zahl 20, 15 usw. Je nach Einstellung ist es möglich, den Zünder rascher scharf zu machen, so daß die Bombe auch aus sehr geringer Höhe geworfen werden kann. Voraussetzung hierbei ist, daß die Stabilisierung die Bombe rasch in die Bahntangente zu bringen vermag, von der ein gutes Arbeiten des Zünders abhängt.

Die Druck- und Splitterwirkung ist infolge der dicken Wandung der Bombe eine recht gute. Die Splitter besitzen eine gute Durchschlagskraft; gegen massive Gebäude richten sie jedoch wenig Schaden an. Die Bombe verursacht in gewöhnlichem Boden einen Trichter von etwa 25 cm Tiefe, ihre Splitter streichen dicht über den Boden hinweg.

Die Bombe wird daher nur auf lebende Ziele geworfen.

Die englische 22,5 kg Bombe wird heute wenig verwandt, da sie zu den größeren Splitterbomben zählt und die Wirkung von zweimal 10,8 kg Bomben größer ist als die von einer 22,5 kg Bombe. Die Beladung eines Flugzeuges mit 10,8 kg Bomben verspricht daher einen besseren Erfolg, zumal die größere Anzahl mehr Treffaussicht bietet, als eine Beladung mit nur 22,5 kg Bomben.

Die Bombe setzt sich aus einem aus Stahl gepreßten Körper von 12 bis 22 mm Wandstärke und aus einem 1,5 mm starken Schwanzteil zusammen. Beide Teile sind miteinander autogen verschweißt. Am oberen und unteren Ende befindet sich je ein Zünder. Durch die ganze Bombe zieht sich ein starkes Messingrohr, das das Initial enthält, zugleich auch eine kräftige Verstärkung des Schwanzteiles bildet, der die vier geradlinigen Leitflächen trägt.

Bemerkenswert ist, daß der Bodenzünder, der ein Aufschlagzünder mit Feinzündung ist, bei allen Bomben durch einen Blindverschluß geschlossen werden kann, so daß dann nur der Kopfzünder mit starker Verzögerung in Tätigkeit tritt. Die Füllung der Bomben besteht aus Trotyl, das teils eingegossen, teils eingestampft wird.

Die Sprengtrichter in weichem Boden besitzen eine Tiefe von etwa 75 cm und einen Durchmesser von 4 m. Die Druckwirkung und die Splitterwirkung sind gut, doch wird sie wegen ihrer großen Eindringtiefe nur auf Ziele geworfen, die durch größere Splitter zerstört werden können.

Die gebräuchlichste Bombe ist die 50 kg Sprengbombe mit Kopf- und Bodenzünder. Sie besteht aus einem birnenförmigen Körper von 19,0 bzw. 12,7 mm Wandstärke. Die Aufhängung dieser Bombe, wie auch der vorhergehenden, erfolgt horizontal an einer in Schwerpunktshöhe seitlich angebrachten Öse. Für die Stabilisierung der Bombe sind am Ende vier große Stabilisierungsflächen vorgesehen, die an dem Hauptkörper angeschraubt sind und beim Abwurf der Bomben jede Drehbewegung verhindern.

Die Bombe hat an jedem Ende einen Zünder, und zwar einen Kopfzünder mit Verzögerung und einen Bodenzünder mit Frühzündung. Der Aufschlagzünder mit

Frühzündung wirkt dadurch, daß beim Abwurf der Bombe der Schlagbolzen durch Propellerwirkung in eine Schlagbolzenführung so weit hineingeschraubt wird, daß die Schlagbolzenspitze über das Ende des Führungsstückes hinausragt, also die Spitze des Schlagbolzens bzw. der Zündnadel, frei wird. Das Schlagbolzenführungsstück wird durch zwei schwache Kupferstifte am Zünder festgehalten. Beim Aufschlag der Bombe werden die beiden Kupferstifte durch die Schlagbolzenführung und der Schlagbolzen, infolge ihres Beharrungsvermögens, abgescheert, wonach das Zündhütchen angestochen werden kann.

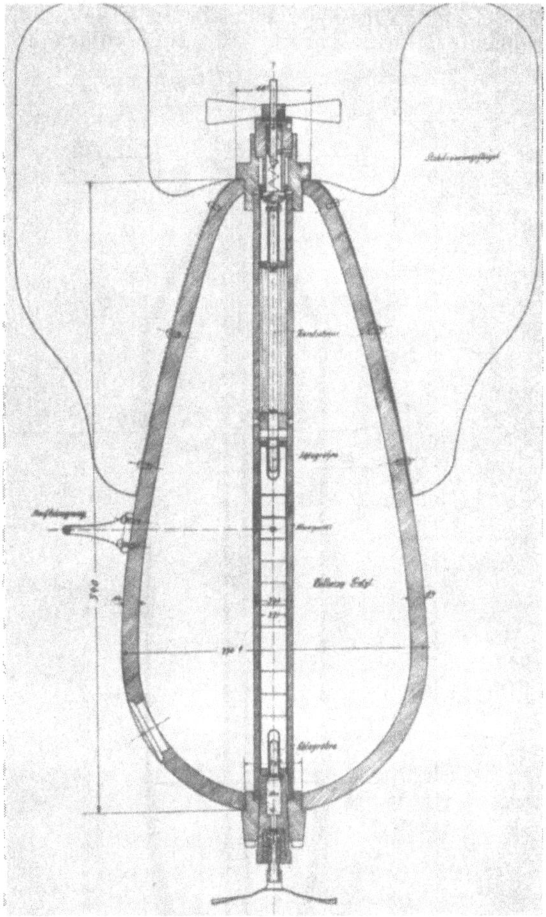

Bild 129. Englische 50 kg Sprengbombe.

Das Zündhütchen wirkt auf das Initial, das die Sprengladung der Bombe zur Detonation bringt.

Der Kopfzünder mit Verzögerung wird durch einen Propeller, der sich infolge Steigung seiner Flügel linksdrehend während des Abwurfs von der Gewindespindel abschraubt und den Schlagbolzen freigibt, entsichert. Der Schlagbolzen ruht auf einer dünnen Spiralfeder und dringt beim Aufschlag der Bombe in das Zündhütchen ein. Die Stichflamme des Zündhütchens prallt zunächst auf den ihren Weg kreuzenden Schaft der Drosselschraube, die gleich unterhalb des Zündhütchens in einen, einem hochstieligen Weinglas gleichenden Messingkörper der Zündhülse eingeschraubt ist. Diese Drosselschraube teilt und schwächt die Stichflamme ab, die dann erst die Verzögerungssatzsäule (Pulverkörner) im Schaft der Zündhülse entzündet. Diese Pulverkörner brennen in einem Zeitraum von 15 Sekunden ab und entzünden das oberste Pulverkorn und damit die schnell brennende Zündschnur. Diese wirkt auf eine Sprengkapsel, diese wiederum auf das Initial aus pulvrigem Trotyl, das mitsamt der Zündschnur und der Zünderhülse in der durchgehenden Messingröhre steckt. Die Zünderhülse selbst ist zum Schutz in eine Messinghülse eingeschoben und mit dieser, durch Verschraubung an dem die Spiralfeder bergenden Teile des Zünders, befestigt. Unterhalb der Drosselschraube sind noch vier Ausbohrungen (Brandlöcher) in der Zünderhülse, die zum Entweichen der Verbrennungsgase in den Hohlraum (Entgasungsraum) zwischen Zünderhülse und der dieselbe umgebenden Schutzhülse dienen. Dadurch wird ein Ersticken der

Bild 130. Englische 104 kg Sprengbombe mit in der Mitte der Bombe sichtbaren Aufhängeöse.

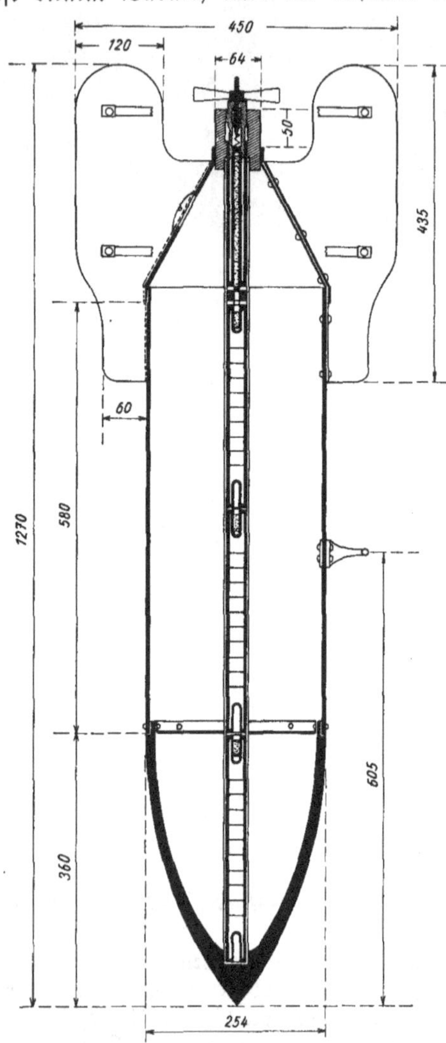


Bild 131. Längsschnitt durch die englische 104 kg Sprengbombe.

Verzögerungssatzsäule bei etwaiger Deformation der aus der Bomben-Mundlochbüchse herausragenden Zünderteile vermieden. Die Bombe wird auf tote, massive Ziele geworfen. Ihre Wirkung ist gut, die Splitter bestreichen einen Raum bis zu 3 m Höhe mit bedeutender Durchschlagskraft.

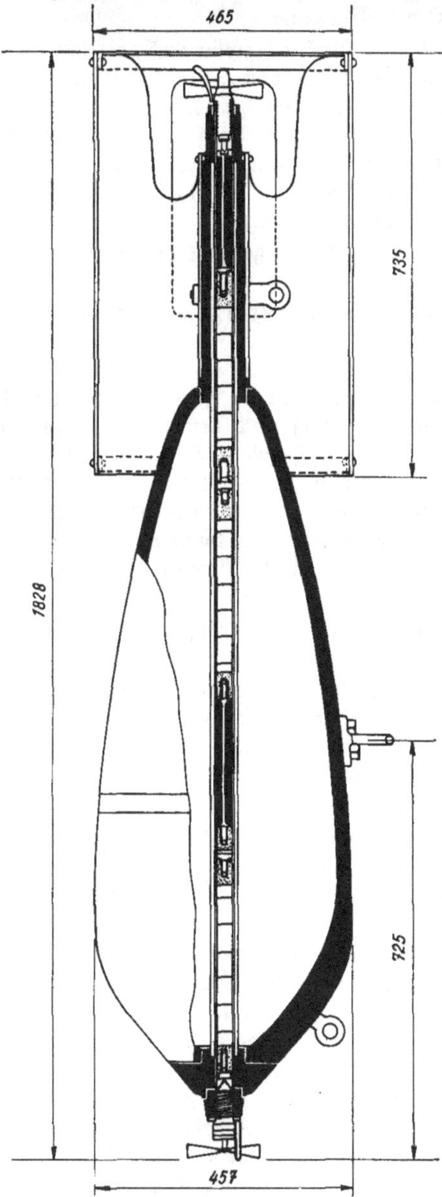

Bild 132. Englische 235 kg Sprengbombe.

Die englische 104 kg Bombe wird in zwei Mustern Mk II und Mk III geliefert. Diese Muster unterscheiden sich nur im Gewicht und den Vorderteil der Bombe. Die Bombe besteht aus drei miteinander autogen verschweißten Teilen, einem stählernen Kopfstück, einem zylindrischen Mittelstück und einem kegelförmigen Schwanzstück aus Blech, mit Füllöffnung und angeschweißten Stützen für den Bodenzünder. Am Schwanzende befinden sich vier Stabilisierungsflächen ohne Steigung. Der Zünder ist von normaler Bauart und gleicht dem der 50 kg Bombe. Die Verzögerung erfolgt bei diesem nicht durch Pulverkörner, wie bei der 50 kg Bombe, sondern durch eine in einer Messingröhre befindlichen Zündschnur, die innerhalb von 15 Sekunden durchbrennt. Das Zündhütchen wirkt auf die Zündschnur, deren Flamme am anderen Ende wiederum auf ein Zündhütchen wirkt und dieses auf eine Sprengkapsel, die die Sprengladung der Bombe durch das Initial zur Entzündung bringt.

Durch die ganze Bombe zieht sich der Länge nach ein festes Stahlrohr, das im Kopfende eingelassen und im Schwanzstück eingeschraubt ist. Dieses Rohr gibt der dünnwandigen Bombe eine kräftige Versteifung und enthält die Initialzündung und Übertragungsladung aus gepreßtem Trotyl. Die Füllung selbst besteht aus gegossenem Trotyl, Amatol oder Alumatol.

Die Bombenwirkung ist sehr gut.

Im Ackerboden verursacht sie einen Trichter von etwa 4 m Tiefe und 12 m Durchmesser.

Die 235 und 250 kg schweren englischen Bomben sind Minenbomben von birnenförmiger Gestalt mit zylindrischen Leitflächen.

Die Bomben bestehen aus einem 19 mm starken gepreßten Stahlgehäuse, das am hinteren Ende die Leitflächen trägt. Für die Zündung der Trotylfüllung sind zwei Zünder, ein Kopf- und ein Bodenzünder vorgesehen. Die Zünder arbeiten nach dem bekannten Prinzip; beide werden durch eine Luftschraube gesichert und im freien Falle entsichert. Die absolute Durchdetonation gewährleistet eine durch die ganze Bombe hindurchführende Initialröhre aus Messing, die mit Trotylstücken angefüllt ist und mehrere Sprengkapseln enthält.

Die Bomben werden horizontal in einer Öse aufgehängt und horizontal abgeworfen.

Die Füllung erfolgt durch das Mundloch am oberen Ende der Bombe mit flüssigem Trotyl.

Zu Anfang des Krieges versuchten die französischen Fliegertruppen zunächst Artilleriegeschosse für die Verwendung im Flugdienst herzurichten, indem sie diesen Geschossen, deren Kaliber sich zwischen 7,5 und 15,5 cm bewegte, einen Stabilisierungsschwanz hinzufügten und außerdem den Zünder verlängerten. Das waren die ersten französischen Bomben, die den an eine brauchbare Bombe gestellten Anforderungen in keiner Weise gerecht werden konnten. Die Stabilisierung allein konnte nicht verhindern, daß sehr viele Bomben schräg oder gar seitlich aufschlugen und dadurch der Zünder nicht arbeitete.

Die meist verwandte Bombe der französischen Fliegertruppe war bis 1918 die bekannte Michelin-Bombe und die Zweikammerbombe.

Diese Bomben wurden dann durch die englischen Vickers-Bomben ersetzt. Erst nach dem Kriege entwickelte Frankreich seine eigene Bombe, die im äußeren der deutschen P. u. W.-Bomben stark ähnlich war. Die hohe Stabilität der P. u. W.-Bombe veranlaßte Frankreich, diese Bombenform für die Umgestaltung der französischen Bombe zu wählen.

Von den älteren Bombentypen seien aus Gründen der Entwicklung die 10 kg Sprengbombe mit dicker Wandung, die 8 kg Michelin-Bombe mit Bodenzünder, die 10 kg Zweikammer-Sprengbombe und die 20 kg Sprengbombe mit Bodenzünder erwähnt.

Die 10 kg Sprengbombe, für lebende Ziele, besaß einen aus dem Vollen gedrehten Stahlkörper, der sich nach hinten zu verjüngte. Der Schwanz schloß sich glatt an und war mit Schrauben befestigt. Zur horizontalen Aufhängung war ein genau im Schwerpunkt befestigter Stift mit einem Knopf vorgesehen. An diesem wurde die Bombe aufgehängt und mechanisch ausgelöst.

Die Wandstärke dieser Bombe beträgt 10 mm, ihre Füllung bestand aus Pikrinsäure oder Ammonnitrat mit Paraffin. Der Zünder, auf dem Kopfteil aufgeschraubt, war ein Aufschlagzünder, der durch einen Scheerstift gesichert wurde. Der Aufbau erfolgte nach der bekannten Weise mit Schlagbolzen, Zündhütchen, Sprengkapsel und Initial.

Die Bombe ist veraltet und wird daher nicht mehr verwandt.

Die früheren französischen Bomben, wie auch die vorher beschriebene Bombe, hatten den großen Nachteil, daß sie nicht schußsicher waren. Dieser Nachteil

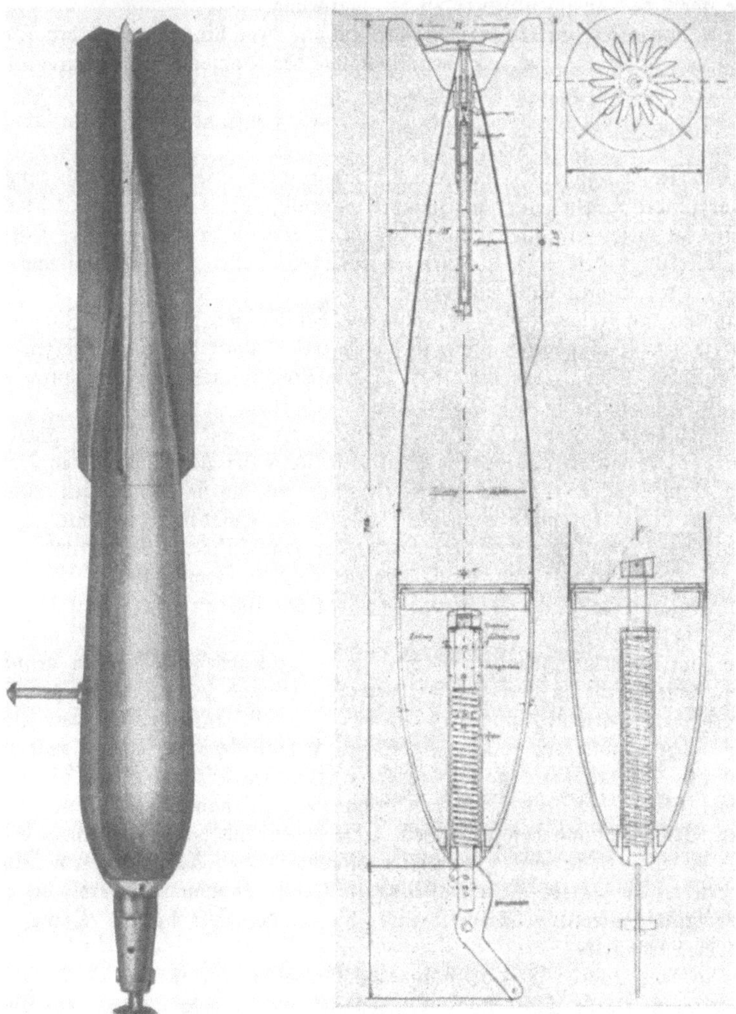

Bild 133. Französische 10,0 kg Splitterbombe.

Bild 134. Französische Zweikammer-Sprengbombe von 10 kg Gewicht.

wurde durch die Wahl von hochwertigem Stahl und durch die Einführung der Zweikammerbombe behoben.

Der Körper der 8 kg Michelin-Bombe bestand aus 2 bis 5 mm Wandstärke von gepreßtem Stahlblech, der mit dem Stahlkopfstück von 18 mm Stärke autogen verschweißt war. Die Schweißung erfolgte in der Regel an der dicksten Stelle, und zwar wurde ein vorderes, kurzes mit einem hinteren, langgestreckten Teil, dem Mittel- und Kopfstück, zusammengeschweißt.

Die Form des Bombenkörpers ist tropfenförmig.

Der Schwanzteil mit den Leitflächen ist auf dem hinteren Teil der Bombe aufgeschoben und verschweißt. Die Aufhängung der Bombe erfolgt horizontal und wird auch horizontal abgeworfen.

Die erste Ausführung der Bombe besaß einen Kopfzünder mit einem Abscheerstift.

Die zweite Ausführung trug einen Bodenzünder mit Propellersicherung, da der Kopfzünder wegen seiner vollkommen ungenügenden Sicherung mit dem Abscheerstift zu vielen Unfällen Anlaß gab. Der verwandte Bodenzünder stellte in seiner Wirkungsweise und in allen wesentlichen Teilen eine Nachahmung des Zünders der deutschen Carbonitbombe dar.

Während des freien Falles schraubte sich das Windrad von dem Zünder los, entsicherte den Schlagbolzen und gab diesen frei. Damit der Schlagbolzen durch den Druck der Spiralfeder nicht nach oben gleiten konnte, wurde er durch einen Stift am Führungsstück des Schlagbolzens gehalten.

Die Spitze am Kopf der Bombe diente ebenso wie der in der Höhe des Schwerpunktes seitlich angebrachte Stift mit Kopf zur Aufhängung der Bombe.

Die Bombe wurde nur auf tote Ziele geworfen, wo sie selbst gegen Gebäude im Verhältnis zu ihrem Gewicht recht erheblichen Schaden verursachte.

Die 10 kg Zweikammer-Sprengbombe der französischen Fliegertruppe dürfte noch heute von Interesse sein, da sie eine der wenigen Abwurfgeschosse ist, die sich verhältnismäßig lange an der Front bewährt hat und in letzter Zeit in China noch häufig Verwendung fand.

Die Zweikammerbombe ist von den bisher beschriebenen Bomben grundverschieden. Sie wurde in drei Größen von 10, 15 und 20 kg Gewicht mit den entsprechenden Durchmessern von 120, 155 und 180 mm gebaut. Die Bombe trug an ihrem hinteren, spitzen Ende vier Stabilisierungsflächen sowie einen Zünder mit Windradsicherung, am vorderen Ende den Schlagbolzen. Sie bestand aus zwei Teilen, die beim größten Durchmesser miteinander verschraubt waren. In der Verschraubung befand sich ein Querboden aus dünnen Blechen, der die Bombe in zwei voneinander getrennte Kammern zur Aufnahme von Flüssigkeiten teilte. Die untere Kammer war gefüllt mit Mononnitrobenzol, die obere Kammer mit rauchender Salpetersäure, die an der Luft braune Dämpfe von Stickoxyd entwickelte.

Der in dem unteren Teil befindliche Schlagbolzen, der in eine Röhre geführt und durch eine starke Feder nach oben gedrückt wurde, war, solange die Bombe in der Abwurfvorrichtung ruhte, durch einen gebogenen Hebel zurückgehalten. Beim Abwerfen der Bombe wurde dieser Hebel herausgedrückt, der Schlagbolzen wurde frei und durch die Feder kräftig nach oben geschnellt, wobei sein stählerner, scharfkantiger Kopf die Trennungswand der beiden Kammern durchschlug. Beide Flüssigkeiten mischten sich miteinander zu einem hochwertigen Sprengstoff Trinitrolbenzol oder Trinitrotoluol. Der chemische Vorgang erfolgte während des Fallens der Bombe. Durch den Aufprall wurde der im Schwanzende befindliche Zünder betätigt, der durch ein langes Initial mit drei Sprengkapseln die Ladung zur Detonation brachte. Der Zünder war im Flugzeug durch eine kleine Spindel mit Windrad gesichert, das sich erst beim Fallen der Bombe drehen konnte. Es schraubte sich dabei aus dem Zündhütchenträger heraus, der dann nur noch von einer dünnen Feder getragen wurde. Diese wurde beim Aufprall der Bombe zusammengedrückt, die Spitze des Schlagbolzens drang in das Zündhütchen, welches, oft mit einem Verzögerungssatz versehen, die Sprengkapsel entzündete.

Der Sinn dieser Zweikammeranordnung war der, daß einerseits ein sehr heftig wirkender Sprengstoff zur Wirkung kommen, andererseits aber die Bombe selbst, solange sie sich im Flugzeug befand, schußsicher bleiben sollte, was auch erreicht wurde. Das Nitrobenzol wurde durch einen Treffer nicht entzündet, denn die Salpetersäure an sich ist nicht explosiv. Selbst wenn ein Geschoß den Zünder zur Explosion brachte, war die Sprengladung so gering, daß nur die obere Kammer aufgerissen wurde und die Salpetersäure herausspritzte ohne das Flugzug zu gefährden.

So gut die Wirkung dieser Zweikammerbombe war, so durften diese Bomben nicht längere Zeit gelagert werden, da die Salpetersäure allmählich die dünne Scheidewand durchfraß und die Flüssigkeiten sich dann miteinander mischten. Stärkere Erschütterungen konnten die Bomben zur Explosion bringen.

Die 20 kg Sprengbombe mit Bodenzünder und Propellersicherung zählte zu den beliebtesten Abwurfgeschossen, die von französischen Flugzeugen geworfen wurden. Die Bombe bestand aus drei Teilen, dem stählernen Kopfstück von 8 bis 18 mm Stärke, dem 4 mm starken, sehr langen zylindrischen Mittelstück und dem kegelförmigen Schwanzstück von 2 mm Stärke. Diese drei Teile waren miteinander autogen verschweißt. Die Bombe, die eine Länge von 110 cm hatte, besaß denselben Zünder sowie dasselbe stählerne Kopfstück wie die 8 kg Michelin-Bombe. Ihre äußere Form war in ballistischer Hinsicht durch das lange zylindrische Mittelstück ziemlich ungünstig. Die Wandung der Bombe war stärker gehalten als die der 8 kg Michelin-Bombe. An zwei seitlich angebrachten Stiften wurde die Bombe unter dem Flugzeug aufgehängt. Der Sprengstoff dieser Bombe bestand aus 67% Trinitrokresol und 33% Pikrinsäure. In diesem Guß war durch die ganze Bombe hindurch ein Zylinder von 26 mm Durchmesser eingepaßt, der zur Aufnahme von reiner Pikrinsäure diente und als Fortsetzung der Übertragungsladung gedacht war, um ein gleichzeitiges Durchdetonieren der ganzen Sprengmasse zu erreichen.

Die Druckwirkung der Explosionsgase war sehr erheblich. Massive Außenmauern werden herausgedrückt und die Innenräume vollkommen zerstört.

Die neuzeitlichen französischen Bomben besitzen ein Gewicht von 10, 50, 100, 300, 400, 700 und 1800 kg.

Wie bereits erwähnt, besitzen alle Bomben eine schlanke, langgestreckte, torpedoähnliche Form.

Die 10 kg Splitterbombe dient zur Bekämpfung von lebenden Zielen. Ihr Körper besteht aus dickwandigem Stahlguß von hoher Zähigkeit. Am Ende befinden sich vier gerade Leitflächen, die auf dem Körper aufgeschraubt sind. Der Zünder, als Aufschlagzünder ausgebildet, wird durch einen Propeller gesichert und trägt eine Öse zur Aufhängung der Bombe. Die Bombe kann senkrecht, mit dem Zünder nach oben, in Magazine und horizontal, mit dem Zünder nach vorn, in Reihenabwurfvorrichtungen aufgehängt werden.

Der Zünder arbeitet nach der bekannten Weise der Zünder mit Propellersicherung und trägt ein kurzes Initial. Die Füllung der Bombe besteht aus Trotyl.

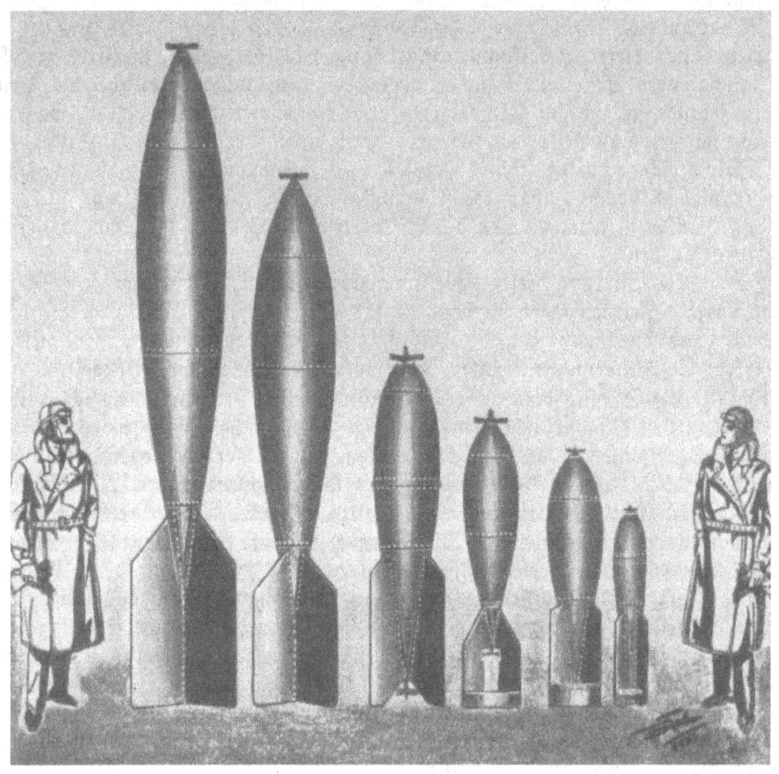

Bild 135. Moderne französische Fliegerbomben von 50 – 100 – 300 – 400 – 700 – 1800 kg Gewicht.

Die 50 oder 100 kg Bomben gehören zu der Klasse der mittleren Minenbomben. Sie wirken durch ihre Sprengkraft und werden daher hauptsächlich auf kleinere, tote Ziele geworfen. Ihre torpedoförmige Gestalt verbürgt einen stabilen Fall und gewährleistet einen gezielten Bombenwurf mit ziemlich großer Treffsicherheit. Die Bomben bestehen aus dem dünnwandigen Körper, dem dickwandigen stählernen Kopfteil, den Leitflächen und den Zündern. Die Nähte sind verschweißt und zum Teil vernietet. Die Bomben werden horizontal aufgehängt und auch horizontal geworfen. Die 50 kg Bombe kann aber auch senkrecht, mit der Spitze nach oben, in Magazine aufgehängt werden. In diesem Falle wird sie mit den Leitflächen nach unten abgeworfen. Beide Bomben sind mit zwei Zündern, einem Kopf- und Bodenzünder, ausgestattet. Die 50 kg Bombe besitzt am Kopfzünder außerdem eine Öse zur Aufhängung in Magazine.

Die Entsicherung des Schlagbolzens oder die Sicherung der Bombe wird durch den Propeller gewährleistet, der, solange die Bombe in der Vorrichtung hängt, an seiner Umdrehung gehindert wird. Die Arbeitsweise dieser Zünder ist analog der bereits beschriebenen.

Beide Zünder werden durch eine Messingröhre, die durch die ganze Bombe reicht, miteinander verbunden. Die Röhre ist mit Trotyl und Sprengkapseln angefüllt und dient teils als Initial, teils als Übertragungsladung.

Am unteren Ende der Bomben sind die vier Leitflächen ohne jegliche Steigung mit Schrauben befestigt.

Die Wirkung der Bombe ist gut, sie zerstört kleinere Häuser und wirkt hauptsächlich nur durch ihren Luftdruck.

Die größeren Kaliber von 300, 400, 700 und 1800 kg zählen zu den schweren und schwersten Minenbomben. Ihre Verwendung bleibt wegen ihrer Länge nur größeren Flugzeugen vorbehalten. Sie müssen alle in Einzelvorrichtungen außerhalb des Flugzeuges untergebracht werden, da ihre Ausmaße eine andere Unterbringung nicht zulassen.

Auch diese Kaliber besitzen eine torpedoähnliche Gestalt mit zwei Zündern und vier flügeligen Leitflächen. Die Bomben bestehen sämtlich aus dem dickwandigen Kopfstück aus Stahl, dem dünnwandigen Mittelstück und dem Schwanzstück mit den Leitflächen. Die Teile sind miteinander verschweißt und vernietet.

Die Leitflächen besitzen keine Steigung, sind aber gegenseitig mit Versteifungsstreben abgestützt. Die Zünder, am Kopf und Bombenende eingeschraubt, arbeiten nach dem üblichen Prinzip mit Propellersicherung. Durch die ganze Bombe läuft ein Messingrohr, mit Trotyl und Sprengkapseln gefüllt, als Übertragungsladung.

Die Füllung der Bomben, bestehend aus Trotyl, wird in flüssigem Zustand eingegossen.

Sämtliche großen Minenbomben werden horizontal aufgehängt und horizontal abgeworfen. Sie werden in der Vorrichtung durch eine oder mehrere Ösen gehalten, die nicht mehr wie bei den anderen leichteren Kalibern in der Hülle vernietet sind, sondern an Bändern, die um die Bombe herumgelegt sind, angeschraubt werden.

Die 400 kg Bombe ist noch für Angriffe auf schwere Landziele gedacht, während die 700 und 1800 kg Bombe gegen die gegnerische Kriegsflotte Verwendung finden. Diese Bomben können mit Früh- oder Spätzündung geworfen werden, um ihre Wirkung dem Ziele anzupassen.

Die 700 kg Bombe, mit Spätzündung geworfen, dringt in mittelharten Boden etwa 7 m tief ein und zerstört kleinere Häusergruppen bis auf die Grundmauern restlos. Die 1800 kg Bombe soll eine Eindringtiefe von 15 m in mittleren Boden erreichen, durchschlägt 5 m dicke Betondecken und zertrümmert Häuserblöcke von 80 bis 100 m im Quadrat vollkommen.

Die französischen Bomben werden zum größten Teil in der großen Waffen- und Munitionsfabrik Schneider in Le Creuzot hergestellt.

Die Utter-Bomben besitzen einen zylindrischen Mittelkörper, einen kegelförmigen Kopfteil und kegelförmigen Schwanzteil, auf dem die Leitflächen befestigt sind. Alle Teile sind, bis auf das aufschraubbare Schwanzstück, miteinander verschweißt und die Nähte egalisiert, um der Außenform eine glattere Außenseite zu geben.

Bofors stellt die Utter-Bombe im Gewicht von 12,5 – 25 – 50 und 100 kg her. Die 12,5 kg Splitterbombe wird für den Kampf gegen lebende Ziele verwandt.

Sie wirkt durch ihre große Splitterzahl. Ihr Körper besteht aus dickwandigem Stahl von großer Zähigkeit. Das Kopfstück trägt einen Aufschlagzünder, der mit einer Fliehstiftsicherung versehen ist. Die Arbeitsweise ist die gleiche wie die des P. u. W.-Zünders.

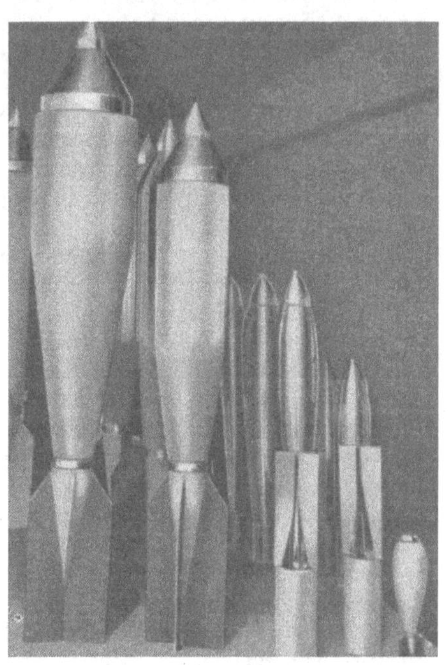

Bild 136. Finnische Utter-Bomben, von der Kanonenfabrik Bofors hergestellt, im Gewicht von 12,5 – 25 – 50 – 100 kg.

Für die Füllung ist Trotyl vorgesehen.

Die am Ende der Bombe angebrachten vier Leitflächen besitzen eine geringe Steigung, um der Bombe, zwecks Entsicherung des Zylinders, während des Falles eine Drehung zu verleihen.

Die 25, 50 und 100 kg Bomben gehören zu den Minenbomben. Sie wirken weniger durch eine hohe Splitterzahl als durch ihre Sprengkraft.

Die Bomben, in ihrem Aufbau fast gleich, bestehen aus dem dickwandigen, gepreßten Kopfstück aus Stahl, dem dünnwandigen, gewalzten Mittelstück und dem kegelförmigen, dünnwandigen und gepreßten Endstück, an dem die Leitflächen befestigt sind. Alle, mit Ausnahme der 25 kg Bombe, besitzen einen Kopf- und Bodenzünder, die, mit Fliehstiften ausgestattet, durch eine hohe Umdrehungszahl der Bombe entsichert werden. Die Zünder zählen zu den Aufschlagzündern mit Scheerplatten.

Nach Freigabe des Schlagbolzens durch die Fliehstifte sticht dieser beim Aufschlag das Zündhütchen an, entzündet entweder einen Verzögerungssatz oder sofort eine Sprengkapsel, die wiederum das Initial entzündet. Der Kopfzünder kann entweder vor oder nach der Einhängung der Bombe in der Vorrichtung eingeschraubt werden, während der Bodenzünder nur nach Abschraubung des Endteiles mit den Leitflächen eingesetzt werden kann.

Die Utter-Bomben werden mit Trotyl gefüllt, horizontal aufgehängt und horizontal abgeworfen.

Die amerikanischen Bomben von 10,8 – 50 – 135 – 270 – 500 – 900 und 1800 kg Gewicht besitzen zum Teil torpedoähnliche, birnenförmige oder zylindrische Gestalt. Ihre Aufhängung erfolgt durch zwei vom Schwerpunkt ungleich entfernte Ösen in horizontaler Lage.

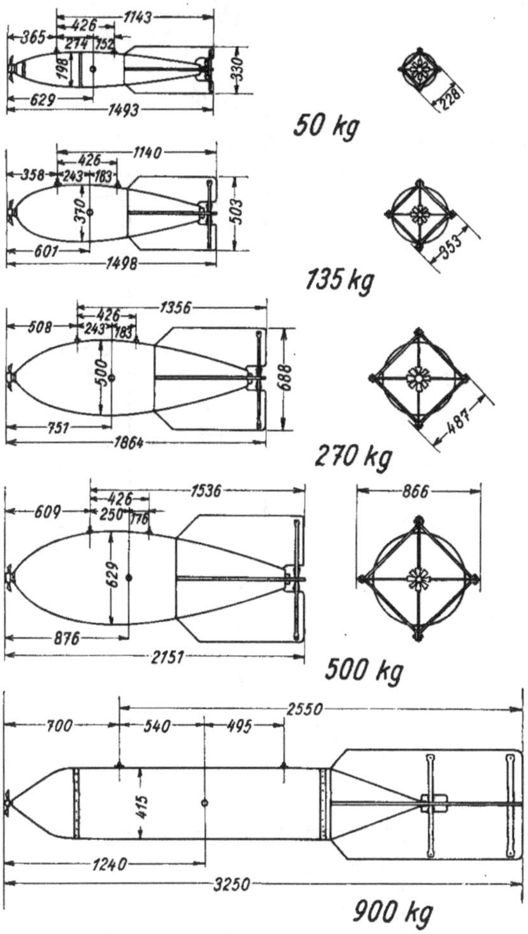

Bild 137. Amerikanische Bomben.

Die 10,8 kg Splitterbombe gleicht in Form und Aufbau der englischen Cooper-Bombe. Sie wird auf lebende Ziele geworfen oder auch als Einwurfbombe verwandt. Mit einem Kopfzünder ausgerüstet, der zur Entsicherung mit einem Propeller versehen ist, gelangt die Bombe beim Auftreffen auf dem Erdboden zur Entzündung und zerlegt sich in eine große Anzahl Splitter, die bis zu 300 m noch eine tödliche Wirkung haben.

Die Füllung besteht wie bei den anderen amerikanischen Bomben aus Trotyl.

Die Bombe wird durch vier Leitflächen ohne Steigung während des Falles stabilisiert. Die Sprengbomben und die Minenbomben bestehen aus mehreren zusammengeschweißten Ringstücken, die teils gepreßt, teils gewalzt werden. Diese Bauart hat den unschätzbaren Vorzug, daß im Ernstfall alle Rohr- und Walzwerke für die Herstellung von Bomben herangezogen werden können.

Die Leitflächen werden an die fertige Bombenhülle angenietet und durch Querstreben versteift.

Von 50 kg aufwärts besitzen alle Bomben zwei Zünder, einen Kopf- und einen Bodenzünder. Sie sind ebenfalls mit der allgemein üblichen Propellersiche-

## Zusammenstellung der verschiedenen Bomben und ihre Gewichte.

| | | Splitterbomben | | Sprengbomben | | | | | | | Minenbomben | | | | | | | | |
|---|---|---|---|---|---|---|---|---|---|---|---|---|---|---|---|---|---|---|---|
| | Bombenkaliber | 10,5 | 12.5 | 22,5 | 25.0 | 50,0 | 100,0 | 135 | 235 | 250 | 270 | 300 | 400 | 500 | 700 | 900 | 1000 | 1800 | kg |
| Deutschland 1918 | Länge . . . . . . . . | | 780 | | | 1730 | 1940 | | | | | 2780 | | | | | 4100 | | mm |
| | Größter Durchmesser | | 95 | | | 180 | 263 | | | | | 370 | | | | | 580 | | mm |
| | Gesamtgewicht . . . | | 12,5 | | | 50 | 100 | | | | | 300 | | | | | 1000 | | kg |
| | Sprengstoffgewicht . | | 7,0 | | | 23 | 60 | | | | | 180 | | | | | 680 | | kg |
| | Zünderzahl . . . . . | | 1 | | | 1 | 1 | | | | | 2 | | | | | 2 | | Stck. |
| England 1934 | Länge . . . . . . . . | 781 | | 854 | | 946 | 1270 | | | 1828 | | | | 2160 | | | | | mm |
| | Größter Durchmesser | 182 | | 213 | | 274 | 254 | | | 457 | | | | 620 | | | | | mm |
| | Gesamtgewicht . . . | 10.8 | | 22.5 | | 52.8 | 104 | 113 | 235 | 250 | | | | 500 | | | | | kg |
| | Sprengstoffgewicht . | 1,8 | | 4,5 | | 12,7 | 63 | | | 81,5 | | | | | | | | | kg |
| | Zünderzahl . . . . . | 1 | | 2 | | 2 | 2 | 2 | 2 | 2 | | | | 2 | | | | | Stck. |
| Finnland 1934 | Länge . . . . . . . . | | 673 | | 900 | 1300 | 1500 | | | | | | | | | | | | mm |
| | Größter Durchmesser | | 95 | | 116 | 178 | 254 | | | | | | | | | | | | mm |
| | Gesamtgewicht . . . | | 12.5 | | 25 | 50 | 100 | | | | | | | | | | | | kg |
| | Sprengstoffgewicht . | | 5,0 | | 13 | 25 | 50 | | | | | | | | | | | | kg |
| | Zünderzahl . . . . . | | 1 | | 1 | 2 | 2 | | | | | | | | | | | | Stck. |
| Frankreich 1934 | Länge . . . . . . . . | 620 | | | | 1510 | 1500 | | | | | 1720 | 2100 | | 3050 | | | 3800 | mm |
| | Größter Durchmesser | 89 | | | | 200 | 300 | | | | | 320 | 410 | | 420 | | | 530 | mm |
| | Gesamtgewicht . . . | 10 | | | | 50 | 100 | | | | | 300 | 400 | | 700 | | | 1800 | kg |
| | Sprengstoffgewicht . | | | | | | | | | | | | | | | | | | kg |
| | Zünderzahl . . . . . | 1 | | | | 2 | 2 | | | | | 2 | 2 | | 2 | | | 2 | Stck. |
| U. S. A. 1934 | Länge . . . . . . . . | 767 | | | | 1493 | | 1498 | | | 1863 | | | 2151 | | 3250 | | 3900 | mm |
| | Größter Durchmesser | 152 | | | | 178 | | 370 | | | 500 | | | 629 | | 415 | | 540 | mm |
| | Gesamtgewicht . . . | 11,3 | | | | 55,3 | | 129,3 | | | 284 | | | 507 | | 906 | | 1800 | kg |
| | Sprengstoffgewicht . | | | | | | | | | | | | | | | | | 1000 | kg |
| | Zünderzahl . . . . . | 1 | | | | 2 | | 2 | | | 2 | | | 2 | | 2 | | 2 | Stck. |

rung ausgestattet, die während des Fluges, je nach der Lage, entweder gesperrt oder freigegeben werden kann. Durch die Bomben führt eine Röhre mit Sprengkapseln und verschiedenen Initialladungen gefüllt, die einerseits die beiden Zünder miteinander verbindet, andererseits die Zündung auf die ganze Länge der Bombe überträgt.

Die mittleren Kaliber werden auf Landziele, die größeren auf Wasserziele geworfen.

## Brandbomben.

Zu den gefährlichsten Bomben, die aus Flugzeugen geworfen werden, gehört die Brandbombe.

Schon im Kriege verwandte man auf beiden Seiten Bomben, die auf leicht brennbare Ziele geworfen wurden und eine große Brandkraft erzeugten. Ihr Gewicht betrug etwa 190 g bis 20 kg. Dieses geringe Gewicht ermöglichte, Brandbomben in größerer Menge den Flugzeugen mitzugeben. In ebenso großer Zahl wurden die Bomben abgeworfen, und wegen ihrer ballistisch ungünstigen Form war die Streuung derart groß, daß damit eine große Bodenfläche bedeckt wurde.

Heute werden Brandbomben von allen Staaten, die über eine Luftstreitmacht verfügen, entwickelt und als Kampfmittel geführt.

Die modernen Brandbomben wiegen höchstens 1,5 bis 2 kg und haben eine ballistisch vollkommen ungünstige Form. Sie werden in großen Mengen in Flugzeugen mitgenommen und nur in Massen abgeworfen.

Der Brandsatz dieser Bomben ist verschieden. Der am meisten verbreitete und verwandte Brandsatz besteht aus Thermit, das durch einen Zusatz von Bariumnitrat leichter entzündbar und schneller verbrennbar gemacht ist. Die Zusammensetzung des Brandsatzes besteht aus 47,5% Eisenhammerschlag, 18,2% Aluminiumpulver, 28,2% Bariumnitrat, 5,9% Sand und 0,2% Fett.

Des weiteren werden Brandsätze aus Magnesiumspänen, Bariumnitrat und Lackfirnis verwandt, die aber eine wesentlich kleinere Brandkraft besitzen.

Ferner werden weißer Phosphor, Gemische von oxydierenden Stoffen, fette Materialien, ölige und flüssige Körper, die sich leicht entzünden, verwandt.

Der weiße Phosphor hat die Eigenschaft, bei sehr niedriger Temperatur und bei Verbindung mit der Luft bzw. Sauerstoff sich sehr schnell zu entzünden.

Bei der Verbrennung bildet sich ein weißer, sehr undurchsichtiger, schwerer Rauch, der auf dem Boden haften bleibt und lange vorhält. Ein Kilogramm Phosphor erzeugt ungefähr 283 cbm weißen Rauch. Derartige Bomben stellen ein wirkungsvolles Angriffsmittel gegen lebende Ziele dar. Die Brandwunden, durch Phosphorteilchen hervorgerufen, sind sehr schmerzlich, so daß schon dadurch die moralische Stärke einer Truppe sehr geschwächt werden kann.

Alle genannten Mischungen und Brandsätze können den Wirkungen der Thermitbombe nicht gleichgesetzt werden.

Das Thermit ist und bleibt das wirkungsvollste Brandmittel, das für Bomben zur Verfügung steht. Dieser Brandsatz hat den großen Vorteil gegenüber dem Phosphor, daß er auch ohne Sauerstoffzufuhr brennt und nicht zu ersticken droht, falls die Brandbombe bei der Entzündung nicht auseinandergerissen wird. Der zur Zeit verwandte Thermitsatz besteht aus 76 Teilen Eisenoxyden, $Fe_3O_4$, und 24 Teilen Aluminium, Al, deren Verbrennung 777 Cal. je Gramm erzeugen und eine Temperatur von etwa 3000° entwickeln. Um diese Verbrennung zu erreichen, muß ein Anfeuerungssatz vorgeschaltet werden, der eine Verbrennungstemperatur von 1800° erzeugen kann.

In Amerika, England und Rußland erhöht man die Wirkung des Thermitsatzes durch Elektron. Die in diesen Ländern verwandten Brandbomben bestehen daher aus einem Elektronkörper, der vorn einen einfachen Aufschlagzünder und am Ende die Stabilisierungsflächen trägt. Der Körper ist mit dem obengenannten Thermitsatz angefüllt und am oberen Ende unter dem Zünder mit einem Anfeuerungssatz versehen. Die ballistisch ungünstige Brandbombe wird in Massen geworfen und bedeckt infolge ihrer großen Streuung eine umfangreiche Fläche am Boden. Die Durchschlagskraft der Brandbombe reicht nur aus, das Dach von Wohnhäusern zu durchschlagen, um das Holzgerüst des Dachstuhles anzuzünden.

Beim Aufschlag tritt der Aufschlagzünder in Tätigkeit, entzündet den Anfeuerungssatz, der den Zünderkopf von der Bombe absprengt und den Thermitsatz zur Entzündung bringt. Der nun brennende Thermitsatz entwickelt 2000 bis 3000°, wodurch das Elektron schmilzt und sich mit dem Thermit zu einer brodelnden und intensiv brennenden Masse verbindet.

Die chemische Verbindung und der Verbrennungsprozeß bilden Schlacke, die die Brandöffnung verstopft. Durch diese Verstopfung werden die gefesselten Gase den Körper zu sprengen versuchen, um in Verbindung mit der an sich schon feuerwerksartig verbrennenden Masse kleine brennende Thermit- und Elektronstücke in größerem Umkreis wegzuschleudern. Dieser Verbrennung, die durch Sauerstoffzufuhr nur gefördert werden kann, ist noch kein Mittel gewachsen, um sie sofort zu verhindern. Die hohe Temperatur trägt dazu bei, den Brandherd sehr schnell zu vergrößern und auch dünne Blechbelage zu durchschmelzen.

Die Brandbombe kann nicht mit Wasser gelöscht werden, auch nur schwer mit Schaumlöschapparaten, eher mit einer dicken Schicht feinen und vollkommen trockenen Sandes.

Diese Bombe von geringem Gewicht und Ausmaß wird in Magazinen untergebracht und je nach dem vorhandenen Platz im Rumpf bis zu 1500 Stück je Flugzeug aufgestapelt.

## Gasbomben.

Nach Ansicht verschiedener Militärsachverständiger des Auslandes ist der chemische Krieg eine feste Tatsache, mit der gerechnet werden muß. Keine Kriegsmacht wird darauf verzichten.

Aus diesem Grunde lastet die Bedrohung durch die chemische Waffe im Luftkriege wie ein Alp auf der ungeschützten Bevölkerung. Es empfiehlt sich aber, diese Sache in Ruhe zu untersuchen. In erster Linie ist zu überlegen, ob die Möglichkeit besteht, durch Angriffe mit Gaskampfstoffen Ergebnisse von entscheidender Wirkung zu erzielen. Der Gasangriff aus Flugzeugen kann entweder unmittelbar durch Zerstäuben des Kampfstoffes oder mittels Abwurf von Gasbomben erfolgen. Im ersten Falle müssen die Flugzeuge in niedriger Höhe fliegen und sind demnach dem wirksamen Feuer der Flugabwehr ausgesetzt. Im zweiten Falle müssen sie in großer Anzahl auftreten, um eine solche Menge von Bomben abwerfen zu können, daß eine ausgedehnte, tödlich wirkende Gaswolke entsteht. Andererseits wird in allen großen Städten ein entsprechender Gasschutz eingerichtet sein. Dies wird die Verluste an Menschenleben durch Gasangriffe auf ein Mindestmaß herabsetzen.

Wenn auch noch das Überraschungsmoment fehlt, dann besteht keinerlei Grund für die Annahme, daß sich die Zivilbevölkerung morgen nicht ebenso wirksam gegen Gas schützen kann, wie dies gestern die Heere im Felde getan haben.

Wenn auch der Gebrauch der Gaswaffe durch internationale Verträge verboten ist, wird es stets gerechtfertigt sein, dieses Kampfmittel als Wiedervergeltung zur Anwendung zu bringen, wenn der Gegner zuerst davon Gebrauch machen sollte. Es fehlt in der Geschichte nicht an Beispielen für gebrochene internationale Verträge. In diesem besonderen Fall gibt es indessen neben Menschlichkeitsrücksichten noch andere Gründe für die Einhaltung der internationalen Verträge. Diese Gründe liegen auf dem Gebiet der Möglichkeit und Zweckmäßigkeit. Der Kriegführende, der sich zum Gasangriff großen Stils entschließt, setzt sich der Gefahr aus, daß ein industriell überlegener Feind noch tödlicher wirkende Gase oder andere noch stärkere Kriegsmittel anwendet. Falls die Verwendung von Gas nicht imstande ist, einen raschen und entscheidenden Erfolg herbeizuführen, dann dient sie nur dazu, den Haß und Widerstandswillen des Feindes zu entfachen und die öffentliche Meinung der Neutralen ungünstig zu stimmen.

Die Befürchtung, durch die Wirkung von Gasangriffen eine rasche Vernichtung ganzer Städte und Bevölkerung herbeizuführen, ist nicht gerechtfertigt. Hieraus ergibt sich, daß man die zweifellos große Wirksamkeit des Gasangriffes aus der Luft nicht überschätzen darf. Man soll solchen Angriffen nicht ein größeres Gewicht als nötig beimessen.

Neben dem Gasabregnen kommt der Abwurf von Gasbomben in Betracht. Die Gasbomben werden entweder mit Aufschlagzündern oder Zeitzündern ausgerüstet, die in bestimmter Höhe die Bombe zerreißen und das Gas freigeben.

Über den praktischen Wert von Gasangriffen ist man sehr geteilter Meinung. Um eine Stadt von einer Größe wie Berlin wirkungsvoll zu vergasen, müssen allein 3000 Flugzeuge zu je 2000 kg Tragkraft in Tätigkeit treten. Es genügen aber auch kleinere Angriffe, was aller Wahrscheinlichkeit nicht angenommen werden kann, um das Sicherheitsgefühl der Bevölkerung zu erschüttern und die moralische Stärke eines Volkes zu schwächen.

Der Erfolg hängt nicht nur von der Bedingung ab, daß der Angreifer über eine genügend große Menge schwerer Bomber verfügt, sondern auch von den atmosphärischen Verhältnissen, die das Gas beeinflussen. Die Wirkung des Gases versagt, wenn der Feuchtigkeitsgehalt der Luft über das erträgliche Maß steigt. Schon die Abhängigkeit des Gases von den Witterungsverhältnissen schränkt die Verwendungsmöglichkeit des Gases ein und vermindert die Aussichten auf den Erfolg eines Gasangriffes.

Die Menge an Gas, die durch Flugzeuge herangetragen werden muß und die Schwierigkeiten, die einem Gasangriff entgegentreten, stehen in keinem Verhältnis zur Wirkung eines solchen Angriffes. Gasangriffe aus der Luft werden daher nur selten durchgeführt werden und nur von geringem Erfolg sein.

### Flugzeugtorpedo.

Die Flugzeugtorpedos unterscheiden sich nur unwesentlich von den Schiffstorpedos. Sie müssen lediglich den hohen Ansprüchen genügen, denen sie nach dem Abwurf von einem schnellfliegenden Flugzeug beim Auftreffen auf das Wasser ausgesetzt sind.

Der im Gebrauch befindliche Torpedo hat eine Länge von etwa 5000 mm und einen Durchmesser von etwa 450 mm. Das Gewicht des Torpedos schwankt zwischen 650 bis 750 kg. Das neueste englische Modell, der Whitehead-Flugzeugtorpedo, wiegt 720 kg und enthält eine Sprengladung von 184 kg. Dieser Torpedo entwickelt bei einer Reichweite von 2000 m eine Geschwindigkeit von 42 Knoten gleich 75 km/h.

## Bombenzuladung und die räumliche Verteilung der Last.

Die heute im militärischen Dienst stehenden Flugzeuge sind fast alle für die Aufnahme von Bomben vorgesehen.

Die Bombenzuladung und die mitzunehmenden Kaliber richten sich in erster Linie nach dem Flugzeug und in zweiter Linie nach dem Ziel, das mit Bomben beworfen werden soll.

Die durchschnittliche Bombenlast, mit der ein Flugzeug beladen werden kann, beträgt für:

| | | | | | |
|---|---|---|---|---|---|
| a) Jagdeinsitzer . . . . . . | etwa | 40 | bis | 50 | kg |
| b) Aufklärer . . . . . . . | „ | 100 | „ | 300 | „ |
| c) Tagbomber . . . . . . . | „ | 300 | „ | 800 | „ |
| d) Nachtbomber . . . . . . | „ | 800 | „ | 2000 | „ |
| e) Flugboote . . . . . . . | „ | 1000 | „ | 2000 | „ |
| f) Torpedoflugzeuge . . . . | „ | 600 | „ | 800 | „ |

ohne den normalen Flugbereich zu kürzen.

Die Verteilung und Unterbringung der Last ist verschieden. Zu der Zeit, als die Kugelbomben im Gebrauch waren, wurden die Bomben lose in langgestreckte Holzkästen, den sogenannten Blumenkästen, gelegt und entweder freihändig oder mit einer Vorrichtung mechanisch abgeworfen. Die Bombenkästen wurden neben oder unter dem Beobachter angebracht und besaßen keine weitere Verkleidung, um eventuell den Luftwiderstand, den sie boten, zu vermindern.

Die ersten brauchbaren Bomben, die Carbonitbomben, wurden senkrecht in Behältern im Beobachtersitz oder horizontal unter dem Rumpf im freien Luftstrom aufgehängt.

Zu dieser Zeit versuchte man die Last möglichst im oder nahe dem Schwerpunkt der Maschine, und zur Vermeidung des Luftwiderstandes, nach Möglichkeit im Flugzeugrumpf aufzuhängen.

Doch die Verbesserung der ballistischen Form der Bomben brachte es mit sich, die Bomben wieder in Vorrichtungen entweder unter dem Rumpf oder sogar unter die Tragflächen aufzuhängen. Die Bomben wurden immer länger, die Bombenzuladung immer größer, so daß schon aus diesem Grunde das Rumpfinnere nicht ausreichte und die Rumpfkonstruktion es nicht zuließ, große, den Bomben entsprechende Ausfallöffnungen vorzusehen. Die 12 kg Bomben, kleine Splitterbomben, wurden in Magazinen oder in Reihenvorrichtungen aufgehängt, erstere an der Rumpfseitenwand befindlich, bei größeren Flugzeugen im Rumpfinnern, letztere unter dem Rumpf oder unter dem Flügel, je nach Platz angeordnet. Über 25 kg schwere Bomben mußten wegen ihrer Größe und ihres

Bild 138.
Erste Art der Bombenunterbringung im Flugzeug. Die Bomben lagen lose in seitlichen Kästen und wurden kurz vor dem Abwurf einzeln in die Vorrichtung gehängt.

Raumbedarfs außerhalb des Flugzeuges im freien Luftstrom untergebracht werden.

Der immer fortschreitende Flugzeugbau legt weniger Wert darauf, den Luftwiderstand auf das kleinste Maß zu reduzieren, als die maximale Bombenlast vorteilhaft und vollkommen unterzubringen.

Es haben sich dabei Methoden herausgebildet, die nicht als allgemein übliche Anordnungen angesehen werden dürfen, sondern jedesmal dem Flugzeug unmittelbar angepaßt sind.

Der Möglichkeit, daß ein Flugzeug mit einer bestimmten Bombenzuladung mit verschiedenen Kalibern abwechselnd beladen werden kann, mußte in der Anordnung der Bomben unter oder im Flugzeug weitgehendst Rechnung getragen werden. Über die Anordnung der Bomben in bezug auf die bestmöglichste Unterbringung der Last sind keine bestimmte Regeln aufgestellt worden.

Trotzdem soll versucht werden, die vielseitige Art der Bombenunterbringung und -verteilung zu skizzieren und einen Teil der verschiedenartigsten Anordnungen anzuführen.

Die Bomben, die für Jagdflugzeuge vorgesehen sind, erhalten durchweg ihren Platz unter der linken oder rechten Tragfläche nebeneinander in Reihen-

Bild 139. Bombenmagazin für 4 × 12,5 kg Bomben, an der Rumpfaußenseite befestigt.

Bild 140. Splitterbomben, unter dem Flügel eines englischen Jagdeinsitzers angeordnet.

Bild 141. Unter dem Unterflügel des Breguet 273 Aufklärers können 4 × 100 kg Bomben aufgehängt werden.

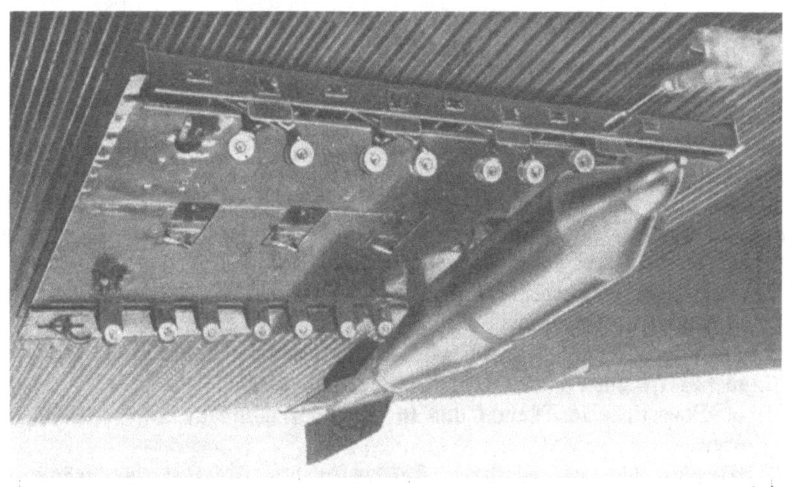

Bild 142. Eine 50 kg schwere finnische Utter-Bombe in einer Reihenvorrichtung eingehängt. Die im Bilde sichtbare Hand stellt mit dem Schlüssel das vordere Gegenlager ein.

vorrichtungen aufgehängt. Eine andere Anordnung wird man nicht so bald wählen können, da die räumlichen Verhältnisse und die Konstruktion des Rumpfes keine andere Wahl zulassen.

Die Last der Aufklärer, die zwischen 100 bis 300 kg schwankt und bei einer mittleren Last von 200 kg aus 20 × 10 kg oder 4 × 50 kg oder 2 × 100 Kilogramm oder aus 1 × 200 kg Bombe bestehen kann, wird schon schwieriger unterzubringen sein. Hierbei muß unter allen Umständen berücksichtigt werden, daß an derselben Stelle, die für die Aufhängung einer bestimmten

Bild 143. Die Bomben hängen an dem Savoia-S 72-Nachtbomber unter dem Rumpf in einer schachtähnlichen Vertiefung, die durch unter Federdruck stehenden Klappen verdeckt wird.

Bombe gewählt wurde, auch alle anderen Kaliber, die eventuell aufgehängt werden sollen, ohne Änderungen untergebracht werden können.

Kleinere Bomben bis zu 50 kg versucht man in das Rumpfinnere zu verstauen, während die größeren unter dem Rumpf oder unter dem Flügel aufgehängt wurden. Hierbei haben sich folgende Möglichkeiten ergeben:

1. Alle Bomben werden neben- und hintereinander in Reihenvorrichtungen aufgehängt, oder
2. unter dem Rumpf und unter die Flächen gleichmäßig verteilt, oder
3. wahlweise unter den beiden Flügelhälften, oder
4. in Magazinen im Rumpf und in Einzelvorrichtungen unter den Flügeln, oder
5. Bomben bis zum mittleren Kaliber in den Flügeln nebeneinander in Einzel- oder Reihenvorrichtungen aufgehängt.

Die Großflugzeuge, die zum Teil nur größere Bomben mitnehmen, zugleich aber über größere Rumpfspantenabstände verfügen, so daß ein Teil der Bomden bis etwa 50 kg in Magazinen im Rumpf untergebracht werden können, bieten noch weitere Unterbringungsmöglichkeiten, und zwar:

6. bis zu 50 kg Bomben im Rumpf in Magazinen neben- und hintereinander,
7. 50 kg Bomben an der Außenbordwand übereinander und schwerere Kaliber unter dem Flügel,
8. 50 kg Bomben in Magazinen an der Rumpfinnenwand, schwerere Kaliber unter der Rumpfmitte,

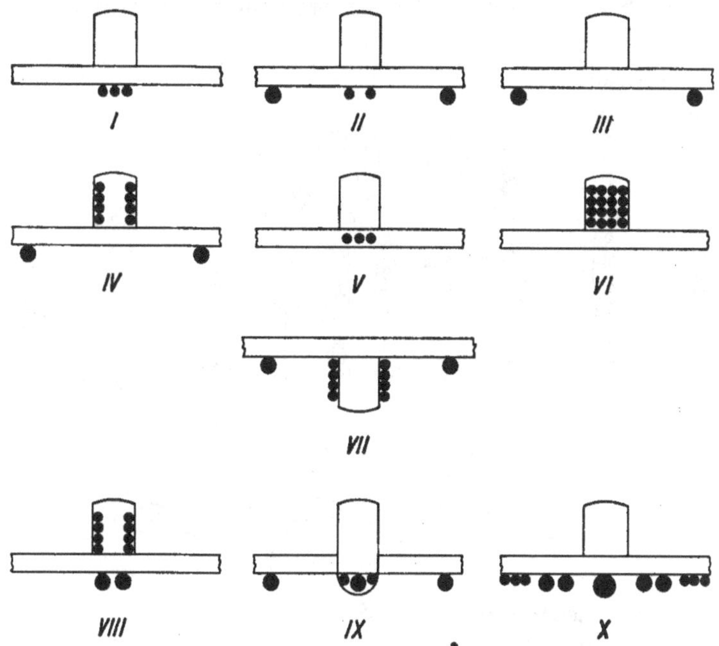


Bild 144. Beispiele der verschiedenartigen Unterbringung von Bomben.

9. 100 und 200 kg Bomben in den verkleideten Bombenraum unter dem Rumpf und die schwereren Kaliber unter den Flügeln,
10. die schwerste Bombe oder den Torpedo unter dem Rumpf, mittlere Bomben unter die Flügelwurzeln und leichte Bomben unter die äußere Flügelunterseite.

Hierbei ist es für die Fluglage vollkommen gleichgültig, ob die Bomben nebeneinander oder hintereinander im freien Luftstrom oder im Rumpfinnern gelagert sind, sofern die Last den Schwerpunkt des Flugzeuges nicht zu sehr beeinflußt.

Wie bereits erwähnt, wird bei jeder Anordnung größte Sorgfalt darauf gelegt, daß zu jeder Zeit verschiedene Kaliber aufgehängt werden können. Diese Forderung gilt in der Hauptsache den Tag- und Nachtbombern, die über ein großes Bombenladevermögen verfügen und wahlweise jedes Kaliber aufzunehmen imstande sein müssen.

Zum besseren Verständnis dieser Forderung mögen die nachstehenden Beispiele dienen:

Das englische Nachtbombenflugzeug Handley Page Hyderabad verfügt über eine reine Bombenzuladung von etwa 1200 kg. Die Last ist derart verteilt, daß unter dem Rumpfvorderteil zwei Reihenvorrichtungen für 8 Einwurfbomben von je 10,8 kg, ferner unter der Rumpfmitte neben- und hintereinander 8 Einzelvorrichtungen und unter dem Flügel auf jeder Seite je 3 Einzelvorrichtungen hintereinander vorgesehen sind. Diese Vorrichtungen können mit der Gesamtlast bis zu 1200 kg wahlweise beladen werden.

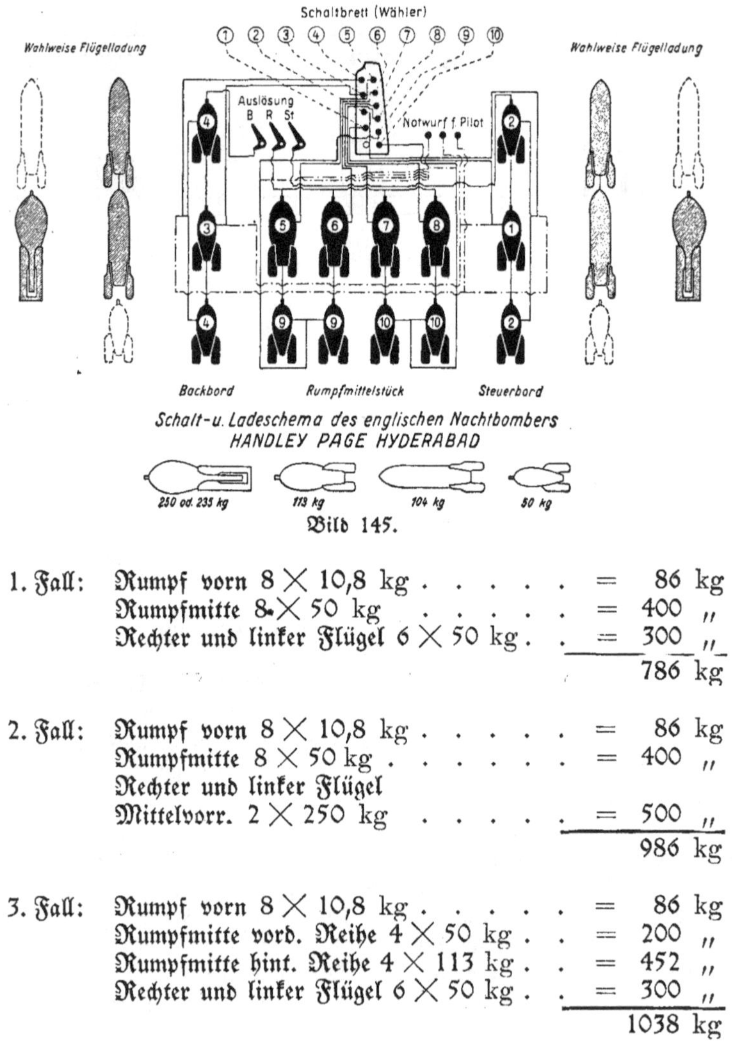


*Schalt- u. Ladeschema des englischen Nachtbombers HANDLEY PAGE HYDERABAD*

Bild 145.

| | | | |
|---|---|---|---|
| 1. Fall: | Rumpf vorn 8 × 10,8 kg . . . . . | = | 86 kg |
| | Rumpfmitte 8 × 50 kg . . . . . | = | 400 " |
| | Rechter und linker Flügel 6 × 50 kg . . | = | 300 " |
| | | | 786 kg |
| 2. Fall: | Rumpf vorn 8 × 10,8 kg . . . . . | = | 86 kg |
| | Rumpfmitte 8 × 50 kg . . . . . . | = | 400 " |
| | Rechter und linker Flügel | | |
| | Mittelvorr. 2 × 250 kg . . . . . | = | 500 " |
| | | | 986 kg |
| 3. Fall: | Rumpf vorn 8 × 10,8 kg . . . . . | = | 86 kg |
| | Rumpfmitte vord. Reihe 4 × 50 kg . . | = | 200 " |
| | Rumpfmitte hint. Reihe 4 × 113 kg . . | = | 452 " |
| | Rechter und linker Flügel 6 × 50 kg . . | = | 300 " |
| | | | 1038 kg |

| | | | |
|---|---|---|---|
| 4. Fall: | Rumpf vorn 8 × 10,8 kg . . . . . | = | 86 kg |
| | Rumpfmitte vord. Reihe 4 × 50 kg . . | = | 200 „ |
| | Rumpfmitte hint. Reihe 4 × 113 kg . . | = | 452 „ |
| | Rechter und linker Flügel vord. und mittl. Vorrichtung 4 × 113 kg . . . . | = | 452 „ |
| | | | 1190 kg |

Die Anordnung der Vorrichtungen ist derart, daß der Abwurf der Bomben der zulässigen Entlastung des Flugzeuges entspricht. Wie aus dem Ladeschema ersichtlich, sind die Vorrichtungen zum Teil paarweise gekuppelt.

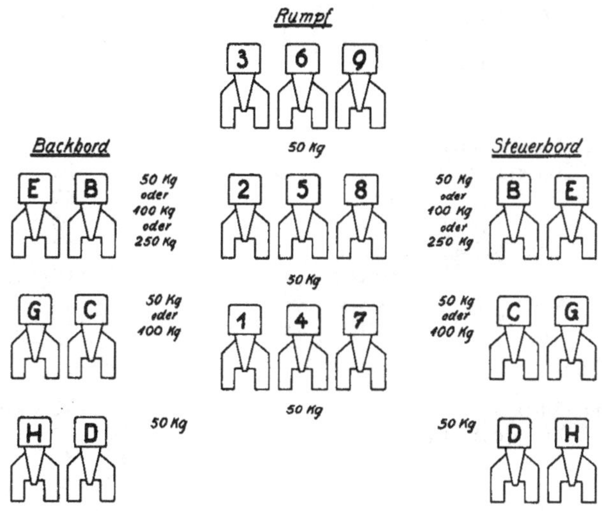


Bild 146. Bomben-Aufhänge-Schema des Vickers Virginia X.

So daß zum Beispiel:

Hebel 1 die mittlere Bombe des unterm rechten Flügel angeordneten Aggregates,
„ 2 „ vord. u. hint. Bombe d. unterm rechten Flügel angeordneten Aggregates,
„ 3 „ mittlere Bombe des unterm linken Flügel angeordneten Aggregates,
„ 4 „ vord. u. hint. Bombe des unterm linken Flügel angeordnetenen Aggregates,
„ 5 „ äußerste linke Bombe der vorderen Reihe unterm Rumpf,
„ 6 „ zweite von links der vorderen Reihe unterm Rumpf,
„ 7 „ zweite von rechts der vorderen Reihe unterm Rumpf,
„ 8 „ äußerste rechte Bombe der vorderen Reihe unterm Rumpf,
„ 9 „ beiden linken Bomben der hinteren Reihe unterm Rumpf,
„ 10 „ beiden rechten Bomben der hinteren Reihe unterm Rumpf
wahlweise auslöst.

Ein weiteres markantes Beispiel für die Lösung der vielseitigen Anordnung und Verteilung der Bombenlast stellt das Ladeschema des englischen Nachtbombers Vickers Virginia dar.

Die maximale Bombenzuladung beträgt etwa 1500 kg, die verschiedenartig ausgenutzt werden kann. Auch hierbei finden keine Bomben über 250 kg Verwendung, da es sich bei dieser Zusammenstellung um ein Flugzeug der Landfliegertruppe handelt. Die Last kann zusammengestellt werden mit 10,8 – 50 – 104 – 113 und 250 kg Bomben.

| | | | | | | |
|---|---|---|---|---|---|---|
| I. unterm | Rumpfvorderteil | | . . . . . . . . . . . | 8 × 10,8 kg | = | 86 kg |
| " | Rumpfmittelteil, | vordere Reihe | . . . | 3 × 50 " | = | 150 " |
| " | " | mittlere Reihe | . . . | 3 × 50 " | = | 150 " |
| " | " | hintere Reihe | . . . | 3 × 50 " | = | 150 " |
| " | linken Flügel, | { vordere / mittlere } Reihe | . . . | 6 × 50 " | = | 300 " |
| " | rechten Fügel, | { mittlere / hintere } Reihe | . . . | 6 × 50 " | = | 300 " |
| | | | | | | 1136 kg |

| | | | | | | |
|---|---|---|---|---|---|---|
| II. unterm | Rumpfvorderteil | | . . . . . . . . . . | 8 × 10,8 kg | = | 86 kg |
| " | Rumpfmittelteil, | vordere Reihe | . . . . | 3 × 50 " | = | 150 " |
| " | " | mittlere " | . . . . . | 3 × 50 " | = | 150 " |
| " | " | hintere " | . . . . . | 3 × 50 " | = | 150 " |
| " | linken Flügel, | vordere " | . . . . . | 2 × 113 " | = | 226 " |
| " | " " | mittlere " | . . . . . | 2 × 113 " | = | 226 " |
| " | rechten " | vordere " | . . . . . | 2 × 113 " | = | 226 " |
| " | " " | mittlere " | . . . . . | 2 × 113 " | = | 226 " |
| | | | | | | 1440 kg |

| | | | | | | |
|---|---|---|---|---|---|---|
| III. unterm | Rumpfvorderteil | | . . . . . . . . . . | 8 × 10,8 kg | = | 86 kg |
| " | Rumpfmittelteil, | vordere Reihe | . . . . | 3 × 50 " | = | 150 " |
| " | " | mittlere " | . . . . . | 3 × 50 " | = | 150 " |
| " | " | hintere " | . . . . . | 3 × 50 " | = | 150 " |
| " | linken Flügel, | vordere " | . . . . . | 2 × 250 " | = | 500 " |
| " | rechten " | " " | . . . . . | 2 × 250 " | = | 500 " |
| | | | | | | 1536 kg |

Aus dieser Aufstellung geht hervor, daß die inneren Aggregate nur für eine Standardausrüstung von 50 kg Bomben gedacht sind. Der Grund hierfür ist in dem beschränkten Raum des Rumpfes zu suchen, denn die lichte Rumpfbreite reicht nur für den Platzbedarf von drei nebeneinander aufgehängten 50 kg Bomben aus. die äußeren Vorrichtungen dagegen für eine wahlweise Bombeneinrichtung. Der Abwurf der unter dem Rumpf aufgehängten Bomben kann beliebig erfolgen, während die äußeren Abwurfvorrichtungen gekuppelt sind, damit die Bomben auf beiden Seiten gleichmäßig ausgelöst werden. Die Kuppelungen der rechten und linken Vorrichtungen sind derart, daß jeweils eine Bombe der inneren Reihe der linken Hälfte gleichzeitig mit der entsprechenden Bombe der inneren Reihe der rechten Hälfte, oder eine äußere der einen Seite mit einer äußeren der anderen Seite gleichzeitig ausgelöst werden. Hierbei wird eine gleichmäßige Entlastung des Flugzeuges erreicht und die Stabilität des Flugzeuges in keiner Weise beeinflußt.

Aus ballistischen Gründen werden zum größten Teil die Bomben horizontal aufgehängt. Nur wenige Staaten, darunter Frankreich, zeigen eine senkrechte Aufhängung der Bomben, die in bezug auf Raumausnutzung große Vorteile bietet.

## Bombenaufhänge- und Abwurfvorrichtungen.

Ein einwandfreier Bombenwurf hängt zum großen Teil von der zuverlässigen und präzisen Arbeitsweise der Aufhängevorrichtung ab. Diese Erkenntnis veranlaßte die verschiedenen Staaten dazu, der Entwicklung der Bombenabwurfvorrichtung besonderes Augenmerk zu widmen. Die Forderungen stiegen immer mehr. Den jeweiligen körperlichen und geistigen Zustand des Menschen, der von der jeweiligen Situation abhängig und stark beeinflußbar ist, versuchte man durch entsprechende Konstruktionen nicht nur zu umgehen, sondern sogar auszuschalten.

Dies führte zu Konstruktionen, die zwar als technisch hochwertig bezeichnet werden konnten und für den Bombenwurf unbedingt viele Vorteile boten, aber allzu hochwertiges Bedienungspersonal und Überwachungsmannschaften erforderlich machten. Auf Grund dieser Tatsache ergibt sich von selbst die Frage, ob für den Bombenwurf aus einem im Raum schwebenden und durch die Luftmassen ständig beeinflußten Flugzeug derart hochgezüchtete und empfindliche Bombenabwurfvorrichtungen erforderlich sind, die im Kriegsfalle in der Heimat zur Herstellung, wie an der Front für die Überwachung und Bedienung hochqualifiziertes Personal benötigen, demnach viel zu teuer und viel zu zeitraubend in der Herstellung sind.

Die Frage beantwortet sich von selbst, wenn man nachprüft, welche Geräte heute zur Anwendung gelangen.

Die Technik hat in der langen Zeit der Entwicklung Abwurfvorrichtungen geschaffen, die allen Anforderungen gerecht wurden und sich in Gruppen einteilen lassen, die nachfolgend ausgeführt werden.

Es gibt:

a) Mechanische Bombenabwurfgeräte,
b) elektrische Bombenabwurfgeräte,
c) pneumatische bzw. hydraulische Bombenabwurfgeräte,
d) automatische Bombenabwurfgeräte.

Mit wenigen Ausnahmen sind fast alle Flugzeuge mit mechanischen Bombenabwurfvorrichtungen ausgerüstet. Dies besagt bereits, daß der mechanischen Vorrichtung der größere Vorzug gegeben wird. Unter mechanischer Vorrichtung versteht man die Art der Auslösung, nach der die Vorrichtung betätigt wird.

Die im Kriege von Deutschland verwandte Vorrichtung war als Einzelvorrichtung ausgebildet, die je nach den Umständen mit anderen zu Reihenvorrichtungen gekuppelt werden konnte.

Sie bestand aus einem Rahmenwerk, das am vorderen und hinteren Ende die mit Holz gefütterten Gegenlager zur Auflage der Bombe trug. Die Gegenlager paßten sich der Bombenform in der Quer- wie auch in der Längsrichtung an und nahmen den Längs- und Querschub der Bombe auf. Die Vorrichtungen wurden entweder unter dem Rumpf, unter den Flügeln oder in die Flügel eingebaut. Die Auslösung erfolgte durch Seilzug über Rollen und Abwurfhebel. Die Bombe wurde mittels Kabel, die um die Bombe faßten, in der Vorrichtung gehalten. Damit die Kabel wegen der torpedoförmigen abgerundeten Oberfläche nicht abglitten, waren sie in der Mitte, also an der Unterseite der aufgehängten Bombe, mit einem Halteseil verbunden. Die Aufhängeseile waren mit dem einen Ende an der Vorrichtung, an einer Verstellschraube zum Nachspannen der Seile, fest verbunden. Das andere Ende trug eine Öse, die in die Auslöse-

Bild 147. Einfache mechanische Einzelvorrichtung für 300 kg Bomben, wie sie an deutschen Militärflugzeugen 1918 angebaut wurde.

zunge eingeklemmt wurde. Die Auslösezunge saß an dem Auslösehebel, der auf der Auslöseschubstange ruhte. Sollte die Bombe geworfen werden, so wurde mittels der Kabel und dem Abwurfhebel die Auslöseschubstange zurückgezogen und der Auslösehebel und damit das Aufhängekabel freigegeben. Die Bombe löste sich von der Vorrichtung und fiel frei nach unten. Durch die gleichmäßige Aufhängung und Auslösung der beiden Kabel wurde eine ungestörte, absolut gleichmäßige Auslösung erreicht, zumal die beiden Aufhängekabel die Bombe mit dem gleichen Abstand zu ihrem Schwerpunkt umfaßten und in der Vorrichtung hielten. Diese Art der Aufhängung hatte sich für torpedoförmige Bomben durchaus bewährt, so daß Vorrichtungen von gleichem Prinzip in verbesserter Form auch heute noch verwandt werden.

Für die 12,5 kg Splitterbombe waren Reihenvorrichtungen und Magazine gebaut worden. Erstere konnten 6 Bomben nebeneinander aufnehmen, die aber nur in bestimmter Reihenfolge abgeworfen werden konnten. Die bekannteste war die Kohlbach-Abwurfvorrichtung für 12,5 kg Bomben. In dieser wurden die Bomben mit je einem Stahlband aufgehängt und durch die Gegenlager in der richtigen Lage gehalten. Das Ösenende der Stahlbänder wurde durch einen Kipphebel festgehalten, dessen anderes Ende gegen einen Nocken der Auslösewelle lehnte. Für jede Auslösung war auf der gemeinsamen Welle eine Nockenscheibe vorgesehen. Die sechs Scheiben auf der Auslösewelle waren derart versetzt, daß bei Drehung der Welle die Bomben nicht zusammen, sondern nacheinander ausgelöst wurden. Zur Auslösung dienten Kabelzüge, die in dem Abwurfhebel mit Rasten endeten. Der Abwurfhebel konnte blockiert werden, damit nach jedem Abwurf der Hebel und mit ihm die Vorrichtung gesichert werden konnten.

In größeren Flugzeugen waren die 12,5 kg Bomben in Magazinen verladen. Die Magazine waren für sechs Bomben eingerichtet. Die Bomben lagen lose auf den festgehaltenen Klapphebeln und wurden nur an der Spitze durch eine U-Schiene, hinten durch eine Strebe und links und rechts an den Leitflächen geführt.

Der vordere Auflagehebel wurde durch einen Kipphebel gehalten. Beide Hebel waren auf einer gemeinsamen horizontal liegenden Welle verstiftet. Der vordere Kipphebel lag mit seinem längeren Arm auf einer Nockenscheibe, die auf einer Nockenwelle verstiftet war. Durch Drehung der Nockenscheibe wurden die Bomben von unten nach oben einzeln ausgelöst und abgeworfen.

Die Auslösewelle wurde durch Seilzüge betätigt.

Der Einbau der Magazine erfolgte teils im Innern oder an der Außenbordwand des Rumpfes. Im letzteren Falle wurde das Magazin windschnittig verkleidet, um es der Rumpfform anzupassen und den Luftwiderstand zu verringern.

### Englische Abwurfvorrichtungen.

Die bekanntesten englischen und von der Royal Aircraft Force verwandten Abwurfvorrichtungen für Bomben werden von den Firmen Blackburn, Handley Page und Vickers gebaut.

Wenn auch diese Firmen sich mit neuen Geräten beschäftigen, die eine andere Auslöseart als die bisher übliche vorsehen, mit dem Zwecke, die Auslösezeit zu verkürzen oder die Fehler auszuschalten, die während der Abwurfhandlung entstehen, so halten sie doch an der alten Auslösevorrichtung fest, die immer noch die zuverlässigste Vorrichtung ist, die bei einigermaßen sachgemäßer Anordnung und Behandlung die wenigsten Versager oder Störungen verursacht. Der immer mehr angewandte Massenwurf im Verband erfordert Vorrichtungen, die einwandfrei arbeiten und in jeder Kampflage leicht bedient werden können und keine hochgezüchteten Apparate, die wohl genau arbeiten, aber zu kostbares Menschenmaterial erfordern.

Auch das Gerätegewicht der mechanischen Vorrichtungen im Verhältnis zur Bombenlast ist bedeutend kleiner als die gesamte Ausrüstung der elektrischen oder pulvergetriebenen Aggregate. Zudem darf nicht außer acht gelassen werden, daß ein mechanisches Gerät leichter, schneller und von ungeschultem Personal überwacht und instand gehalten werden kann, als ein anderes Gerät, dessen

Konstruktion eine viel reichhaltigere Werkstatt und geschultes Personal zur Bedingung macht. Dieser Faktor ist entscheidend und darf nicht unterschätzt werden.

Das mechanische Gerät ist auch in bezug auf die Verletzbarkeit dem elektrischen Gerät vorzuziehen. Ein Schuß in den Schaltkasten oder durch das elektrische Kabel kann die Vorrichtung außer Betrieb setzen, falls keine mechanische Notlösung vorgesehen ist. Eine mechanische Auslösung wird stets erforderlich sein, ob für direkte oder indirekte Betätigung der Vorrichtung. Die elektrischen Vorrichtungen besitzen zuviel verwundbare Teile, um die mechanischen Vorrichtungen verdrängen zu können. Die Nachteile der letzteren wiegen die Vor-

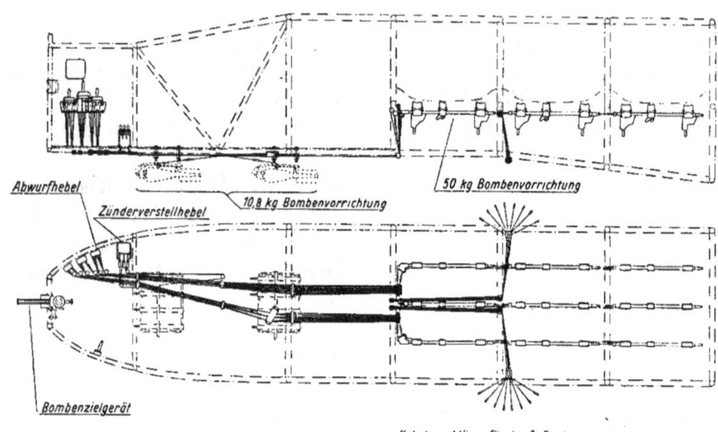


*Schema der Bombenauslöse-Kabelzüge des Vickers Virginia Nachtbombers*

Bild 148.

teile des kürzeren Abwurfmomentes und die genaueren und bequemeren Auslösemöglichkeiten nicht auf. Es ist daher anzunehmen, daß dies auch die Gründe sind, warum das gesamte Ausland mehr den mechanischen Bombenabwurfvorrichtungen den Vorzug gibt und nur in wenigen Fällen die elektrischen Vorrichtungen eingebaut hat, die außerdem noch immer nicht über das Erprobungsstadium hinausgekommen sind.

## Blackburn Universal-Abwurfvorrichtung.

Die Blackburn-Universal-Abwurfvorrichtung wird in zwei Ausführungen geliefert. Die eine Vorrichtung ist für die Aufnahme von 22,5 bis 114 kg und die zweite für 22,5 bis 250 kg Bomben berechnet. Beide Vorrichtungen sind im äußeren Aufbau bis auf die Länge des Hauptträgers gleich.

Sie bestehen aus dem Hauptträger, in dem sich das Schloß befindet, und dem hinteren und vorderen Gegenlager. Der Hauptträger ist ein U-förmiger Längsträger, der durch vernietete Winkelstücke versteift wird.

Die Gegenlager, beweglich gelagerte Knickhebel, in der Mitte in Lageraugen drehbar am Träger befestigt, sind am oberen kürzeren Ende mit Verstellschrauben versehen, die die Greifweite für den jeweiligen Bombendurchmesser der unteren Arme verstellen. Am unteren Ende befindet sich eine Regulierschraube, die mit Pratzen ausgestattet ist. Die Gegenlager geben durch ihre Verstellbarkeit der Bombe den festen Halt in der Vorrichtung und nehmen sowohl den seitlichen als auch den Längsschub während des Fluges auf.

Die sinnvolle Verstellmöglichkeit des Gegenlagers wird allen Anforderungen gerecht, da sie nicht nur ein schnelles Laden der Vorrichtungen gewährleistet, sondern auch, ohne Veränderungen vornehmen zu müssen, kleinere oder größere Bomben aufnehmen kann.

Die schmale Vorrichtung wird durch eine Strebe, die an der Seite angeschlossen wird, nach dem Flugzeug hin abgestützt. Hierdurch wird der seitliche Schub der Bombe auf das Flugzeug übertragen und die Vorrichtung entlastet. Diese Versteifung ermöglicht, die Stirnfläche der Vorrichtung auf ein Minimum zu reduzieren.

Die Bombe wird durch das Schloß gehalten und abgeworfen, das in dem Hauptträger untergebracht ist. Die einfache und robuste Bauart gewährleistet eine sichere Arbeitsweise, die durch die Verwendung von nur wenig sich drehenden Teilen erreicht werden konnte. Die Aufhängeöse der Bombe hängt in einem Sliphaken, der durch einen Sperrhaken gesichert wird. Die Auslösung erfolgt durch Drahtseile, die über dem Bombenschützenstand geführt sind. Der Aufbau der Vorrichtung trägt den verschiedenartigsten Einbaumöglichkeiten weitgehendst Rechnung. Die nach beiden Seiten durchführbare Versteifung erleichtert die Anordnung der Geräte und die Kontrolle nach jedem Flug.

Die Befestigung der Blackburn-Universalvorrichtung erfolgt an den am Flugzeug vorgesehenen Beschlägen und kann entweder unter dem Rumpf oder unter den Flügeln vorgenommen werden.

### Vickers Abwurfvorrichtungen.

Die fast ausschließlich nur bei Landflugzeugen der RAF. verwandten Vorrichtungen werden von den Vickers-Werken geliefert. Mit geringer Ausnahme können in die Vickers-Bombenabwurfvorrichtungen ebenfalls verschiedene Bombenkaliber, ohne Veränderung vornehmen zu müssen, aufgehängt werden.

Die Vickers-Vorrichtungen sind mit Ausnahme der 10 kg Bombenvorrichtung mechanische Einzelvorrichtungen, die getrennt oder gekuppelt am Flugzeug befestigt und bedient werden können.

Die 10,8 kg Vorrichtung, eine Reihenvorrichtung durch Kabelzüge bedient, faßt 4×10,8 kg Splitterbomben und wird entweder an Jagdflugzeugen oder an Bombenflugzeugen für die Einwurfbomben angebaut.

Sie besteht aus einem U-Träger, in dem der Auslösemechanismus untergebracht ist, aus dem Gegenlager und aus dem Rahmenwerk, durch das der Anbau an Flugzeugen erfolgt.

Die Gegenlager sind in der Höhe verstellbar, damit die Bomben festgelegt werden können. Das vordere Gegenlager trägt eine Verlängerung mit einer

Sperrvorrichtung zur Sicherung der Luftschraube des Zünders. Der Auslösemechanismus besteht aus einem doppelseitigen Hebelarm, der, in der Mitte drehbar gelagert, auf der einen Seite die Bombenöse umfaßt, auf der anderen durch eine Sperrvorrichtung festgehalten wird. Die nebeneinander in gleicher Höhe und Abstand angeordneten Auslösemechanismen werden durch einen an einer verschiebbaren Schiene befestigten Nocken ausgelöst. Die Schiene selbst, an der einen Seite durch eine Spiralfeder unter Spannung gehalten, wird vom Führer bzw. Bombenschützen mittels Kabel derart bewegt, daß nacheinander die Bomben abgeworfen werden. Eine sichere Arbeitsweise wird durch die Anordnung einer gezahnten Schiene erreicht, die durch einen Mitnehmer bewegt wird. Die Bewegungen bzw. der Abstand der Zähne entsprechen jeweils dem Auslöseweg der Schiene von Bombe zu Bombe. Die Ladung der Vorrichtung kann in umgekehrter Reihenfolge der Entladung erfolgen, doch ist ein besonderer Hebel angeordnet, durch den man den Schienenmitnehmer und die Festhaltung ausschalten kann und die Schiene von selbst in ihre Ladestellung durch die vorher erwähnte Spiralfeder zurückgleitet.

### Vickers Abwurfvorrichtung für 50 kg Bomben.

Die Vorrichtung setzt sich aus einem rohrförmigen Stahlträger, den Gegenlagern und dem Schloß zusammen. In dem Träger lagert der Zünderentsicherungsstab zur Sicherung und Entsicherung der Bombenzünder. Diese Einrichtung ermöglicht den Abwurf der Bomben je nach Bedarf und nach Wahl, entweder mit entsichertem Bodenzünder und gesichertem Kopfzünder oder umgekehrt. Auch können bei Notlandungen über eigenem Gebäude die Bomben mit gesicherten Zündern abgeworfen werden, ohne Besatzung und Bodenpersonal in Gefahr zu bringen.

Die Gegenlager bestehen aus einer mit Stahlblech windschnittig verkleideten Strebe, die am oberen Ende mit dem Hauptträger verbunden ist. Das untere Ende ist zu einer Gabel ausgebildet, die die Bombe umfaßt und ihr den festen

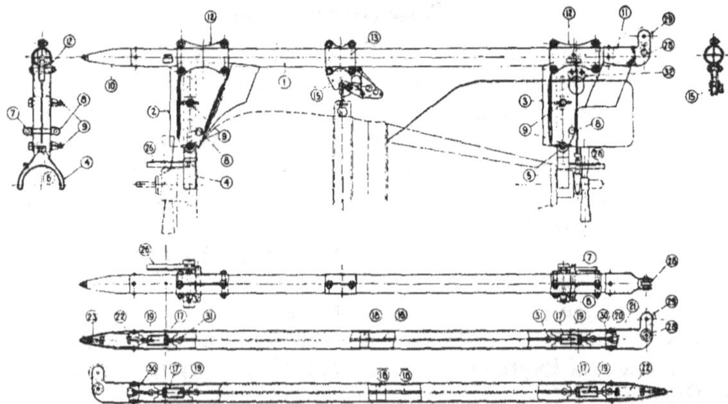

Bild 149. Vickers-Aufhängevorrichtung für 50 kg Bomben mit mechanischer Auslösung.

Halt gibt. Für die Befestigung der Gegenlagerstreben am Hauptträger sind Rohrschellen, die durch Schraubenbolzen festgeklemmt werden, vorgesehen. Sie dienen auch zur Montage der Vorrichtungen an Flugzeugen.

Die Gegenlagerstreben mit ihren Gabeln können in der Stahlblechverkleidung in vertikaler Richtung verstellt werden. Die Feststellung erfolgt durch Klemmschrauben mit Flügelmuttern, die durch Federscheiben gesichert sind. Hierdurch wird die Aufhängung der Bombe erleichtert und das Gegenlager fest an die Bombe gepreßt.

An den Gegenlagern befinden sich Haltearme, die die Propeller der Zünder vor vorzeitiger Entsicherung sichern.

Auch für die seitliche Abstützung der Abwurfvorrichtungen gegen das Flugzeug sind Ringbolzen am Gegenlager vorgesehen, von wo aus entweder nach beiden Seiten mit Kabeln oder nur nach einer Seite die Abstützung mittels einer Stützstrebe vorgenommen werden kann.

In der Mitte des Hauptträgers hängt an einer Rohrschelle das Schloß. Es besteht aus zwei Stahlplatten, zwischen denen der Sliphaken und der Sperrhaken gelagert sind. Für die Auslösung sind Seildrähte vorgesehen, die über Seilrollen durch den Rumpf zum Bombenschützenstand geführt werden. Durch Ziehen der Kabel wird der Sperrhebel um seinen Drehpunkt nach hinten bewegt und gibt damit den belasteten Sliphaken frei. Nach der Entlastung springt der unter Federdruck stehende Sliphaken in seine Lage wieder zurück, wird jedoch nicht festgehalten, da die Rückholfeder des Sliphakens nicht die des Sperrhakens überwinden kann. Auf diese Weise wird der Sliphaken in der Ladestellung gehalten, was ein sofortiges Einklinken der Bombenaufhängeöse möglich macht. Erst durch das Hochdrücken der Bombe drückt der Sliphaken den Sperrhaken zurück, um in die Sperraste einzuklinken. Es können somit, ohne einen Hilfsmann im Bombenschützenstand am Abzugshebel, die Vorrichtungen bedient und mit Bomben beladen werden.

Für die Entsicherung der Boden- und Kopfzünder ist eine Sondervorrichtung in die eigentliche Abwurfvorrichtung eingebaut. Die Einrichtung besteht aus einem horizontal beweglichen Zünderentsicherungsstab, der in dem Hauptträger durch Gleitschuhe geführt und durch Spiralfedern ständig in der Anfangsstellung gehalten wird. Die Gleitschuhe besitzen rechteckige Aussparungen, in die verschieden lange Haltestifte hineinragen. Diesen Stiften ist die Aufgabe zugedacht, die Zündersicherungen zu blockieren oder freizugeben.

Um diese Aufgabe erfüllen zu können, wurden noch Zwischenglieder notwendig. Das Zwischenglied besteht aus einem Draht mit einer am oberen Ende befindlichen Schlaufe und am unteren Ende mit einer in der Höhe verstellbaren Gabel mit Haltestiften. Während die Gabel über den Zünderhals geschoben wird und der Haltestift den Propeller hindert, sich durch den Fahrtwind zu drehen, wird die Schlaufe auf den Haltestift des Zünderentsicherungsstabes gehängt. Letzterer wird beim Start des Flugzeuges derart eingestellt, daß er die Zwischenglieder, falls eine Bombe unbeabsichtigt aus der Vorrichtung fällt, nicht festhält und die Zünder demnach nicht entsichert werden.

Wird nun eine Bombe geworfen, so ist der für die Zünderentsicherung vorgesehene Hebel zunächst so einzustellen, wie es die Wahl und Einstellung der

Zünder erfordert. Soll zum Beispiel die Bombe nur mit dem entsicherten Kopfzünder geworfen werden, so wird der Hebel bis zum mittleren Anschlag umgelegt, damit der kürzere Haltestift am Ende des Zünderentsicherungsstabes die Schlaufe des Zwischengliedes freigibt. Dadurch wird die Gabel, die den Kopfzünderhals

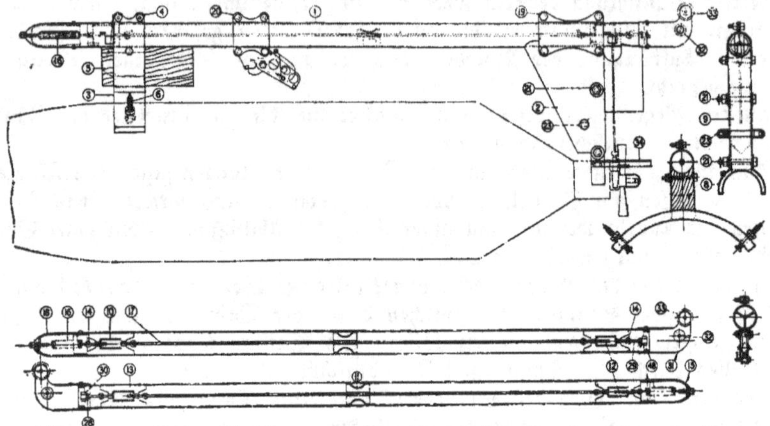

Bild 150. Vickers-Aufhängevorrichtung für 100 kg Bomben mit mechanischer Auslösung.

umfaßt, abgestreift und der Propeller entsichert, während die Gabel um den Bodenzünderhals mit der Bombe abfällt und der Propeller des Bodenzünders gesichert bleibt.

Beim vollständigen Umlegen des Zünderhebels werden beide Schlaufen der Zwischenglieder festgehalten und beim Abwurf der Bombe beide Zünder entsichert.

Auf diese Weise können alle Möglichkeiten ausgenutzt und jeder Lage Rechnung getragen werden.

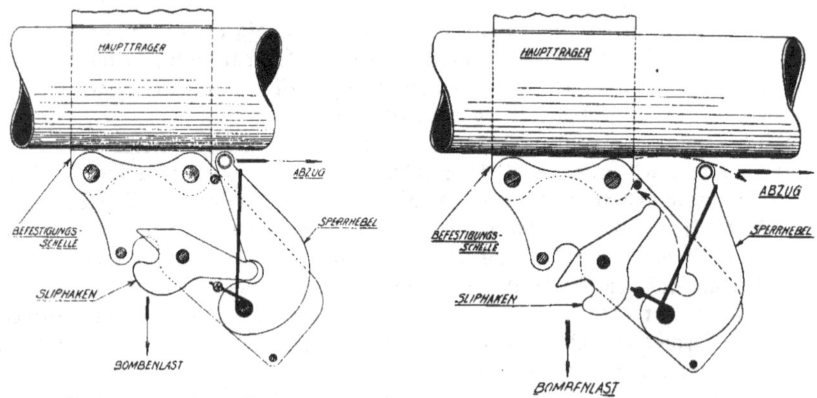


Bild 151. Das Schloß der Vickers-Aufhängevorrichtung in geschlossenem und geöffnetem Zustand.

Die Vorrichtungen der Vickers-Werke für 113 und 250 kg Bomben gleichen der vorher beschriebenen bis auf das vordere Gegenlager, das mit Verstellschrauben, die am unteren Ende Pratzen tragen, ausgestattet ist.

Auch die neueren mechanischen Bombenvorrichtungen für zylindrische Bomben werden mit Verstellschrauben und Pratzen an den Gegenlagern geliefert. Ferner

Bild 152. Moderne Vickers-Aufhängevorrichtung für 100 kg Bomben mit mechanischer Auslösung und Heißvorrichtung.

wurde eine Heißvorrichtung zum leichteren Laden der Vorrichtung angebaut, die durch die Hand betrieben werden kann. Sie besteht aus einer Seiltrommel, Kegelrädern und einer Kurbel. Auf der Trommel befindet sich ein Drahtseil, das am oberen Ende mit einem Haken verbunden ist. Durch Drehen der Handkurbel wird die Bombe vom Boden hochgewunden und in die Vorrichtung gehoben.

## Französische Bombenabwurfvorrichtungen.

Die französischen Abwurfvorrichtungen, unter der Bezeichnung G.P.U., M.P.U.M. und T.G.P.U. bekannt, werden von der Firma R. Alkan & Cie. in Paris gebaut.

Die Firma baut Vorrichtungen für einen senkrechten und waagerechten Einbau der Bomben, die sich nur in der Aufnahme der Kaliber unterscheiden. Es werden daher Vorrichtungen für 1 × 10 kg, 4 × 10 kg, 8 × 10 kg, 12 × 10 kg, 1 × 50/75 kg, 1 × 100/300 kg und 1 × 400/700 kg gebaut, die gegenseitig ausgetauscht werden können oder für eine bestimmte Ausrüstung berechnet sind.

Im Prinzip sind alle Vorrichtungen gleich. Sie werden durch Kabelzüge ausgelöst und manche sogar durch Kabelzüge gesichert und entsichert.

Die 10 kg Bomben werden in Reihenvorrichtungen aufgehängt, die zum Teil neben- oder paarweise hintereinander angeordnet sind.

Ein Rahmenwerk aus U-Trägern bildet das Fundament der Reihenvorrichtung, die in der Mitte entweder eine Welle für eine Reihe Bomben oder zwei Auslösewellen in bestimmten Abständen voneinander für zwei Reihen Bomben vorsieht. Die Wellen mit Nocken betätigen die Auslösemechanismen, an denen die Bomben hängen. Mehrere Reihen einfacher Gegenlager dienen zur Gegenlage der Bomben. Mittels feststellbarer Abwurfhebel, die mit einer gezahnten Scheibe in der Vorrichtung verbunden sind, können die Einzel- oder Reihenvorrichtungen mit beliebigen Zeitabständen betätigt werden.

Das Muster $G_1$ für 24 × 10 kg Bomben und mechanischer Auslösung besitzt noch eine mechanische Sicherheitsvorrichtung. Mit dieser können während des

Fluges alle Zünder blockiert werden, falls die Bomben im Notfall abgeworfen werden müssen.

Alle Kabel werden in biegsame dünne Schläuche verlegt, wodurch die Kabelrollen überflüssig werden, dadurch die Anlage leichter und die Betriebssicherheit gehoben wird.

Für die größeren Bomben werden nur Einzelvorrichtungen gebaut. Sie bestehen aus einem U-Träger, den angenieteten Gegenlagern mit Verstellschrauben und dem eigentlichen Schloß der Vorrichtungen.

Besonders vorgesehene Beschläge gestatten den Anbau entweder unter dem Rumpf oder unter dem Flügel. Auch Haltevorrichtungen für die Kopf- und Bodenzünder sind vorgesehen, die bei verschiedenen Mustern gesondert bedient werden können.

Das Muster G.P.U.-W. für 50 kg Bomben wird durch feststellbare Hebel ausgelöst, weil eine Sondereinrichtung für die Entsicherung der Zünder nicht vorgesehen ist. Die Einrichtung kann nicht mit einer anderen gekuppelt werden, so daß für jedes Aggregat ein Abwurfhebel eingebaut werden muß. Für den Anbau der Vorrichtung dienen besondere Beschläge, die durch verstellbare Bolzen jedem Spantenabstand angepaßt werden können.

Das Muster M.P.U.-M. für 50 bis 75 kg Bomben gleicht dem vorhergehenden Muster vollkommen, nur mit der Ergänzung einer Sicherheitsvorrichtung. Diese Einrichtung ermöglicht durch Drehen des Kordelknopfes während des Fluges die wahlweise Entsicherung der Zünder.

Das Muster G.P.U.-M.R. für 100 bis 300 kg Bomben besteht aus einem nach unten geöffneten U-Träger, an dem die beiden Gegenlager aus Leichtmetall angenietet sind, ferner das Schloß mit dem Slip- und Sperrhaken für die mechanische Auslösung. Diese Vorrichtung, die im Aufbau den übrigen Mustern sehr ähnlich ist, ist mit einer Einrichtung versehen, durch welche die Zünder im Fluge entsichert und der Kopfzünder auf Früh- und Spätzündung eingestellt werden kann.

Die Aufhängung erfolgt in bekannter Weise, wobei der örtlichen Anbaumöglichkeit weitgehend Rechnung getragen wurde.

Das Muster G.P.U. für 100 bis 300 kg Bomben unterscheidet sich von dem Muster G.P.U.-M.R. nur durch die Gegenlager und die Zusatzeinrichtung zur Kontrolle der Funktion der Vorrichtung.

Die Gegenlager, aus Leichtmetall gegossen, sind mit verschiedenen Bohrungen versehen, um die Verstellschrauben dem Bombenkaliber anpassen zu können. Diese Tatsache gestattet, in ein und derselben Vorrichtung Bomben von 50 bis 300 kg Gewicht wahlweise ohne Änderung aufzuhängen.

Die Zusatzeinrichtung besteht aus elektrischen Auflagekontakten und dient dazu, zu prüfen, ob die Bombe noch in der Vorrichtung hängt oder ob sie bereits abgeworfen wurde. Die elektrische Kontrolleitung endigt in einem Lampenkästchen im Bombenwerferstand. Die Lampen, für jede Bombenvorrichtung eine, leuchten auf, wenn die Bombe in der Vorrichtung hängt, sie erlöschen, wenn die Bombe die Vorrichtung verlassen hat, also der Abwurf erfolgt ist. Diese Einrichtung ermöglicht dem Schützen zu jeder Zeit eine sofortige Überprüfung seines Munitionsvorrates. Am Kopfende der Vorrichtung kann eine Heißvorrichtung angebracht werden, um die schwere Bombe leichter in die Vorrichtung einhängen zu können.

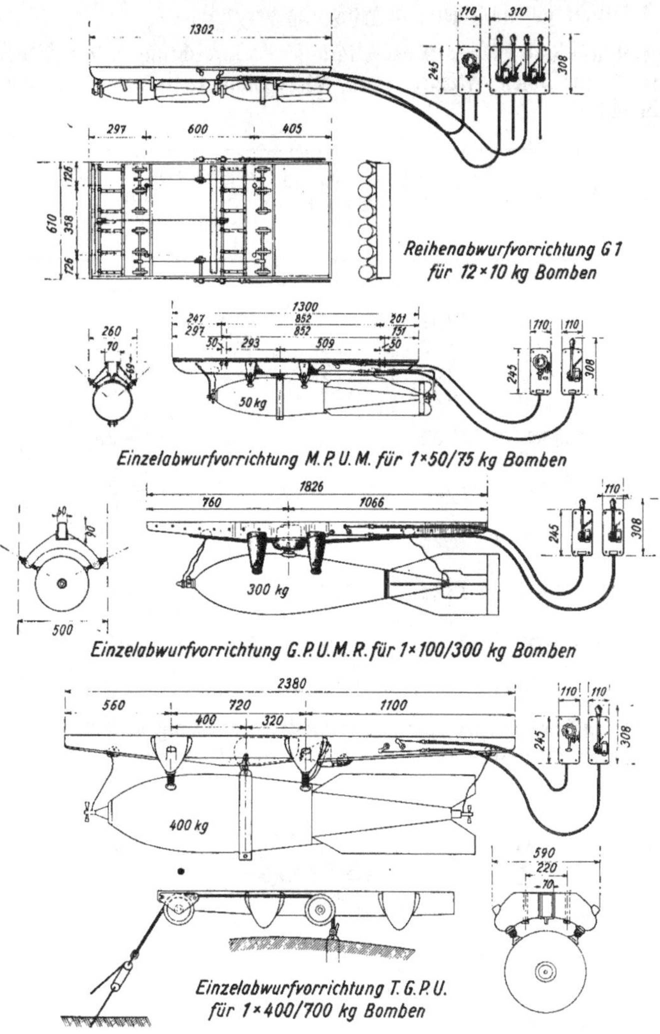


Bild 153. Französische Bombenabwurfvorrichtungen der Firma R. Alkan u. Cie., Paris.

Das Muster T.G.P.U. für 400 bis 700 kg Bomben ist mit allen vorher beschriebenen Einrichtungen ausgestattet. Es gleicht im Prinzip den anderen. Der Hauptträger besteht aus zwei übereinandergestülpten und vernieteten U-Profilen. An dem Träger werden die gegossenen Gegenlager angenietet, die bei diesem Muster zur Befestigung der Vorrichtung an das Flugzeug herangezogen werden. Die Befestigungsbolzen werden durch die Gegenlagerarme gesteckt und mit den Befestigungsbeschlägen am Flugzeug verbunden.

Über die Maße und Gewichte der wichtigsten Vorrichtungen der Firma Alkan, die in der französischen Fliegertruppe Verwendung finden, gibt nachstehende Tabelle Aufschluß.

| Muster | für Kaliber kg | Länge der Vorrichtung mm | Gegenlager, Abstand mm | Gewicht der Vorrichtung kg | Breite der Vorrichtung mm | Einbau |
|---|---|---|---|---|---|---|
| L . . . . | 4×10 | 1186 | 173 | 6,7 | 431 | unter Flügel |
| G . . . . | 6×10 | 1302 | 173 | 7,5 | 242 | " " |
| G . . . . | 12×10 | 1302 | 173 | 14,5 | 610 | " " |
| G1 . . . . | 12×10 | 1302 | 173 | 15,0 | 610 | " " |
| Levant . . | 1×10 | 954 | 173 | 1,5 | 50 | " Rumpf |
| GPUM . . | 50/75 | 1300 | 280 | 6,4 | 70 – 260 | " " " Flügel |
| MPUM . . | 50/75 | 1300 | 280 | 6,25 | 70 – 260 | " " " Rumpf |
| GPUMR . | 100/300 | 1826 | 320 | 11,0 | 60 – 500 | " " " Flügel |
| GPU . . . | 50/300 | 1826 | 320 | 10,5 | 60 – 500 | " " " Rumpf |
| TGPU . . | 400/700 | 2380 | 720 | 30,0 | 70 – 590 | " " " Flügel |

Die amerikanische Fliegertruppe verwendet, mit wenigen Ausnahmen, mechanische Einzel-, Reihenvorrichtungen und Magazine.

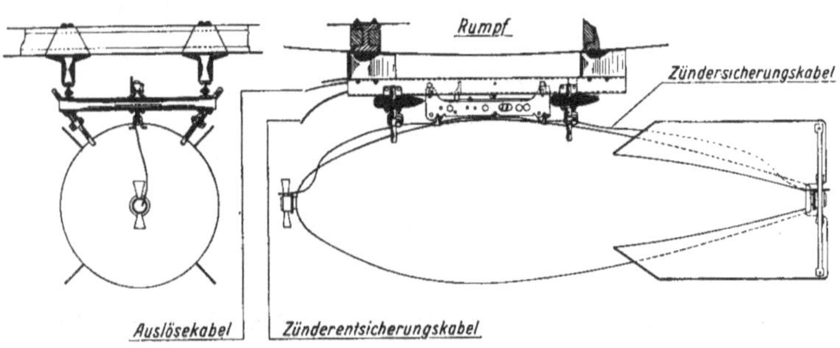


Bild 154. Amerikanische mechanische Abwurfvorrichtung für 500 kg Bomben.

Die Vorrichtungen lassen sich in zwei Gruppen einteilen. Die erste Gruppe dient zur Aufnahme der Bomben bis zu 500 kg, die zweite bis zu 1800 kg Bomben.

Für die Aufnahme der 10,8-kg-Splitterbombe wird eine Zwischenvorrichtung verwandt, die dem kleineren Hakenabstand angepaßt ist und durch die die kleinen

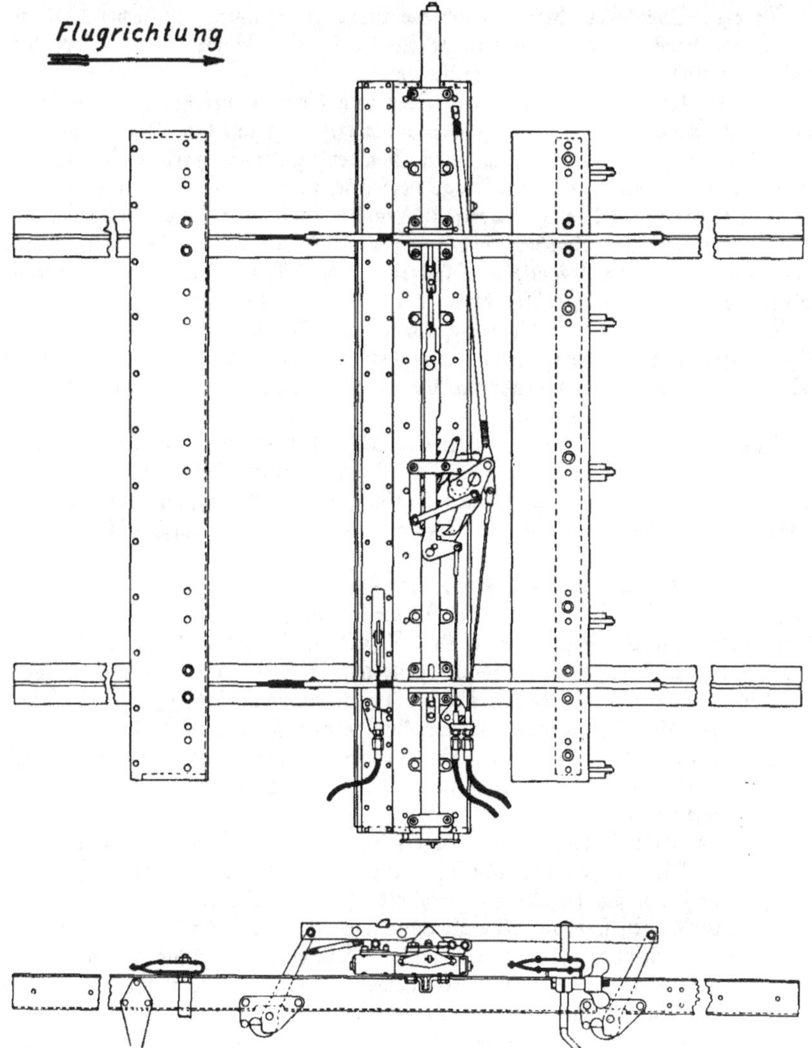


Bild 155. Amerikanische Reihenabwurfvorrichtung für 5 kleine oder 2 größere Bomben.

Bomben in die eigentliche Aufhängevorrichtung eingehängt werden und somit als Verbindungsglied dient.

Die Einzel- und Reihenvorrichtungen werden, außer bei den modernen Hochleistungsbombern, unterhalb des Rumpfes oder Tragdecks angebaut und dem freien Luftstrom ausgesetzt. Sie bestehen aus einem vorderen und hinteren profilierten Querträger und einem dazwischen angeordneten Kastenträger aus Stahlprofilen, der das Schloß und den Zünderauslösemechanismus aufnimmt.

An dem Querträger befinden sich die Gegenlagerstützen, aus jeweils einem in der Länge verstellbaren Rundstab gebildet, die die Bombe in der Vorrichtung festhalten und jede Bewegung verhindern.

Das Schloß setzt sich aus einem Slip und einem Sperrhaken zusammen, die durch eine Auslöseschiene betätigt werden. Diese liegt auf dem Kastenträger quer zur Flugrichtung und kann durch einen Bowdenzug bewegt werden. In der Mitte ist die Schiene mit einer Zahnstange versehen, in deren Zähne eine Sperrklinke und eine Verschiebeklinke eingreifen. Letztere kann nur bewegt werden, wenn durch einen zweiten Bowdenzug die Sperrklinke ausgelöst wird. Eine Sicherheitsklinke dient zur sofortigen Blockierung der Auslöseschiene, falls irgendein Defekt eine unerwünschte Auslösung der Bomben gefährdet.

Die Schiene, wie auch die verschiedenen Klinken und Bowdenkabel, befinden sich ständig unter Federspannung, um den Ladevorgang zu erleichtern und die Vorrichtung nach vollkommener Entladung vom Bombenwerferstand aus auf die Nullstellung zu bringen.

Das Zwischenglied für die Splitterbombe besteht nur aus einem mit Erleichterungslöchern versehenen schmalen Träger, einem Slip und Sperrhaken. Während die Ösen der Zwischenvorrichtung in die Sliphaken der eigentlichen Vorrichtung eingehängt werden, erfolgt die Auslösung durch einen Sonderkabelzug.

Die Entsicherung oder Sicherung der Zünder wird durch eine zweite Schiene bewerkstelligt. Die Zünder bzw. der Propeller werden durch einen Draht an eine frühzeitige Umdrehung gehindert. Der Draht selbst wird durch einen Sliphaken des Zünderentsicherungsmechanismus gehalten. Falls die Bomben mit gesicherten Zündern abgeworfen werden, wird die zweite Schiene betätigt, die Sliphaken der Zünderdrähte freigegeben und die Bombe mit Zünderdraht abgeworfen. Im anderen Fall wird die Bombe ohne vorhergehende Betätigung der zweiten Schiene abgeworfen, wobei die Zünderdrähte festgehalten und aus dem Zünder herausgezogen werden.

Die Magazine bestehen aus Trägern, die von der Rumpfoberseite bis zur Rumpfunterseite reichen und auf die Rumpfhöhe eingepaßt werden. In diesen Trägern befinden sich die Aufhängeschlösser für die Bomben, die ebenfalls miteinander verbunden sind, um eine gleichmäßige und sichere Auslösung des vorderen und hinteren Sliphakens zu gewährleisten. Die einzelnen Magazinträger liegen so weit auseinander, daß abwechslungsweise oder zusammen bis zu 270 kg schwere Bomben aufgenommen werden können.

Die Sperrung der Sliphaken erfolgt durch Gestänge, das an Winkelhebeln angeschlossen ist, die auf einer Nockenwelle aufliegen und durch Kabelzüge in Drehung versetzt werden. Die Schaltung und die Anordnung der Nockenwelle ist derart eingerichtet, daß die Bomben nur der Reihe nach von unten nach oben ausgelöst werden können.

## Abwurfhebel.

Die Abwurfhebel sind den Bombenabwurfvorrichtungen angepaßt und auf die Auslösebewegungen der Schloßteile abgestimmt.

Im allgemeinen werden die Hebel als Einzelhebel in Reichweite des Bombenschützen fest eingebaut und mit den Bombenvorrichtungen durch Kabelzüge verbunden. Sind mehrere Vorrichtungen am Flugzeug angebaut, werden Batteriehebel verwandt.

Elektrische Vorrichtungen werden entweder durch fest oder beweglich eingebaute Druckknöpfe betätigt. Es gelangen hierfür gewöhnliche Kontaktdruckschalter zur Anwendung oder, wie bereits vorher beschrieben, pistolenähnliche Handschalter, die durch bewegliche Kabel mit der Abwurfvorrichtung verbunden sind.

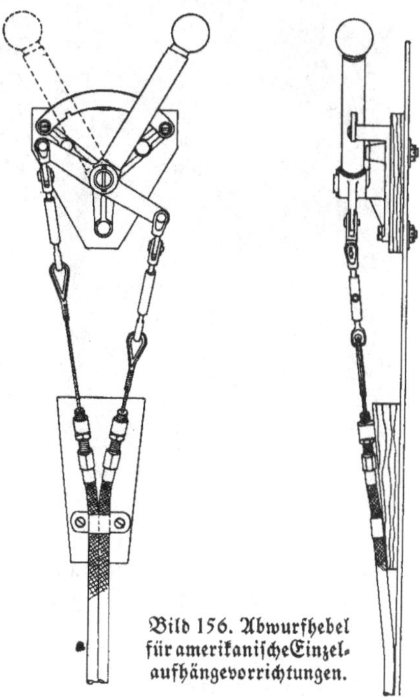

Bild 156. Abwurfhebel für amerikanische Einzelaufhängevorrichtungen.

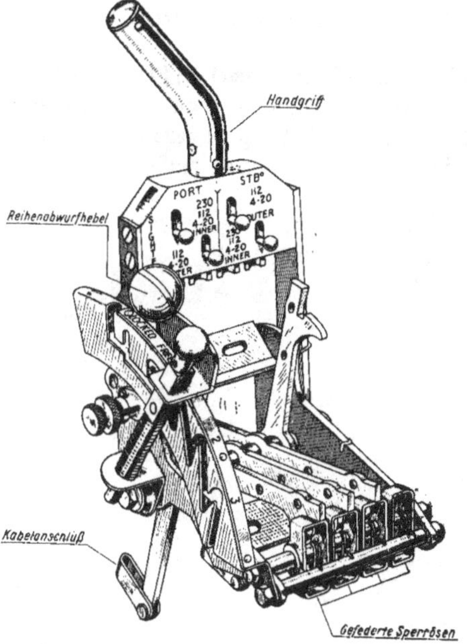


Bild 157. Englischer Bomben-Abwurfhebel.

Die mechanischen Bombenabwurfvorrichtungen werden durch mechanische Abwurfhebel ausgelöst.

Die Einzelhebel, wie sie im allgemeinen in Amerika verwandt werden, bestehen aus dem Handgriff, den Kipphebeln und dem Hebelsegment. Der Handgriff, mit einem niederdrückbaren Knopfgriff, wird durch eine Raste in der Anfangsstellung blockiert. Erst bei Niederdrücken des Knopfes kann der Hebel bewegt und die Bombe ausgelöst werden. Diese Abwurfhebel, in umseitiger Zeichnung abgebildet, sind derart konstruiert, daß sie zu mehreren auf einer gemeinsamen Welle eingebaut werden können.

Eine andere Art von Abwurfhebeln, die in der amerikanischen Fliegertruppe verwendet werden, sind mit Ketten-

Bild 158. Englischer Batteriehebel für mehrere Bombenabwurfgeräte.

rädern und einem schwenkbaren Handgriff ausgestattet. Das Kettenrad, über dem eine Fahrradkette liegt, die an beiden Enden mit dem Auslösekabel verbunden ist, ist mit einer Rastscheibe verschraubt. Die einzelnen Rasten entsprechen den Auslösewegen der Auslöseschiene einer Reihenvorrichtung. Betätigt man den Abwurfhebel, so dreht dieser, bis zum Anschlag durchgezogen, das Kettenrad um eine Raste weiter, was der Auslösung einer Bombe entspricht. Das Kettenrad kann in jeder Stellung blockiert und damit die ganze Vorrichtung gesichert werden.

Für die englischen Abwurfvorrichtungen werden Batteriehebel verwandt. Diese werden durch einen Rahmenwerk gebildet, das von einer Welle durchzogen wird. Auf der Welle ruhen Hebelarme, die an dem einen Ende mit dem Auslösehebel verbunden, an dem anderen Ende mit Rasten versehen sind.

Der Handgriff ist an einer Quertraverse befestigt, in die die Wahlknöpfe und Mitnehmerstifte eingebaut sind. Durch die verstellbaren Mitnehmerstifte können die Bomben einzeln, paarweise, wahlweise und alle zusammen abgeworfen werden.

Der Hebel kann nach jedem Wurf blockiert werden, wobei gleichzeitig die Vorrichtungen gesichert sind.

Die übrigen Abwurfhebel, deren Aufbau aus Raummangel nicht beschrieben werden konnte, sind sich im Prinzip mehr oder weniger gleich, da sie alle die gestellten Forderungen erfüllen und nach Möglichkeit in jedes Flugzeug eingebaut und ohne besondere Ausbildung von jedem Bombenschützen bedient werden müssen.

Bild 159. Bombenabwurfhebel mit Notwurfeinrichtung einer mittleren Maschine von A. B. Flygindustri, Schweden.

# Elektrische Bombenabwurfgeräte.

Der moderne Bombenwurf erfordert eine lange Kette von Handlungen, die mit größter Genauigkeit durchgeführt werden müssen, falls der Bombenwurf Erfolg sein soll. Jede unsichere Handlung wirkt sich in der Treffgenauigkeit aus.

Die technischen Bedingungen der Arsenale fordern die höchste Vollkommenheit der Bomben in ballistischer und bautechnischer Hinsicht, der Zielgeräte und nicht zuletzt der Bombenabwurfvorrichtungen, denn das Versagen eines dieser Faktoren bedeutet entweder einen Mißerfolg oder sogar unter Umständen den Verlust des Flugzeuges einschließlich der Besatzung.

Die meisten Mängel glaubte man in den noch nicht genügend entwickelten Abwurfgeräten vereinigt zu sehen. Tatsächlich waren die Störungen in der Arbeitsweise der Geräte oft von sehr großer Bedeutung. Die Bombe fiel nicht rechtzeitig aus der Vorrichtung oder die Frost- und Vereisungsgefahr brachte so große Verzögerungen in den Schloßteilen mit sich, daß die Vorrichtungen versagen mußten. Auch große Temperaturschwankungen machten sich bemerkbar.

Diese Fehlerquellen waren zwar reichlich, aber die Vereinfachung mancher Konstruktion hätte den Anforderunaen genügt, wenn nicht die Vervollkommnung der Geräte in einer komplizierten Vorrichtung gesucht worden wäre.

Weit wichtiger, als diese Mängel zu verbessern, ist die Ausschaltung der Fehler, die durch die Bedienung der Geräte verursacht werden. Die menschliche Handlung, die sehr von dem Augenblick und von dem äußeren Einfluß abhängig ist, gibt oft genug Veranlassung zu Störungen und Zeitverlusten in der Bedienung der Abwurfgeräte.

Die Einflüsse einer Kampfhandlung oder die Einwirkung der Bodenabwehr ohne eigene Verteidigungsmöglichkeit ergeben ganz andere psychische Momente, als friedliche Übungen über ungeschützte Ziele.

Um die nun mehr ins Gewicht fallenden Fehlerquellen, die sich in der gestörten Ruhe, vergeßlichen Bedienung der Geräte und vor allem in der langen Handlungsfolge vom Auge über Gehirn bis zur Funktion der Hände auswirkt, möglichst zu verringern, wurden automatische Abwurfvorrichtungen entwickelt.

Vorrichtungen, die automatisch arbeiten, d. h. die mit einem Automaten ausgestattet sind, der alle Handlungen, einmal eingestellt, selbsttätig vornimmt, besitzen zweifellos Vorteile, die nicht unterschätzt werden dürfen. Die Auslösung erfolgt, ohne Rücksicht auf das Gewicht der Bomben und ohne jede körperliche Anstrengung des Bombenschützen, leicht und zeitlos.

Elektrische Vorrichtungen wurden schon während des Krieges in deutsche Riesenflugzeuge eingebaut. Heute befassen sich fast alle größeren Staaten damit, elektrisch auslösbare Vorrichtungen zu bauen, deren Prinzip darauf beruht, die Bomben unter Anwendung von mechanisch beweglichen Schloßteilen in der Vorrichtung zu halten, sie elektrisch auszulösen, oder die Bomben direkt an die elektrische Anlage zu hängen. Letztere Art wurde nur versuchsweise durchgeführt, da die geforderte Sicherheit nicht erreicht wurde.

Die heute schon verwendeten Vorrichtungen bestehen aus dem Hauptträger, den Schloßteilen, wie Sliphaken und Sperrhaken, und der elektrischen Einrichtung. In dem Hauptträger ist ein Magnet untergebracht, der durch eine 12-Volt-Batterie betätigt wird.

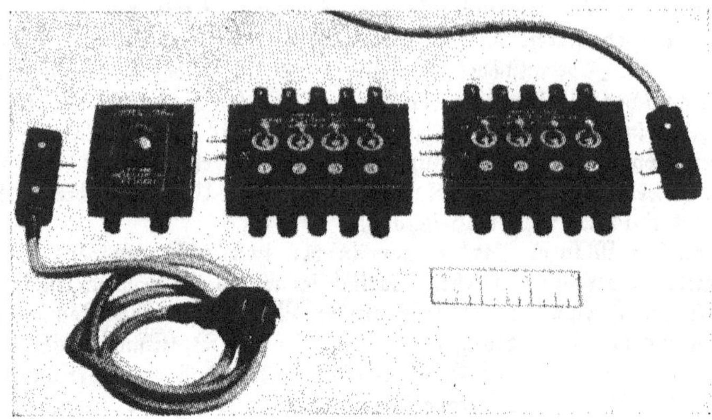

Bild 160. Schalt- und Signalkasten der elektrischen Bombenaufhängevorrichtung Handley Page.

Die Verlängerung des Ankers greift an den Sperrhaken, um denselben durch Einschalten des Stromes zu bewegen. Hängt die Bombe im Sliphaken und ist dieser durch den Sperrhaken festgehalten, so kann, solange der Strom nicht ein-

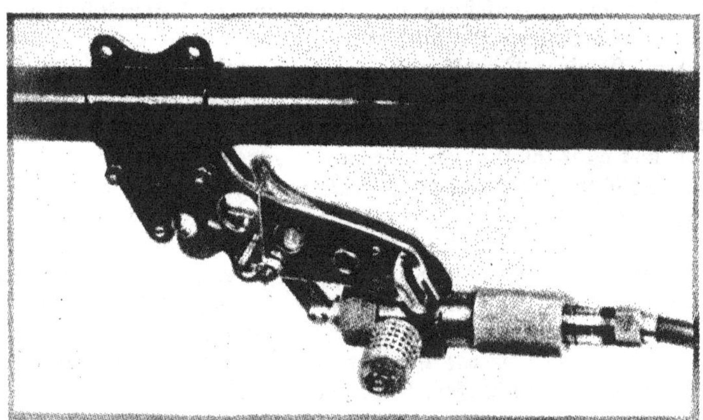

Bild 161. Das Schloß der elektrischen Bombenabwurfvorrichtung. Links oben im Bilde der Sliphaken, in der Mitte die Übertragungsteile, rechts der Zylinder für den elektrisch entzündbaren Pulversatz und der Flammenkorb zur Vernichtung der Stichflamme.

geschaltet wird, zunächst keine Bombe abgeworfen werden. Der eingeschaltete Strom, der nun durch den Magneten fließt und damit den Magneten erregt, setzt den Anker in Bewegung. Der Anker wird von dem Magneten in kürzester Zeit angezogen, wodurch der Sperrhebel aus seiner sperrenden Lage gebracht und die Bombe abgeworfen wird. Erst die Ausschaltung des Stromes läßt die Lösung des Ankers und somit die Beladung des Sliphakens wieder zu.

Die Vorrichtung ist an einem Schaltkasten angeschlossen, der die Betriebsaufnahme ermöglicht. An dem Schaltkasten befindet sich der Hauptschalter zur Einschaltung des gesamten elektrischen Netzes. Die Vorrichtungen werden durch einzelne Schalter eingeschaltet, um auch einen wahlweisen Bombenwurf vornehmen zu können. Es können beliebig viele Bombenvorrichtungen in Tätigkeit gesetzt werden, wobei die eine oder andere Vorrichtung übersprungen werden kann. Kleine Lampen zeigen die Funktion der Vorrichtungen an.

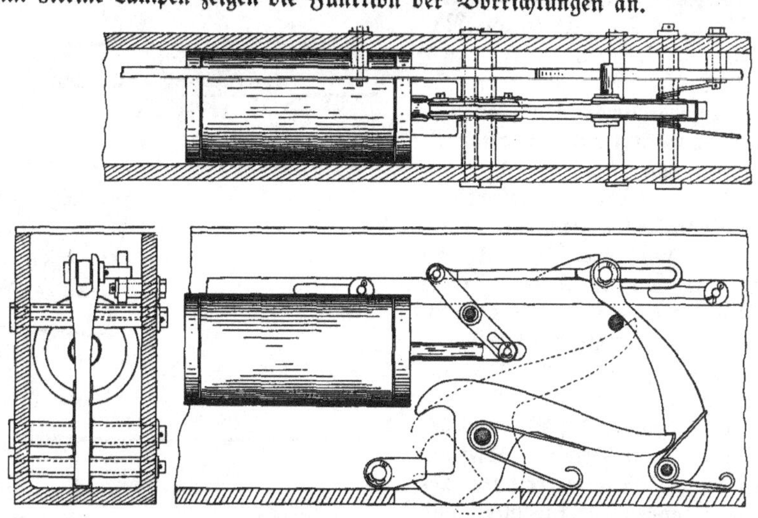

Bild 162. Das Schloß einer elektrischen Aufhängevorrichtung mit Magnet und mechanischem Notabwurfgestänge.

Für den Abwurf der Bomben, der in diesem Fall halbautomatisch erfolgt, ist ein pistolenähnlicher Auslösehebel vorgesehen. Durch diesen Hebel, der infolge seiner elastischen Verbindung mit dem Schaltkasten in jeder Stellung des Bombenschützen eine Bedienung der Vorrichtung zuläßt, werden die Wahlscheiben für den betreffenden Stromkreis weitergedreht und die Stromkreise geschlossen. Der pistolenähnliche Griff ist mit einem Abzugshebel für die Drehung der Scheibe und mit einem Druckknopf für den eigentlichen Abwurf der Bombe versehen. Damit wurde zwar erreicht, daß die Bomben wahlweise außer der Reihe abgeworfen werden konnten, dennoch mußten Handlungen vorgenommen werden, die eine volle Sicherheit und Überlegung erforderten. Der Beobachter mußte zunächst den Stromkreis einschalten, dann die Wahlscheibe auf die Anfangsstellung drehen, die einzelnen Vorrichtungsschalter einschalten und während des Abwurfes zuerst mit dem Daumen den ersten Abwurf tätigen, dann mit dem Zeigefinger die Wahlscheibe weiterdrehen, wieder mit dem Daumen den Druckknopf auf dem oberen Ende des Griffes betätigen und so fortlaufend, bis der Bombenwurf beendet war.

Diese Einrichtung hatte zwar den Vorteil, daß der Abwurf in kürzester Zeit erfolgte, doch den Nachteil, daß dem Bombenschützen zuviel Denkarbeit zugemutet wurde.

Für den Fall eines Notwurfes ist am Schalterkasten noch ein Druckknopf angebracht, durch den man unabhängig von den einzelnen Wahlschaltern und dem Hauptschalter die gesamte Bombenlast auf einmal abwerfen kann. Manche Konstruktionen sehen für den Fall einer Netzstörung noch eine mechanische Kabelzugauslösung vor, die aber nur einen reihenmäßigen Abwurf zuläßt.

Die vollautomatischen Abwurfvorrichtungen sind mit einem Magneten und einem Automaten ausgestattet. Der Automat kann für jeden erforderlichen Bombenwurf eingestellt werden und im gegebenen Moment von Hand durch einen Druckknopf — oder wie neuerdings durch Kontakte im Zielgerät, die sich durch Drehung des Prismas und durch das Mitlaufen des Fadenkreuzes mit dem Ziel im gegebenen Punkt des entsprechenden Vorhaltewinkels berühren — in Gang gesetzt werden.

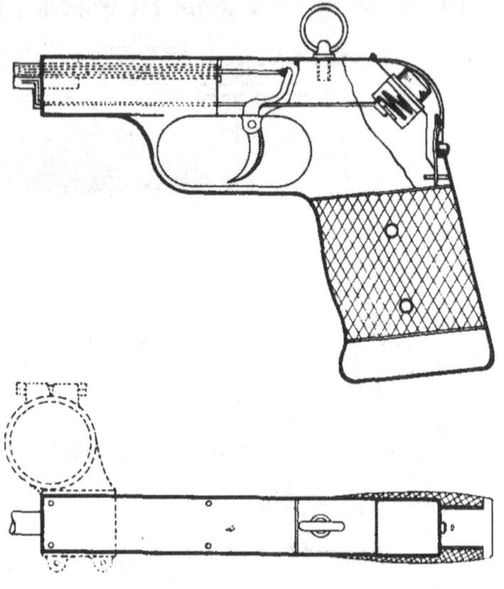

Bild 163. Pistolenähnlicher Handgriff für die Schaltung des Automaten.

Die Automaten besitzen entweder Uhrwerke oder kleine Elektromotoren, die die erforderlichen Arbeitshandlungen übernehmen und die Vorrichtungen automatisch auslösen. Durch Verteilerscheibe und Relais werden die Stromkreise geschlossen und im Notfall die Wahlschalter eingeschaltet, um die Last freizugeben. Die Automaten werden vor dem Bombenangriff entsprechend der zu werfenden Last eingestellt, die Wahlschalter kurz geschlossen und das Netz durch den Hauptschalter eingeschaltet. Kontrollampen zeigen an, ob die Vorrichtungen in Ordnung sind und die Bomben noch in denselben hängen. Für die Überprüfung der gesamten Anlage sind Ampèremeter, Voltmesser und Sicherungselemente vorgesehen.

Zur Vollkommenheit des Automaten gehört noch die Einstellung der Zeitabstände für einen Reihenwurf. Eine Skala sieht diese Einstellung für Zeitabstände von 1/3 bis 3 Sekunden vor. Mittels dieser Einstellung kann jeder Reihenwurf durch den Automaten selbständig durchgeführt werden. Beträgt die Einstellung eine Sekunde, löst der Automat nach Einschaltung seines Mechanismus alle Sekunde eine Bombe aus, und zwar so lange, wie es die Wahlscheibe und die eingeschalteten Vorrichtungen anzeigen und gestatten.

Die gesamte Anlage, die für Reihenvorrichtungen und Magazine Verwendung findet, ist sehr umfangreich und außerdem sehr empfindlich. Die kleinsten

Schußverletzungen können zur vollkommenen Stillegung der gesamten Anlage führen. Sie wird daher vorläufig nur in Großbombenflugzeugen eingebaut werden können, da sich eine derart komplizierte Anlage nur für große Bombenlasten lohnt.

Trotz der großen Vorteile der Vollautomatik, die für einen präzisen und gezielten Bombenwurf nicht groß genug sein können, muß abgewartet werden, ob

Bild 164. Eingebautes Bombenmagazin der Firma Alkan für eine vertikale Aufhängung von 50 kg Bomben und einer automatischen Auslösung. Die Automatik, durch einen Gummimotor angetrieben, ist in der Mitte des Bildes an der Außenseite des Magazins ersichtlich.

sich diese elektrische Abwurfvorrichtung, infolge des zu hoch erkauften Abzuges der zeitlosen Auslösung, gegenüber der nicht allzu großen Betriebssicherheit und Verwundbarkeit einführen wird.

Die letzte Art der Auslösung bildeten die pulvergetriebenen Vorrichtungen. Hiermit versuchte man den Magneten zu umgehen und die Auslösung zu verkürzen. Der Magnet wurde durch einen Zylinder und eine Patronenkammer ergänzt. In die Patronenkammer konnte eine Patrone eingeschoben werden, die durch einen Glühzünder und 12 Volt Spannung zur Entzündung gebracht wurde. Der Gasdruck wurde auf einen Kolben in dem angeschlossenen Zylinder geleitet, der die Kraft auf einen Sperrhaken übertrug. Das Schloß wurde demnach durch eine Patrone aufgeschossen und damit die Auslösezeit auf ein Minimum herabgesetzt. Die Flamme der Verbrennung gelangte in einen Flammenkorb, der am Zylinder angebaut war, um vernichtet zu werden.

Trotzdem war das Gefahrenmoment zu groß und die Betriebssicherheit zu klein. Die Kräfte, die abgefangen werden mußten, erforderten zu große Schloßteile, so daß das Gewicht der Vorrichtung zu groß wurde.

Die pulvergetriebenen Vorrichtungen haben nicht die Erwartungen erfüllt, die man erhofft hatte. Sie werden daher nur noch im Laboratorium weiter erprobt und vorläufig nicht mehr in Flugzeuge eingebaut.

## Hilfsvorrichtungen zum Laden der Vorrichtungen.

Eine der vielen taktischen Forderungen, die an ein hochwertiges Flugzeug gestellt werden, setzt auch die Zeit der Startvorbereitung und die Zeit für das Beladen der Bombenvorrichtungen fest. – Diese Forderung, die eine verhältnismäßig kurze Zeit vorsieht, führte zur Konstruktion von Hilfsmitteln, um vor allem die schweren Bomben mit wenig Hilfsmannschaften in die Vorrichtung zu heben.

Die kleineren Bomben bis zu 50 kg Gewicht werden, soweit es der Einbau der Vorrichtungen noch zuläßt, ohne Hilfsgeräte mit freier Hand in die Sliphaken eingehängt. Der Bau von Magazinen mit senkrechter Bombenaufhängung, wie sie Frankreich vorsieht, benötigt schon für die 10 kg Bombe ein Hilfsgerät, das den räumlichen Verhältnissen gerecht wird. Es besteht aus einem Holzsockel, in den die Bombe mit der Aufhängeöse nach oben hineingestellt wird. Mittels eines Querstabes kann das Hilfsgerät mit der Bombe hochgehoben und die Bombe in den Sliphaken eingeklinkt werden, ohne die Vorrichtung selbst zu berühren. Dasselbe Hilfsgerät wird in Frankreich auch für die 50 kg Bomben verwandt, das aber ausschließlich nur für die Beladung der Magazine

Bild 165. In großen Mengen werden Bomben von 50 kg Gewicht auf Transportwagen in die Nähe der Flugzeuge gebracht, um sie einzeln mit der Hand in die Magazine einzuhängen.

mit senkrechter Aufhängung dient. Weit schwieriger war es, eine Vorrichtung zu finden, die den Transport und den Ladevorgang der schweren Kaliber erleichterte.

Verschiedene Ladewagen wurden konstruiert, die aber nicht vollkommen den Forderungen entsprachen. Die Wagen mußten für 100 bis 1000 kg Bomben berechnet werden, die die Bomben nacheinander transportieren und aufnehmen können. Die Sattelstücke zur Auflage der Bomben mußten rasch ausgetauscht werden, die Bomben mußten durch eine am Wagen selbst befindliche Heißvorrichtung gehoben werden können, um dann von der Hilfsmannschaft in den

Bild 166. Das englische Bombenflugzeug Vickers Virginia bei Aufnahme der Bombenlast. Zwei bis drei Mann werden benötigt, um 50 kg Bomben in mechanische Aufhängevorrichtungen zu laden.

Sliphaken eingeklinkt zu werden. Schwierigkeiten bereitete der niedrige Abstand zwischen Flugzeugunterseite und Boden, ferner die schräge Lage der Flugzeuge in der Ruhelage. In der ersten Zeit mußte das Rumpfende des Flugzeugs hochgebockt werden, um die Durchfahrtshöhe unter dem Rumpf zu vergrößern und die Bombenvorrichtung in horizontale Lage zu bringen. Durch diesen Zwischenfall wurde die taktische Forderung jedoch nicht erfüllt.

Die damaligen Nachladewagen bestanden aus dem Traggerüst mit vier Rädern und einer windenähnlichen Heißvorrichtung, die mit einer Handkurbel bedient werden mußte. Die vordere und hintere Heißvorrichtung waren voneinander vollkommen unabhängig, so daß Unterschiede zwischen der vorderen und hinteren Höhenlage leicht ausgeglichen werden konnten. Diese Ladevorrichtungen konnten jedoch nur als behelfsmäßiges Hilfsgerät angesehen werden.

Der Entschluß, die Heißvorrichtung direkt an die Bombenvorrichtungen anzubauen, brachte eine Erleichterung für die Lademannschaften, so daß die Bedingung der Ladezeit schon eher erfüllt werden konnte.

Amerika benutzt schon sehr lange auf Magazine aufsteckbare Heißvorrichtungen, um die große Hubhöhe vom Erdboden bis zur oberen Bombenlage bewältigen zu können.

Diese Heißvorrichtung besteht aus einem Rahmen mit Seiltrommeln und einer mit Rasten versehenen Handkurbel. Letztere ist verstellbar, so daß in jeder Lage die Bomben hochgekurbelt werden können. Nach Beendigung des Ladevorganges wird das Hilfsgerät wieder abgenommen.

Die englischen Vickers-Vorrichtungen sehen direkt am Hauptträger des Abwurfgerätes eine Heißvorrichtung vor. Während die Schneckenräder und die Seiltrommel ständig am Gerät bleiben, wird die Handkurbel abgenommen und ständig im Flugzeug mitgeführt.

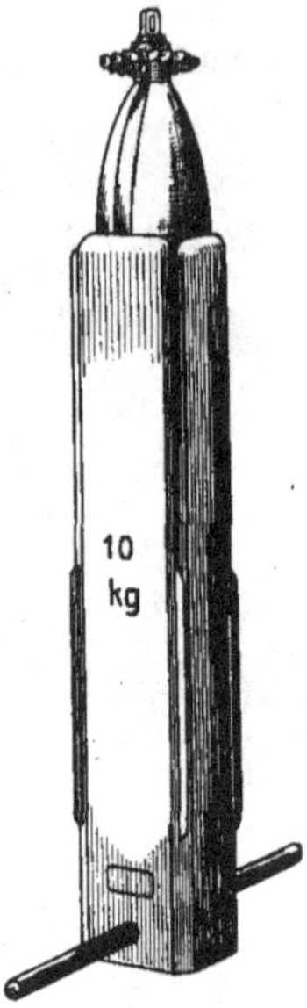

Bild 167. 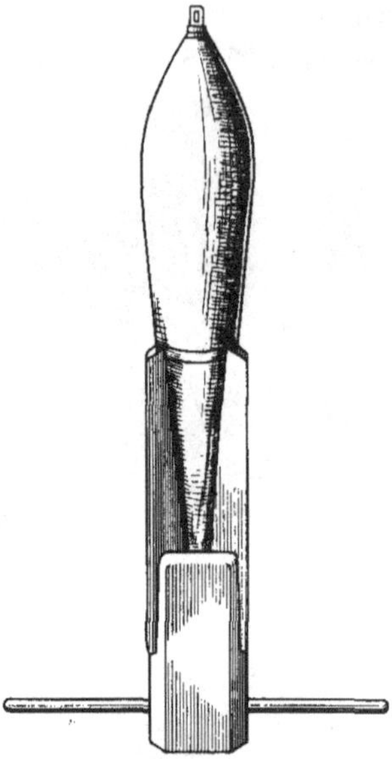 Bild 168.

Die Beladung der französischen Magazine bei vertikaler Bombenaufhängung erfolgt durch köcherähnliche Hilfsmittel, wie sie die Abbildung für 10 und 50 kg Bomben zeigt.

Auch die Firma Alkan in Frankreich konstruiert Heißvorrichtungen, die den örtlichen Verhältnissen speziell angepaßt sind. Das eine der Hilfsgeräte wird aus einem Schneckenrad und einer größeren Seilscheibe gebildet. Die Betätigung der Heißvorrichtung ist ermöglicht durch ein endloses Seil, das über eine größere Seilscheibe gelegt ist. Eine zweite Rolle, direkt am Schloß, die durch einen Bolzen während des Ladevorganges am Hauptträger befestigt wird, dient zur Umleitung des Tragseiles. Letzteres wird an einer Zwischenöse, der Bombenöse, befestigt. In oberster Stellung wird die Bombenöse in den Sliphaken eingeklinkt, die Umlenkrolle und die Heißvorrichtung von dem Gerät abgenommen und die Verstellschrauben der Gegenlager zur Festlegung der Bombe angezogen. Weit bequemer gestattet die Heißvorrichtung mit Kurbel und Spindel den Ladevorgang zu bewältigen. Alle Heißvorrichtungen sind derart konstruiert, daß sie in jeder Lage arbeiten und je nach den Platzverhältnissen an jeder Seite der Vorrichtung und auf den Magazinen angeschlossen werden können.

Die neuen Heißvorrichtungen gestatten nun, in kurzer Zeit das Flugzeug mit

Bild 169. Nachladewagen für 300 kg Bomben aus dem Jahre 1918. Das vordere Sattellager kann durch einen Kurbelantrieb gehoben werden, um die Bombe in die Vorrichtung zu bringen.

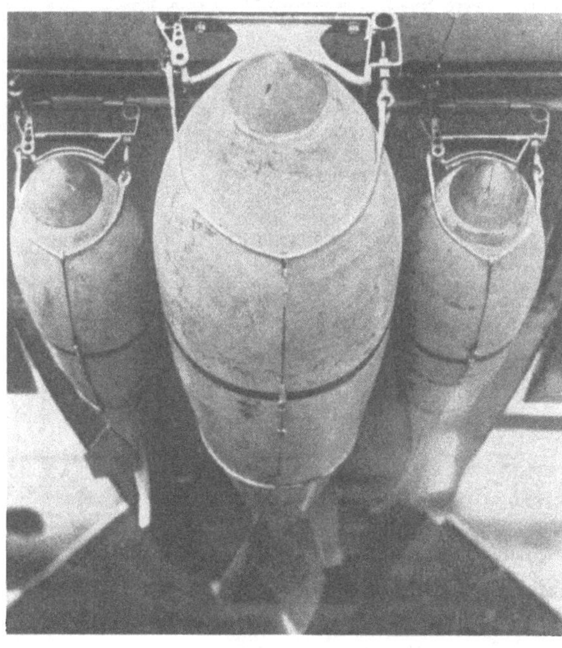

Bild 170. Eine derartige Bombenaufhängung kann nur mit Ladewagen bewerkstelligt werden, da die großen Gewichte und die geringen Abstände der Bomben eine andere Lademöglichkeit nicht zulassen.

den verschiedensten Bomben zu beladen und verhindern Unfälle, die vorher durch umständliches und unvorsichtiges Handhaben der schweren Bomben nicht zu vermeiden waren.

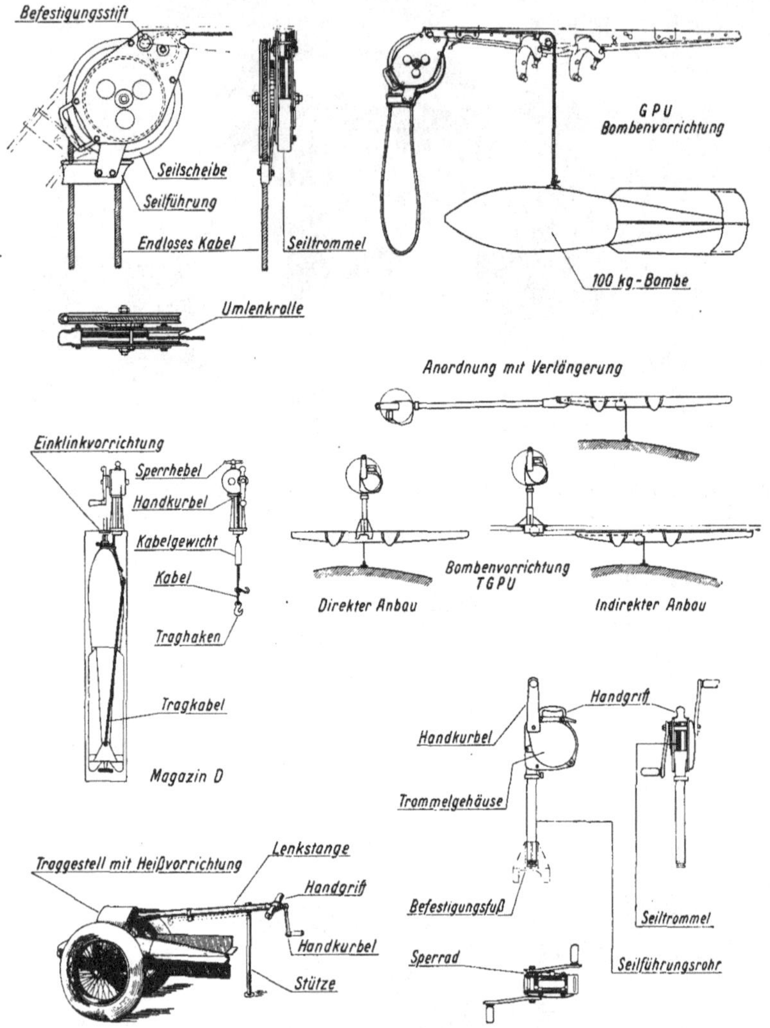


Bild 171. Französische Heißvorrichtungen.

Ferner haben die neuartigen Ladeeinrichtungen zur Folge, daß die Nachladewagen nur noch zum Transport der schweren Bomben verwandt zu werden

Bild 172. Schwere englische Bomben werden mit Ladewagen unter die Vorrichtung gebracht, abgeladen und durch die Heißvorrichtungen in die Aufhängegeräte gehoben.

Bild 173. Der Torpedo auf dem Transportwagen wird unter die Vorrichtung gefahren und mit der Handkurbel hochgewunden.

brauchen. Der Aufbau beschränkt sich daher lediglich auf die Lösung der Bedingung, alle Größen der Bomben zu fassen und transportieren zu können.

Der französische und englische Bombentransportwagen ist in seinem Aufbau ziemlich gleich. Er besteht aus einem hufeisenförmigen Gerüst mit zwei gummibereiften stabilen Rädern und einer langen Lenkstange mit Querholz. In dem Hauptgerüst ist eine Heißvorrichtung eingebaut, die durch eine Handkurbel betätigt werden kann. Eine Auslösung mit Bremsbacken ermöglicht ein langsames und sicheres Herabsenken der Bombe auf den Boden. Für den leichteren und sicheren Transport ist das Innenstück des hufeisenförmigen Aufbaues mit Gegenlagern versehen. Die Höhe des Transportwagens ist so bemessen, daß der Wagen unter das Flugzeug fahren und direkt unter der Vorrichtung die Bombe abladen kann, um sie durch die Heißvorrichtung, ohne Veränderung der Lage, in die Bombenvorrichtung bringen zu können.

Die Torpedos werden auf die gleiche Weise transportiert und in die Vorrichtungen aufgehängt.

## Visiervorrichtungen für Maschinengewehre.

Die allgemeinen Visiervorrichtungen für starre und bewegliche Maschinengewehre sind in allen Staaten gleich.

Die Zieleinrichtung für das starre Maschinengewehr, das Kreis-Korn-Visier, besteht aus einem Korn und dem Fadenkreuz, das mit einem Metallring umgeben ist.

Das Kreis-Korn-Visier, das meistens neben einem optischen Visier vor der Windschutzscheibe des Führers aufgebaut ist, ist derart aufgestellt, daß die Visierlinie mit der Flugzeugachse parallel läuft und sich mit der Geschoßbahn des Maschinengewehres in einer Entfernung von etwa 180 bis 200 m schneidet.

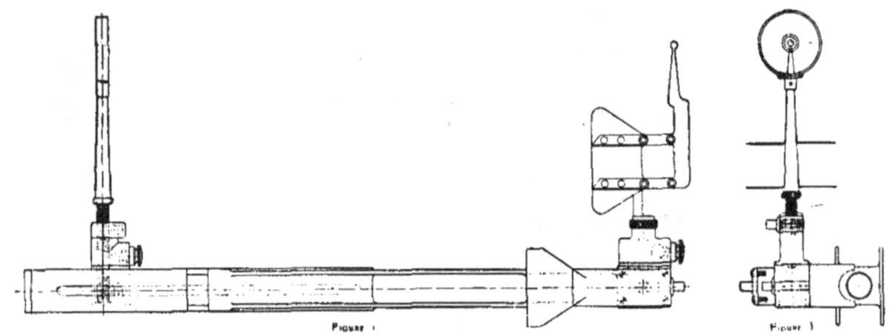

Bild 174. Windfahnenkorn und Kreisvisier für bewegliche Maschinengewehre.

Das Visier für bewegliche Maschinengewehre konnte nicht so einfach ausgebildet werden, da es wegen der großen Bewegungsfreiheit des Maschinengewehres mehr Aufgaben zu lösen hat. Es muß derart beschaffen sein, daß die Geschwindigkeit des eigenen Flugzeuges berücksichtigt werden kann, ferner muß der richtige Vorhalt genommen werden können, wenn sich das Ziel in einem Winkel zur Schußrichtung bewegt, damit der Flugdauer des Geschosses Rechnung getragen wird.

Das heute verwendete Visier besteht aus einem Windfahnenkorn, das um seine Achse, auf einem nach der Seite und Höhe verstellbaren Auffatzstück drehbar gelagert ist. Durch die Windfahne stellt sich das Korn stets derart zur eigenen Flugrichtung ein, daß die Geschoßversetzung infolge der Eigengeschwindigkeit annähernd ausgeglichen wird.

Rückwärts auf dem Maschinengewehr ist ein Kreisvisier angebracht, durch das die erforderlichen Vorhalte unter Berücksichtigung von Richtung und Geschwindigkeit des Zieles gegeben werden können.

Bild 175. Automatisches Visier Pokorny II für bewegliche Waffen.

Diese Visiere wurden bereits im Kriege verwandt und genügen heute nicht mehr den Ansprüchen. Es werden daher in verschiedenen Ländern bereits Visiere gebaut, die sich mechanisch einstellen lassen und alle Korrekturen automatisch vornehmen. Als Vertreter dieser Konstruktion ist das automatische Visier von dem tschechischen Major von Pokorny zu nennen. Durch dessen Konstruktion kann das Visier sowohl für die Flugabwehr der Bodenverteidigung, als auch für die Flugzeugbewaffnung verwandt werden.

### Zielgerät System Le Prieur für die Oerlikon-Maschinenkanone.

Zu den Bewaffnungsanlagen der Oerlikon-Maschinenkanonen für freihändiges Richten der Muster 1 FRF, 1 FRL, 1 FRS gehört ein besonders konstruierter Zielapparat, der für alle 3 Modelle der Oerlikon-Maschinenkanone zu verwenden ist. Mit seinem schwalbenschwanzförmig ausgesparten Sockel wird das Zielgerät auf dem hinteren Ende des Waffengehäuses befestigt. Das Zielgerät gestattet alle möglichen Einstellungen vorzunehmen, die für den Beschuß von Flugzeug zu Flugzeug erforderlich sind.

Zur Korrektur der Eigengeschwindigkeit ist ein Windfahnenkorn vorgesehen.

Die Geschwindigkeit und Richtung des Gegners wird durch eine exzentrisch drehbar angeordnete Kugelkimme berücksichtigt. Die Einstellung erfolgt durch einen pfeilförmig ausgebildeten Handgriff, der nach allen drei Raumachsen parallel zur beobachteten Flugrichtung des Zieles verstellt werden kann. Infolge der Parallelogrammbewegung kann die Visierlinie über die Kugelkimme, die in abhängiger Verbindung mit dem Handgriff steht, festgelegt werden. Für die Korrektur der Entfernung dient ein Aufsatz, durch den die Kimme in der vertikalen Richtung verstellt werden kann. Die Entfernung wird an einer Skala abgelesen.

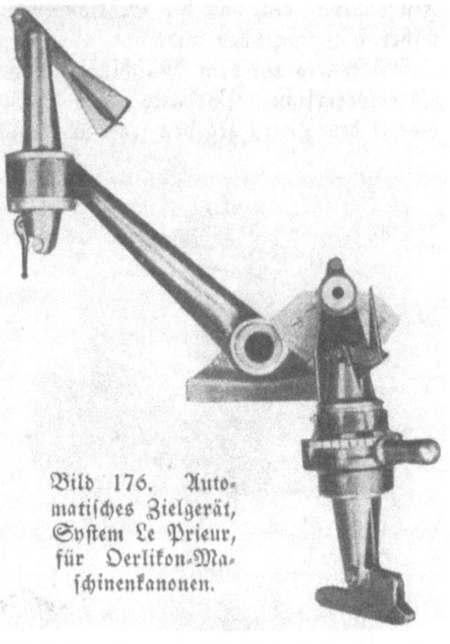

Bild 176. Automatisches Zielgerät, System Le Prieur, für Oerlikon-Maschinenkanonen.

Der Einfluß des Geländewinkels wird dadurch ausgeschaltet, daß man den vertikal verstellbar aufgehängten Aufsatzmechanismus für alle Neigungen senkrecht im Raume stehen läßt. Diese Einstellung erfolgt jedoch gleichzeitig und automatisch mit der Einstellung der Kimme.

Der Einfluß des Geländewinkels wird dadurch ausgeschaltet, daß man den vertikal verstellbar aufgehängten Aufsatzmechanismus für alle Neigungen senkrecht im Raume stehen läßt. Diese Einstellung erfolgt jedoch gleichzeitig und automatisch mit der Einstellung der Kimme.

Das Gewicht dieses Zielgerätes beträgt für alle drei Muster etwa 2,5 kg.

### Zielgerät System Le Prieur für den Drehring mit Richtgetrieben Typ 2 FRL.

Zu der Ausrüstung 2 FRL gehört ein Sonderzielgerät, welches an der Lafette befestigt ist und vom Höhenrichtbogen parallel zur Seelenachse gesteuert wird.

Den Einfluß der Eigengeschwindigkeit schaltet ein Windfahnenkorn aus.

Die Einstellung der Entfernung und des Vorhaltewinkels erfolgt durch die Kreiskimme. Diese besteht aus drei konzentrischen Kreisen für drei Hauptfluggeschwindigkeiten des Zieles. Zwei auf die Kreiskimme einwirkende Mikrometerschrauben, in vertikaler und horizontaler Richtung, gestatten, die Visierlinie nach Höhe und Seite zu justieren.

Das Zielgerät kann leicht von der Lafette abgenommen werden.

Diese Ausführung bringt den Vorteil getrennter Bauweise und kleinen Gewichtes mit sich (etwa 1,5 kg) und erfordert keinerlei Einstellung von Hand, so daß der Schütze fortlaufend sich auf die Bedienung des Richtgetriebes konzentrieren kann.

## Optische Zielgeräte für Maschinengewehre.

Beim Schießen mit fest im Flugzeug eingebauten Waffen durch direktes Richten des Flugzeuges versagen die einfachen Abkommen Kimme und Korn, da diese bei seitlicher Bewegung des Kopfes keine einwandfreie Richtung angeben und mit dem Ziel gleichzeitig nicht scharf gesehen werden können. Außerdem ist das beim Schießen auf bewegliche Ziele vom bewegten Flugzeug aus unbedingt notwendige Vorhalten mit Kimme und Korn sehr erschwert, da die Entfernung des Zieles nur sehr ungenau geschätzt werden kann, was zu einem vorzeitigen Schießen und damit zur Munitionsverschwendung führt.

Bild 177. Einbau eines Kreiskornvisiers neben dem Goerz-Zielfernrohr für starr eingebaute Waffen in einem Jagdzweisitzer.

Um diese Mängel zu beseitigen, wurden optische Zielgeräte geschaffen, die auf dem Fernrohrprinzip beruhen und heute neben dem Kreiskornvisier fast in alle Flugzeuge, insbesondere in Jagdflugzeuge, eingebaut werden.

Die modernen Zielfernrohre gestatten bei vollkommener Augenfreiheit, daß das Ziel im Fernrohr von der Strichplatte überdeckt wird, auch wenn der Zielende sein Auge bis zu einem gewissen Grade längs der Ziellinie oder auch quer durch dieselbe bewegt. Es ist daher nicht erforderlich, das Auge in einer genau begrenzten Lage zum Okular des Fernrohres zu halten.

Das Zielfernrohr besteht aus einem Rohr, in das eine sehr lichtstarke Optik mit einmaliger Vergrößerung eingebaut ist. Diese optische Kombination ermöglicht die gleichzeitige Benutzung beider Augen, wobei mit dem einen Auge durch das Fernrohr und mit dem anderen an dem Fernrohr vorbeigesehen wird.

Da die Fernrohre eine einmalige Vergrößerung haben, so schließt sich das direkt gesehene Landschaftsbild ohne weiteres an das durch das Fernrohr gesehene an und erweckt den Eindruck, als ob die im Fernrohr sichtbare Zielmarke direkt auf dem Ziele schwebt. Außerdem hat diese Fernrohreinrichtung den Vorteil, daß die Zielmarke gleichzeitig mit dem Ziel scharf und parallax frei gesehen wird und daß bei einmal richtig genommener Visur, Ziel und Marke beide zusammen liegenbleiben, auch wenn der Schütze den Kopf hin und her bewegt.

Die in das Fernrohr eingebaute Kreismarkenplatte wird verschieden ausgeführt. Sie dient gleichzeitig als Entfernungsschätzer für die wirksamste Schußentfernung und als Abkommen für direkt auf den Schützen zukommende Flugzeuge, ferner als Vorhaltemarke für querfliegende Flugzeuge.

Ein vom Flugzeugführer bequem zu betätigender Klappdeckel schützt das Objektiv gegen Ölspritzer und Fremdkörper.

Für Nachtflüge sind zur Beleuchtung der Strichplatten die meisten Zielfernrohre mit einer Nachtbeleuchtung, die auf ihre Leuchtstärke reguliert werden kann, versehen.

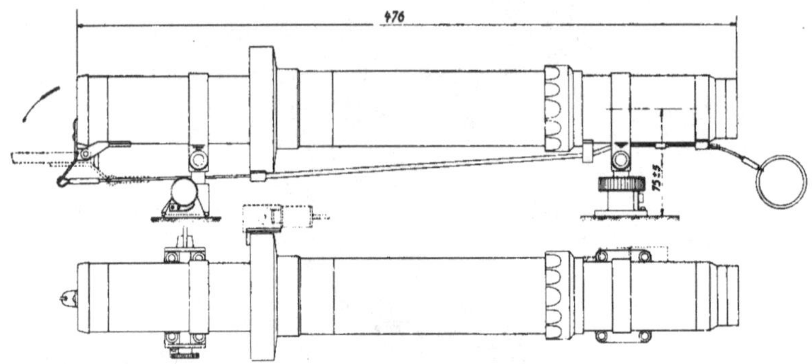


Bild 178. C. P. Goerz Bratislawa. Goerz-Zielfernrohr.

Das neue Goerz-Bratislava-Zielfernrohr ist mit einem Vergrößerungswechsel von 1 × 1 bis 3 × 1 ausgestattet. Mit dem Vergrößerungswechsel ist gleichzeitig eine Messung der Entfernung des Zieles verbunden, die folgendermaßen durchgeführt werden kann:

In dem Gesichtsfeld befindet sich ein kleiner Kreis, dessen Größe bei dem Vergrößerungswechsel konstant bleibt. Die Vergrößerung wird so eingestellt, daß das Flugzeug den Kreis gerade ausfüllt. Alsdann kann die Entfernung an dem Einstellring abgelesen werden, der außerdem noch eine Skala der Vergrößerung trägt.

Gleichzeitig mit dem Vergrößerungswechsel bzw. mit dem Entfernungsmesser ist eine Bewegung des Zielkreuzes verbunden, und zwar in der Weise, daß das Zielkreuz auf den zu der gemessenen Entfernung gehörenden Neigungswinkel eingestellt wird. Der Flugzeugführer braucht demnach weder die Vergrößerung noch die Entfernung abzulesen, da er jederZeit, wenn er die scheinbare Zielgröße auf dem Durchmesser des Meßkreuzes eingestellt hat, den richtigen Schußwinkel erhält.

Für Nachtflüge ist auch dieses Fernrohr mit einer regulierbaren Nachtbeleuchtung versehen.

Ein im Gesichtskreis befindlicher größerer Kreis bewegt sich gleichzeitig mit dem Zielkreuz; er ist so bemessen, daß er den richtigen Vorhaltewinkel für den Fall angibt, wenn sich das angegriffene Flugzeug quer zur Zielrichtung bewegt.

Der Einbau des Zielfernrohres erfolgt derart, daß die optische Achse in einer Entfernung von 400 m die Geschoßbahn des Maschinengewehres schneidet. Zur Befestigung und Einstellung ist das Zielfernrohr vorne mit einem Horizontalschlitten und hinten mit einer Einstellschraube für die Höhenrichtung versehen.

## Reflexvisier.

Außer den Zielfernrohren werden noch Reflexvisiere verwandt, die bereits im Kriege erprobt wurden. Der Hauptvorteil dieser Visiere besteht darin, daß das Auge des Zielenden in keiner Weise behindert wird.

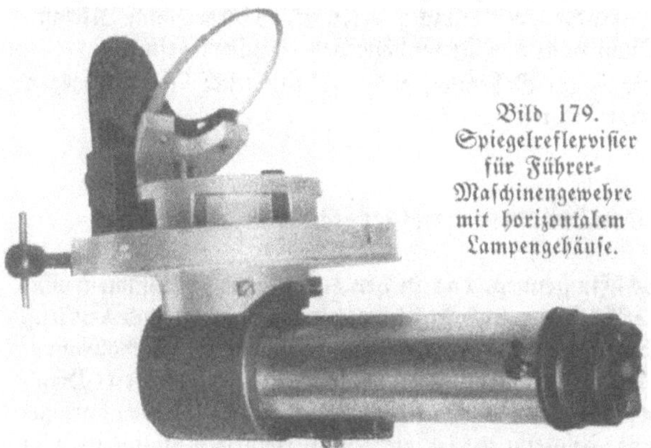

Bild 179. Spiegelreflexvisier für Führer-Maschinengewehre mit horizontalem Lampengehäuse.

Beim Reflexvisier wird im Gegensatz zum Fernrohr ein helles Fadenkreuz auf das Ziel projiziert.

Während die früheren Konstruktionen ein Farbglas benötigten, um das projizierte Fadenkreuz oder Zielmarke bei stark beleuchtetem oder zu hellem Hintergrund zu erkennen, wurde bei dem von Goerz-Bratislava entwickelten Reflexvisier durch weitgehende Ausnutzung des Lichtes der Projektionslampe erreicht, daß sich die Zielmarke auch gegen den hellen Himmel unmittelbar neben der Sonne deutlich abhebt. Zur Speisung der Projektionslampe dient eine 4-Volt-Taschenlampenbatterie.

Das Goerz-Reflexvisier besteht aus einem zylindrischen Gehäuse, in dem sich die Projektionslampe befindet. Vor der Lampe ruht die Strichplatte mit der Zielmarke, die durch eine Optik auf eine planparallele Glasplatte projiziert wird.

Die planparallele Glasplatte reflektiert das aus der Optik parallel austretende Licht in das Auge des Schützen, während das vom Ziel herkommende Licht durch die Platte hindurch direkt in das Auge trifft, so daß das Ziel und die Marke bei richtiger Einstellung zusammenfallend gesehen werden.

Bild 180. Goerz-Reflexvisier mit vertikalem Lampengehäuse.

Um den Schützen durch den hellen Himmel nicht zu blenden, ist noch ein farbiges Blendglas angeordnet.

Die Projektionslampe kann mit ihrer Fassung durch leichtes Drehen aus dem Gehäuse genommen werden. Die Zuleitung endet in einer mit einer Regulierungsvorrichtung versehenen Taschenlampenbatterie. Die Reguliervorrichtung dient zur Einstellung der Beleuchtung für die Zielmarke, damit die Leuchtstärke jeder Helligkeit des Hintergrundes angepaßt werden kann.

Der Einbau des Reflexvisiers ist sehr einfach. Er richtet sich nach der Konstruktion des Flugzeuges und nach dem Aufbau der Windschutzscheibe. Die Grundplatte wird auf der Flugzeugverkleidung befestigt, während eine Klemmschraube eine Höhenverstellung nach der Augenhöhe des Schützen gestattet.

Reflexvisiere sind noch wenig im Gebrauch, doch werden sie sich sicherlich wegen ihrer Vorzüge viele Anhänger schaffen.

## Bombenabwurfzielgeräte.

Das Bombenwerfen aus Flugzeugen, das in der ersten Zeit vollkommen willkürlich ohne irgendwelche Rücksichten auf Fallkurven der Bomben und Einfluß der Flugrichtung durchgeführt wurde, forderte mit zunehmender Vervollkommnung der Abwurfgeschosse und der damit geforderten Treffgenauigkeit Hilfsgeräte, die es ermöglichten, das gesteckte Ziel zu treffen. Um Bomben mit genügender Treffsicherheit vom Flugzeug aus abwerfen zu können, benötigt man in erster Linie die genaue Bestimmung des Vorhaltewinkels.

Rein praktische Bombenwürfe, die aus verschiedenen Höhen und mit verschiedenen Kalibern vielfach wiederholt wurden, führten zu Wurfergebnissen, die mit den errechneten Fallwerten der Bomben vereinigt wurden. Hieraus wurden die Fallkurven entwickelt, die allen weiteren Betrachtungen und Konstruktionen von Zielgeräten zugrunde liegen. Aus dieser Fallkurve wird der Vorhaltewinkel entnommen, der mit zunehmender Höhe kleiner wird, weil mit wachsender Höhe die Fallkurve sich in ihrem untersten Teil der Senkrechten nähert. Je größer jedoch die Geschwindigkeit des Flugzeuges über dem Erdboden ist, desto größer werden wiederum die Vorhaltewinkel, da bei großer Flugzeuggeschwindigkeit die Bombe mit größerer Geschwindigkeit das Flugzeug verläßt und infolgedessen in der Waagerechten eine größere Strecke zurücklegt.

Der Vorhaltewinkel ist der Winkel, der durch den Schenkel der Visierlinie vom Flugzeug und Ziel und dem Schenkel der Senkrechten vom Flugzeug und Erde gebildet wird. Der Vorhaltewinkel ergibt sich aus der Fallkurve, die auf verschiedene Weise ermittelt werden kann. Die Fallkurve, eine Parabel, kann rechnerisch ermittelt und durch praktische Wurfversuche interpoliert werden. Vorweg sei noch erwähnt, daß der Wind mitbestimmend auf die Gestaltung der Fallkurve wirkt, da er die Geschwindigkeit und Richtung des Flugzeuges beeinflußt. Die veränderte Dichte der Luft und wechselnde Windströmungen in den verschiedenen Höhen wird den Fall der Bombe kaum beeinflussen, weshalb diese Momente in der Fallkurve keine Berücksichtigung finden.

Auf die Gestaltung der Fallkurve wirken die Flughöhen, Geschwindigkeit des Flugzeuges, Schwerkraft und Luftwiderstand der Bombe ein. Der Luftwiderstand wird bedingt durch die Form der Bombe, deren Querschnitt und die Dichte der Luft.

Würde die Bombe aus einem stillstehenden Flugzeug geworfen werden, so wirkt auf die Bombe nur die Anziehungskraft der Erde. Sie fällt nach den Gesetzen des freien Falles senkrecht zur Erde, wobei sich der Fall nach den Fallgesetzen beschleunigen würde. Bewegt sich dagegen das Flugzeug mit einer bestimmten Geschwindigkeit im luftleeren Raum, würde die Bombe infolge ihres Beharrungsvermögens in der Waagerechten die gleiche Geschwindigkeit beibehalten und nach dem Auslösen dauernd unter dem Flugzeug bleiben.

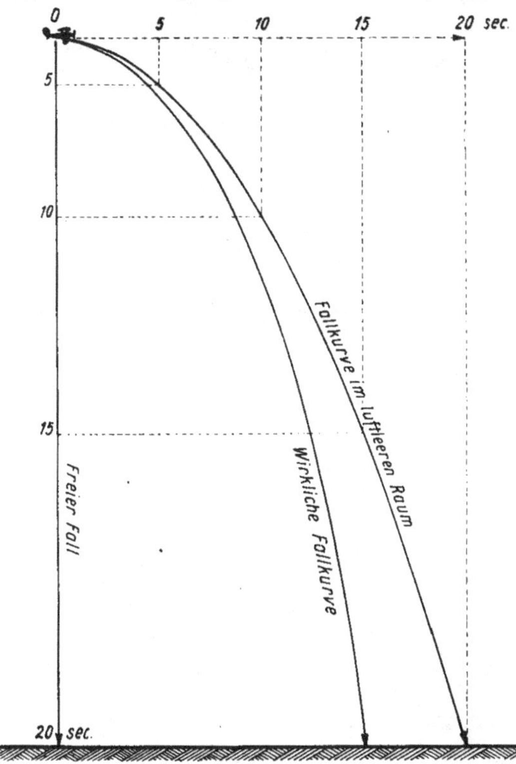


Bild 181. Darstellung der Fallkurve.

Das Flugzeug bewegt sich aber im luftgefüllten Raum. Es wirkt daher der Luftwiderstand auf die Fallbahn ein, so daß sich die Geschwindigkeit der Bombe in der Waagerechten vermindert und die in der Senkrechten infolge der Schwerkraft wirkende Beschleunigung mit Zunahme des Luftwiderstandes allmählich erlischt, bis die Fallgeschwindigkeit ihren höchsten Wert erreicht hat.

Mit den heutigen Zielgeräten wird ein geübter Bombenschütze in jeder Flugrichtung zur Windströmung einen gezielten Bombenwurf mit Erfolg durchführen können, doch muß er stets darauf bedacht sein, sofern es die örtlichen Verhältnisse über dem Ziel zulassen, dasselbe gegen die Windströmung anzufliegen. Die Einflüsse auf die Fallkurve sind hierdurch am geringsten und Schwierigkeiten, wie seitliches Schieben des Flugzeuges, seitliches Abkommen, kurz die Abtrift, fallen fort, so daß Fehler in der Fluggeschwindigkeitsberechnung vermindert werden und das Ziel genauer und sicherer angeflogen werden kann.

Aus diesen Gründen werden auch die Kontrollwerte für die Fallkurve gegen die Windrichtung erworfen und die Vorhaltewinkel für einen Flug gegen den Wind festgelegt.

Die praktische Ermittlung der Fallkurve erfolgt in beiden nachstehenden Fällen mit Übungsbomben, die zur besseren Sicht in der Dämmerung oder bei Nacht mit Leuchtsätzen ausgestattet sind, die kurz nach der Auslösung aus der Aufhängevorrichtung zur Entzündung gebracht werden. Sie leuchten so lange, bis die Bombe im Erdboden eingeschlagen ist. Auf diese Weise wird die genaue Fallkurve angezeigt.

Die Kurve wird mit Hilfe von zwei Photokameras, die in einer bestimmten Entfernung zueinander aufgestellt werden, in der dreidimensionalen trigonometrischen Lage aufgenommen. Hierbei filmt die eine Kamera das Bombenflugzeug senkrecht nach oben gerichtet in Zeitabständen von einer Sekunde, während die andere Kamera im rechten Winkel zur Grundlinie, horizontal gegen den Einschlagswinkel gerichtet, aufgestellt ist. Letztere ist mit einem Spiegel ausgestattet, der das Bild des in beliebiger Höhe fliegenden Flugzeuges auf die Linse wirft, wobei die Kamera in Zeitabständen von je einer Sekunde betätigt wird und das Flugzeug ebenfalls auf dem Film festhält. Durch die zeitlich regelmäßigen Belichtungen der Filme läßt sich zunächst die Höhe des Flugzeuges trigonometrisch bestimmen und aus den zurückgelegten Entfernungen in bestimmten Zeitabschnitten die Geschwindigkeit des Flugzeuges über Grund errechnen.

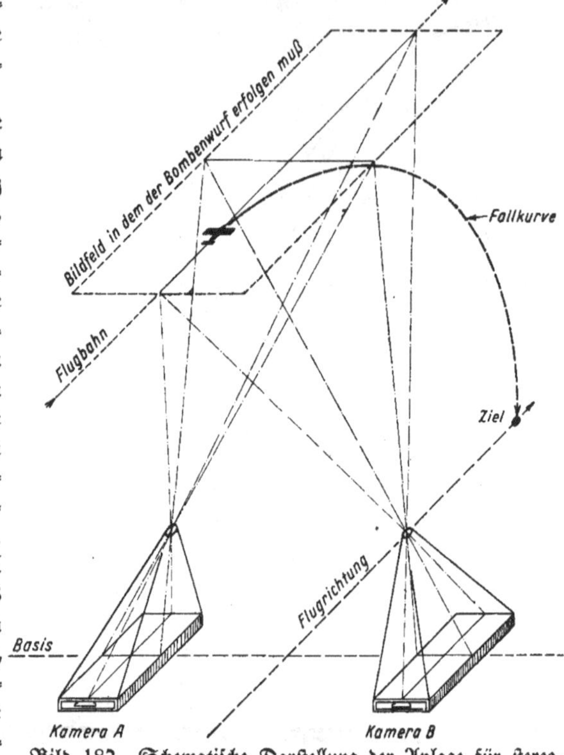


Bild 182. Schematische Darstellung der Anlage für stereometrische Aufnahmen von Bombenfallkurven.

Der Flugweg in der horizontalen und vertikalen Ebene ergibt sich aus den dreidimensionalen Auftragungen der beiden Kameras.

Der Abwurfpunkt der Bombe wird bei diesem Verfahren durch Abfeuern einer Rauchpatrone angezeigt, sobald die Bombe die Aufhängevorrichtung verlassen hat. Die Rauchwolke zeigt außerdem die Richtung und die Geschwindigkeit des Windes an zu dem Zeitpunkt, wo der Bombenwurf erfolgte.

Der Einschlag der Bombe wird von zwei auf Türmen stehenden Beobachtern, die an den Basispunkten aufgestellt sind, angeschnitten. Der Zeitpunkt des Aufschlages wird ebenfalls von der Zeittrommel an der ersten Kamera aufgezeichnet.

Eine Filmkamera im Flugzeug mit der Optik senkrecht nach unten, starr eingebaut, nimmt zur gleichen Zeit die Bombe vom Augenblick des Abwurfs bis zum Einschlag auf und mißt automatisch durch Stoppuhr die Fallzeit, die mit auf das Filmband aufgenommen wird.

Somit ist die Fallzeit der Bombe, der Flugzeugweg und die Flugzeuggeschwindigkeit über Grund ermittelt. Aus diesen Daten kann die Fallkurve der Bombe trigonometrisch bestimmt werden. Aus der Entfernung zwischen der Senkrechten des markierten Abwurfpunktes und dem Einschlag der Bombe auf dem Erdboden und der Flughöhe des Flugzeuges im Augenblick des Abwurfes kann der Vorhaltewinkel berechnet werden.

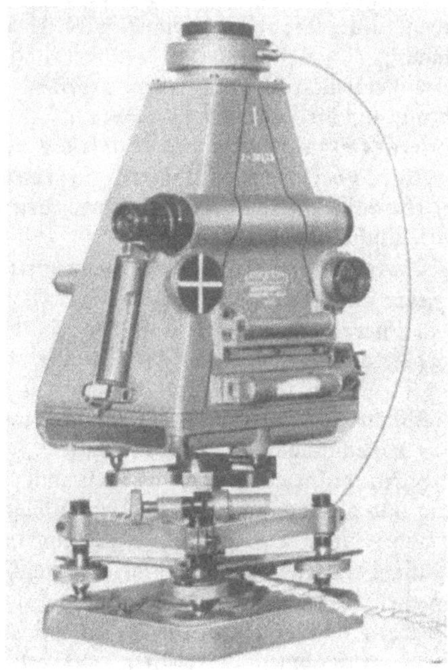

Bild 183. Stereometrische Meßkamera für die Aufnahme von Fallkurven, wie sie in Rußland und Japan verwendet wird.

Die Einflüsse auf die Fallkurve, wie Windstärke, Bahngeschwindigkeit des Flugzeuges und atmosphärische Verhältnisse (Feuchtigkeit, Temperatur und Luftdruck) werden von einer besonderen Station gemessen und bei der Auswertung der Meßaufnahmen für die Auftragung der Fallkurve mit berücksichtigt.

Die zweite Methode, die Fallkurve praktisch zu erwerfen, beruht auf dem stereometrischen Photoverfahren, das ebenfalls trigonometrisch ausgewertet wird.

Bei diesem Verfahren werden zwei Kamerastationen in einer der Flughöhe entsprechenden Entfernung, und zwar mit der Basis rechtwinklig zur Flugrichtung, aufgebaut. Das Ziel, in der Mitte der Basis, wird ebenfalls der einzuhaltenden Wurfhöhe entsprechend entfernt aufgebaut.

Beide Stationen werden mit je einer Meßkamera ausgerüstet, die ein rechteckiges Bildfeld besitzt. Mit der Querseite des Bildfeldes parallel zur Flugrichtung bzw. senkrecht zur Basis, werden die Kameras mit dem Objektiv und ihrer zum Bildfeld versetzten optischen Achse senkrecht nach oben aufgestellt und ihre Auslösemagnete durch ein Kabel verbunden. Die Auslösung erfolgt elektrisch über einen Chronographen in bestimmten Zeitabständen, der auf einem mechanisch weiterbewegten Papierstreifen die Belichtungsabstände aufträgt. Der Mechanismus ist genau geeicht, so daß die aufgezeichneten Meßstriche den Zeitabständen der Belichtungszeiten gleich sind und für die späteren Auswertungen genaue Werte liefern.

Da die Photoplatten der Meßkameras öfters belichtet werden müssen, um mehrere Meßstrecken zu erhalten, erfolgen die Bombenwürfe in der weitvorgeschrittenen Abenddämmerung oder in der Nacht. Dies erfordert zwei weitere Vorkehrungen, um einerseits die Flugbahn des Flugzeuges und andererseits die Fallbahn der Bombe für die Aufnahme sichtbar zu machen. Zu diesem Zweck wird das Flugzeug mit einem senkrecht nach unten leuchtenden Scheinwerfer ausgerüstet, der die Bahn des Flugzeuges anzeigt. Die Bombe erhält, wie im vorhergehenden Versuch, einen oder mehrere Leuchtsätze, die kurz nach dem Abwurf der Bombe automatisch entzündet werden. Auch der Abwurfpunkt wird durch einen aufleuchtenden Blitz kenntlich gemacht.

Die Stationen, die mit den beiden stereometrisch nach oben arbeitenden Kameras ausgerüstet sind, können jedoch nur für die Aufnahme des oberen Teiles der Kurve verwandt werden, da der untere Teil außerhalb des Bildfeldes der Kamera liegt. Aus diesem Grunde werden zwei weitere Kameras in einem spitzen Winkel zum Ziel aufgebaut, die, ebenfalls miteinander verbunden, gleichzeitig den unteren Teil der Fallkurve mit Einschlagpunkt aufnehmen.

Nach erreichter Abwurfhöhe wird die Basis mit eingeschalteten Scheinwerfern möglichst rechtwinklig und in der Mitte gegen das Ziel zu überflogen. Durchfliegt das Flugzeug das Bildfeld der ersten Kamera, beginnt die Aufnahme in bestimmten Zeitabständen, d. h. die Kameraverschlüsse werden von der Station mit dem Chronographen durch eine Morsetaste gemeinsam geöffnet und geschlossen, um die Platten in den vorgeschriebenen Abständen zu belichten. Die Belichtungszeit selbst und die Abstände zwischen den Belichtungszeiten werden zugleich von dem Chronographen auf dem Papierstreifen aufgezeichnet. Die Belichtungen werden so oft fortgesetzt, bis das Flugzeug und die inzwischen abgeworfene Bombe aus dem Bildfeld der Kamera verschwunden sind. Die Aufnahme des unteren Teiles der Bombenbahn erfolgt auf die gleiche Weise, nur mit dem Unterschied, daß auf den Platten der horizontal aufgestellten Kameras nur die Fallbahn der Bombe ersichtlich ist. Diese Versuche werden aus verschiedenen Höhen und an mehreren Tagen wiederholt, um genügend Aufnahmen zu erhalten, aus denen der genaueste Wert für die Aufstellung der Kurve entnommen werden kann.

Parallel zu diesen Versuchen werden die Wetterverhältnisse genau erforscht und durch Messungen, die für die Auswertung der Kurve von großer Wichtigkeit sind, festgelegt.

Die entwickelten stereometrisch aufgenommenen Photoplatten zeigen folgendes Bild. Die Bahn des Flugzeuges wird durch einen langgezogenen geraden Strich markiert, der infolge der öfters unterteilten Belichtungszeit unterbrochen ist. In einem der Teilstriche befindet sich ein Punkt, von dem eine weitere kurvenähnliche Bahn abzweigt. Auch diese ist unterbrochen, und zwar mit denselben Abständen wie die Flugbahn des Flugzeuges. Der Punkt zeigt den Abwurfpunkt, die gekrümmte Bahn die Fallkurve der Bombe. Die Anfangs- und Endpunkte der Teilstrecken der beiden Bahnen bilden die Meßpunkte, die, im Meßmikroskop ausgewertet, für die trigonometrische Berechnung dienen. Stufenweise werden die gefundenen Punkte aufgetragen und zu einer Kurve, der Fallkurve, vereinigt.

Diese Kurve, die in erster Linie von der Bombenform und in zweiter Linie von der Flugzeuggeschwindigkeit abhängig ist, dient als Unterlage für den Bombenwurf und für die Konstruktion von Zielgeräten.

Für den gezielten Bombenwurf dienen mechanische und optische Zielgeräte. Beide Arten erfüllen nicht nur den Zweck in vollkommener Weise bei allen vorkommenden Verhältnissen, d. h. z. B. bei Seitenwind und in verschiedener Höhe, sondern sie können gleichzeitig auch als Peilinstrument und zur Messung der Geschwindigkeit benutzt werden.

Bild 184. Einbau eines optischen Bombenabwurfsehrohres in einen einmotorigen Bomber. Rechts auf dem Fußboden die Abwurfhebel.

Bei der Konstruktion dieser Instrumente wurde besonders Wert darauf gelegt, die Treffsicherheit von den Schwankungen des Luftfahrzeuges möglichst unabhängig zu machen, die Handhabung einfach zu gestalten und alle Rechenarbeit auszuschalten.

Die Benutzung der Zielgeräte im Flugzeug wird durch die unvermeidlichen Schwankungen sehr erschwert, weil hierdurch die Richtung der Visierlinie beeinflußt wird. Diesem wird Rechnung getragen, wenn die Visierlinie unabhängig von den Schwankungen des Flugzeuges möglichst ihre vertikale Lage behält, was in erster Linie durch drei Hilfsmittel erreicht wird, die zum Teil auch berücksichtigt wurden.

Diese Hilfsmittel können sein:

1. eine Kreiselvorrichtung,
2. ein pendelnd angebrachtes Fadenkreuz und
3. eine Libelle.

Die mechanischen Zielgeräte werden zum größten Teil ohne diese Einrichtungen gebaut, so daß die absolute Senkrechte durch Längs- und Querlibellen kurz vor dem Anflug des Zieles, entsprechend der Flugzeuglage, eingestellt werden muß.

Die optischen Instrumente dagegen machen von den Hilfsmittel reichlich Gebrauch.

Die Kreiselvorrichtung ist sehr kompliziert, benötigt einen großen Einbauraum, besitzt ein großes Gewicht und ist in der Herstellung sehr teuer, weshalb von dieser Vorrichtung kaum noch Gebrauch gemacht wird.

Das pendelnde Fadenkreuz muß zur Erhaltung der vertikalen Lage eine entsprechende Masse besitzen. Infolgedessen hat es bei nicht geradlinigen Flügen die Tendenz, Schwankungen auszuführen, welche zwar durch Flüssigkeitsdämpfer gemildert, aber immer noch störend empfunden werden. Bei beiden Konstruktionen wird durch di? Projektion der Zielmarke ins Gesichtsfeld ein nicht unbeträchtlicher Lichtverlust verursacht.

Bild 185. Rumpfvorderteil des englischen Langstreckenbombers Fairey Hendon mit eingebautem Wimperis-Bombenzielgerät. Die geöffneten Fenster in der Rumpfspitze und Bodenstück erleichtern die freie Sicht nach unten.

Die Anordnung und Verwendung einer Libelle wird daher vorzuziehen sein.

Die bekannteste der Libellenkonstruktionen ist die von Goerz patentierte Fokuslibelle der in den meisten Staaten verwandten Goerz-Abwurfsehrohre.

Bei anderen Libellenkonstruktionen ist die Libellenblase so angeordnet, daß sie über der Visiermarke sichtbar ist. Hierdurch wird aber die Aufmerksamkeit des Beobachters geteilt, da er neben dem eigentlichen Visieren, durch welches das Instrument in der richtigen Lage gehalten wird, den Schwankungen des Luftfahrzeuges durch geeignete Bewegungen, entsprechend den Libellenausschlägen, entgegenarbeiten muß.

Bei den Goerz-Abwurfsehrohren wird infolge der eigenartigen Anordnung und Konstruktion der Fokuslibelle die Richtung der Visierlinie durch Lagenveränderung des Instrumentes, infolge der Schwankungen des Flugzeuges, fast gar nicht beeinflußt, da die Libellenblase immer in der optischen Achse des Instrumentes liegt. Auch ist ein Lichtverlust, wie ihn die Projektion von Kreisel- oder Pendelmarke in das Gesichtsfeld verursacht, nicht vorhanden.

Während die amerikanische, englische, französische Fliegertruppe fast ausschließlich das mechanische Zielgerät verwendet, haben Italien, Japan und Rußlung fast ausschließlich das optische Zielgerät eingeführt.

Das ehemalige deutsche mechanische Goerz-Bombenvisier, an der Außenwand des Rumpfes angebracht, hatte eine dreieckige Form. Die obere Basis war als Teilstrecke mit den Markierungen für den Vorhalter ausgebildet, auf der das

Bild 186. Anbau eines mechanischen Goerz-Zielgerätes mit Nachtbeleuchtung an der Außenbordwand eines deutschen Aufklärers aus dem Jahre 1916.

Visier entsprechend dem Vorhaltewinkel verschoben werden konnte. Am unteren Ende war in einem rechteckigen Rahmen das Fadenkreuz mit dem Korn angebracht, das als Einlauflinie für das Ziel benutzt wurde. Das ganze Gerät konnte um seine Achse gedreht werden, um die senkrechte Achse des Visiers einstellen zu können.

Das Goerz-Abwurfsehrohr ist ein terrestrisches Fernrohr mit 1½facher Vergrößerung. In der Bildebene des Objektives befindet sich die Fokuslibelle. Ihr Krümmungsradius ist gleich der Brennweite des Objektives, wodurch erreicht wird, daß der Punkt des sichtbaren Geländes, der jeweils sich senkrecht unter dem Flugzeug befindet, mit der Libelle zusammenfällt. Hierbei ist es vollständig gleichgültig, wie das Fernrohr geneigt ist, wenn nur eine genaue Deckung der Libelle mit dem Zielpunkt herbeigeführt wird.

Fügt man nun zwischen der Libelle und Auge ein Okularlinsensystem ein, so erhält man in der ganzen Anordnung ein Visierfernrohr, das sich zur Ortsbestimmung des Flugzeuges über der Erde sehr gut eignet. Schwenkt man das Fernrohr um den Mittelpunkt der Objektivlinse (l), Bild 187, so wandern die

Libellenblase und der Fußpunkt im Gesichtsfeld, aber die Bewegungen sind nach Richtung und Maß gleich, d. h. also, beide bleiben in Deckung.

Das astronomische Fernrohr eignet sich wegen seiner bildumkehrenden Eigenschaft nicht gut als Visierinstrument, weil dadurch alle Bewegungen in entgegengesetzter Richtung zu erfolgen scheinen, als sie tatsächlich vor sich gehen, und die Orientierung sehr erschwert wird. Diesem Übelstand wurde abgeholfen, indem das einfache astronomische Okular gegen ein bildumkehrendes terrestrisches Okular ersetzt wurde.

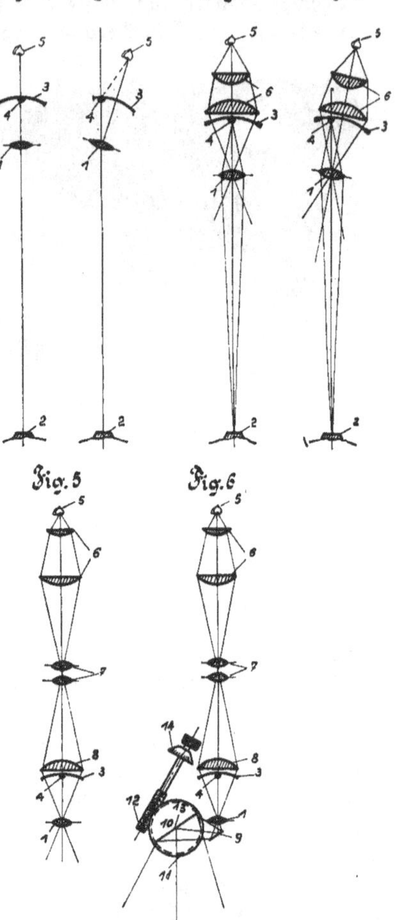

Bild 187. Schema des Goerz-Bombenabwurffehrohres.

Durch Vorschalten zweier Spiegel vor das Objektiv (1), Bild 187, von denen der eine (9) fest und der andere (10) um den Punkt (13) drehbar ist, kann man nun auch jeden seitlich vom Fußpunkte gelegenen Erdpunkt mit der Libellenblase zur Deckung bringen. Steht der Spiegel (10) zum festen Spiegel (9) parallel, so fallen, genau wie bei der Anordnung ohne Spiegel, Fußpunkt und Libellenblase zusammen. Dreht man aber den Spiegel z. B. um 22½°, so wird nach dem Reflektionsgesetz die Sehlinie um 45° geschwenkt, und ein unter diesem Winkel vom Fußpunkt abliegender Erdpunkt wird jetzt vom Objektiv (1) am Ort der Libellenblase abgebildet.

Um jeden beliebigen Winkel meßbar einstellen zu können, wird der Spiegel (10) mit einer Einstellvorrichtung verbunden. Diese Vorrichtung besteht aus einem Schneckenrad (11), das mit dem Spiegel fest verbunden ist und in das eine Schnecke (12) eingreift. Eine Drehung der Schnecke in der einen oder anderen Richtung bewirkt eine entsprechende Drehung des Spiegels um die Achse (13). Mit der Schnecke wiederum ist eine Teilscheibe fest verbunden, welche die Richtung der Visierlinie gegenüber der Lotrechten in Graden abzulesen gestattet.

Auf dieser optischen Grundlage beruhen die Konstruktionen der Goerz-Bombenabwurffehrohre mit Fokuslibelle.

Die in den Instrumenten leicht auswechselbar angeordneten beleuchtbaren Fokuslibellen sind so konstruiert, daß die Flüssigkeit durch eine beigegebene Vorrichtung leicht, mehr oder weniger bis zu dem kleinsten Volumen vermehrt, vermindert oder ganz ausgewechselt werden kann. Hierdurch wird erreicht, daß bei Temperaturschwankungen schnell und einfach die Blase in jedem gewünschten Maße reguliert oder bei Trübung der Flüssigkeit eine Reinigung durch Auswechseln der Flüssigkeit behoben werden kann. Die Größe der Libellenblase kann durch einen besonderen Einstellknopf nach Belieben eingestellt bzw. bei Temperaturschwankungen oder Höhenänderung in derselben Größe erhalten werden.

Das neuzeitliche Goerz-Abwurfsehrohr wurde aus dem im Kriege verwandten Abwurfsehrohr entwickelt. Es besteht aus einem besonderen Außenrohr und einem drehbaren Innenrohr zur Ausschaltung der durch Seitenwind verursachten Seitentrift des Flugzeuges. Dieses ist verbunden mit einer die Optik beeinflussenden Einrichtung zur Ausschaltung des Einflusses des Seitenwindes auf die Rücktrift des abgeworfenen Gegenstandes. Ferner besitzt das Sehrohr eine Peilscheibe für die Navigation, eine Walzentabelle sowie eine Stoppuhr für die Geschwindigkeitsmessung und zur Bestimmung des Vorhaltewinkels für den Bombenwurf.

Das Sehrohr, Bild 188, ist mit einem am unteren erweiterten Ende angeordneten drehbaren Reflektor Pr versehen, der mechanisch mit der Einstellscheibe T verbunden ist.

Durch Drehung der Einstellscheibe läßt sich die Visierlinie um 75° nach vorn und um 15° nach rückwärts verstellen. Da das halbe Gesichtsfeld 15° beträgt, ist eine Beobachtung der Erdoberfläche bis zum Horizont (90°) möglich, ohne daß das Rohr geneigt zu werden braucht. Das Okular O kann durch Drehen des über der Dioptrierteilung Di befindlichen Kordelringes um die Fernrohrachse scharf auf das Fernrohrbild eingestellt werden, wobei die Teilung Di den Wert der Einstellung in Dioptrien angibt.

Mit der Einstellscheibe T ist durch Kegelradübersetzung im Innern des Fernrohres ein Zeiger P zwangsläufig gekuppelt. Im Gesichtsfeld des Fernrohres ist eine Glasplatte vorgesehen, welche an ihrer Peripherie eine Gradteilung besitzt und auf ihrem Längsstrich ebenfalls eine Gradteilung U trägt. Durch den mit der Einstellscheibe T zwangsläufig gekuppelten Zeiger P kann auch an der Peripherieteilung auf der Glasplatte die Richtung der Visierlinie kontrolliert werden, ohne das Auge vom Okular entfernen zu müssen. Die Längsgradeinteilung U der Strichplatte dient dazu, die Größe der Abweichung in Graden bei Fehlwürfen zu kontrollieren und die Einstellung zu verbessern. Um das Okular ist zentrisch ein Einstellring gelagert mit einer Gradteilung von $-5°$ bis $+30°$. Durch einen Klemmhebel kann dieser Einstellring mit dem Fernrohr fest verbunden werden. Ein Index $N_1$ gestattet die Einstellung des Ringes abzulesen. Mit dem Ring N ist innen ein Zeiger Q verbunden, so daß an der oben erwähnten Peripherieteilung im Gesichtsfeld die Einstellung des Ringes N kontrolliert werden kann. Dieser Zeiger Q ist so angeordnet, daß er über den Zeiger P hinweggleiten kann.

Zwecks Ausschaltung der Seitentrift ist das ganze Instrument in einem Außenrohr A um die gemeinsame Achse des Sehrohres und des Außenrohres drehbar gelagert. Die gegenseitige Stellung beider Rohre kann an der Seitentriftsskala L abgelesen und durch eine Verriegelung Sp festgelegt werden.

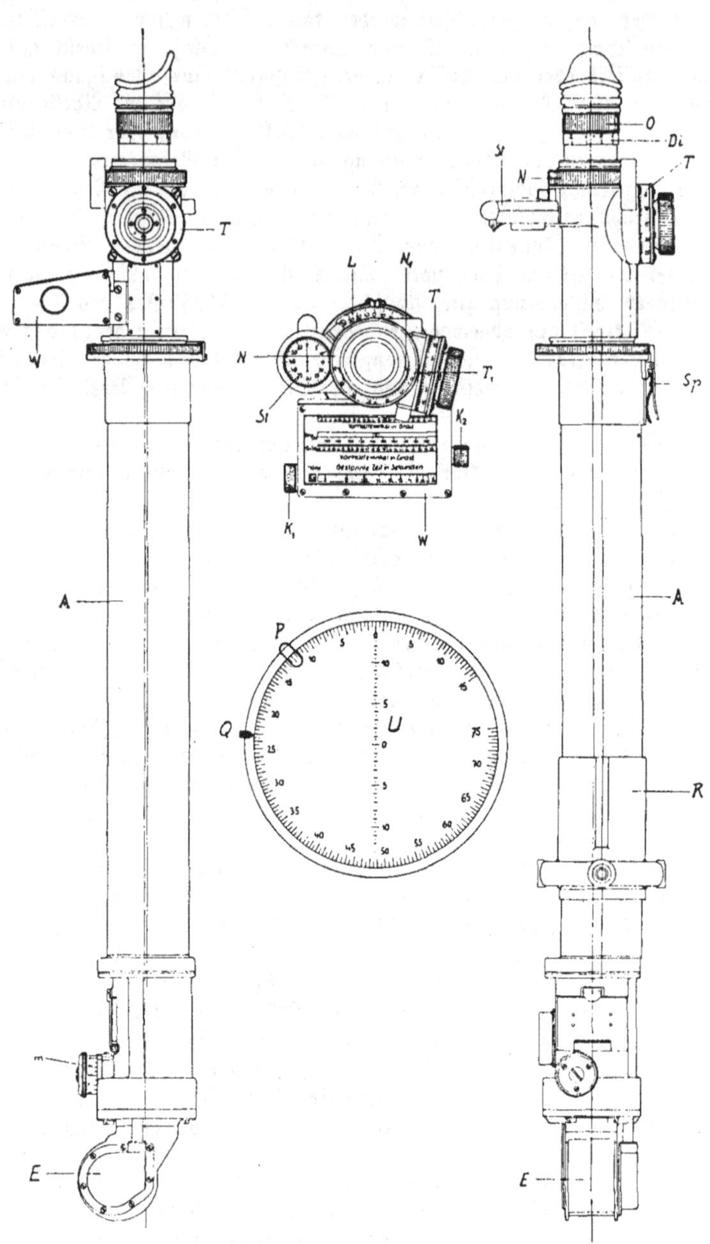


Bild 188. Zusammenstellungszeichnung des Goerz-Abwurfsehrohres.

Zur Ermittlung des Vorhaltewinkels unter Ausschaltung jeglicher Rechenarbeit dient die am Fernrohr in bequemer Bedienungshöhe angebrachte Walzentabelle W. Im Innern ihres Gehäuses befinden sich drei zwangsläufig miteinander verbundene Walzen, die durch einen Knopf $K_1$ gedreht werden können. Zwei von diesen Walzen tragen tabellenartige Skalen von Vorhaltewinkeln für die verwendete Bombengattung. Die untere Walze gibt im linken Fenster die eingestellte Flughöhe an. Im Hauptfenster befindet sich eine Tabellenskala, auf welcher die gestoppten Zeiten in Sekunden eingestellt werden, die zum Überfliegen einer gewissen Meßstrecke auf der Erde notwendig war. Als Meßstrecke wird die halbe Flughöhe und der Meßwinkel von $+13°$ bis $-15°$ gewählt. Aus diesem Grunde ist bei etwa $+13°$ eine rote Marke und bei $-15°$ ein fester Anschlag vorgesehen. Die mittlere und obere Walze tragen die Angaben des Vorhaltewinkels in Graden für die zur Verwendung kommenden Bomben. Zwischen den beiden Vorhaltewinkelskalen ist eine proportionale Teilung angebracht, welche die Geschwindigkeiten des Flugzeuges über Grund in Kilometer/Stunden angibt. An der rechten Seite der Tabelle befindet sich ein Knopf $K_2$. Durch Drehen dieses Knopfes verschieben sich die drei Zeiger der Walzentabelle, die die Geschwindigkeit, den Vorhaltewinkel und die gestoppte Zeit anzeigen. Durch Einstellen der zum Überfliegen der Meßstrecke in der mit dem Knopf $K_1$ eingestellten Flughöhe benötigten Stoppzeit wird also automatisch, ohne jede Rechenarbeit, der gewünschte Vorhaltewinkel angegeben.

Elektrische Beleuchtung der Fokuslibelle und sämtlicher Skalen vervollständigen die Einrichtung.

## Das Abwurfsehrohr Goerz-Boykow.

Die vorher beschriebenen Einrichtungen der Goerz-Zielgeräte (Walzentabelle, Stoppuhr und Drehvorrichtungen mit ihren Skalen) wurden durch eine automatische Einrichtung, System Boykow, ersetzt. Dieses Sehrohr weist neben der automatischen Einrichtung zur Bestimmung des Vorhaltewinkels gegenüber allen bisher bekannt gewordenen Visierinstrumenten für den Abwurf aus Flugzeugen noch folgende wesentliche Vorteile auf:

1. Die horizontale Anfangsgeschwindigkeit der Bombe wird vollkommen automatisch berücksichtigt,

2. der Vorhaltewinkel bzw. der durch ihn bestimmte Moment des Abwurfes wird automatisch angezeigt,

3. die Handhabung ist die denkbar einfachste, jede Rechenarbeit ist vermieden.

Bei dem vorliegenden Abwurfsehrohr Goerz-Boykow wird der Vorhaltewinkel ohne besondere Messung der Geschwindigkeit automatisch eingestellt.

In der nachstehenden Skizze ist die Visierlinie durch das Diopterlineal D dargestellt, welches um eine Achse F im Fernrohr drehbar angeordnet ist. In dem Schlitz Ns dieses Lineals gleitet ein Stift, welcher mit der Schraubenmutter S, die parallel zur Linie F – B (Bahn der Bombe vom Flugzeug aus gesehen) gelagert ist und durch den Antriebsmechanismus (Uhrwerk) Ur ein-

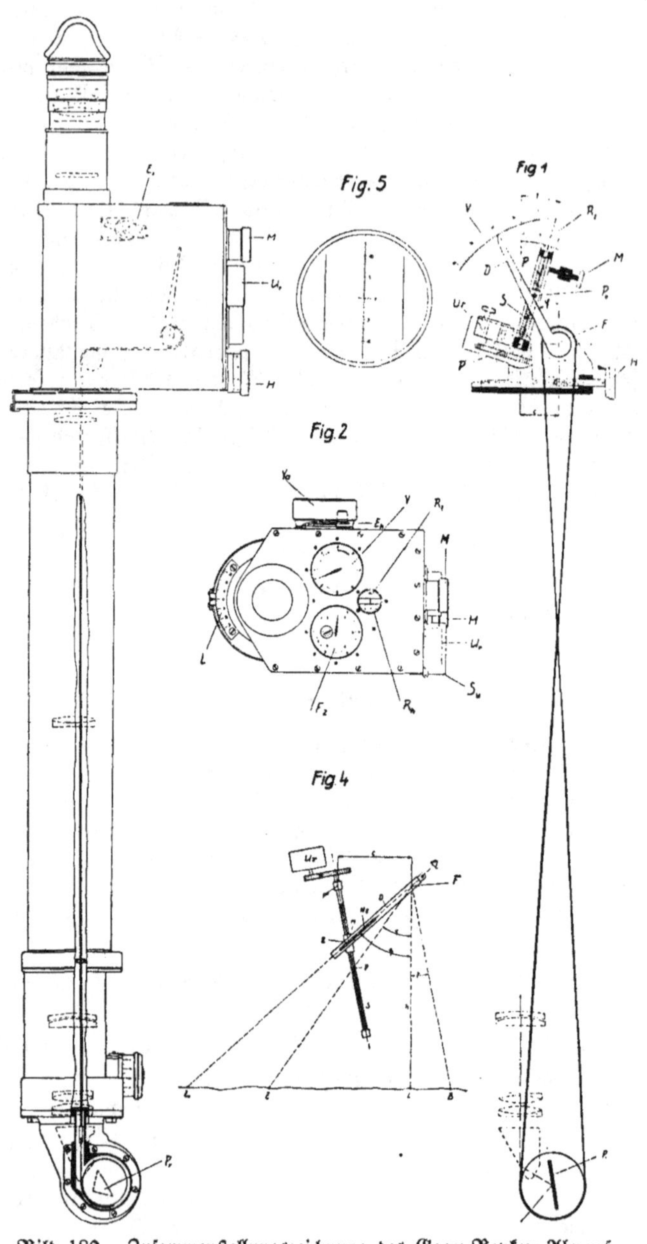


Bild 189. Zusammenstellungszeichnung des Goerz-Boykow-Abwurfsehrohres mit Automatik.

geschaltet wird, verbunden ist. Die Visierlinie wird in Bewegung gesetzt, da das Diopterlineal D von der Schraubenmutter M, die sich jetzt mit gleichförmiger Geschwindigkeit nach unten bewegt, mitgenommen wird. Da nun die Bewegungen der Visierlinie und des Zieles nach verschiedenen Gesetzen erfolgen, entfernen sich zunächst beide voneinander und treffen später wieder zusammen. In dem Moment, wo Ziel und Zielmarke wieder zusammenfallen, ist der richtige Visierwinkel eingestellt, unter dem abgeworfen werden muß.

Die Bewegung der Visierlinie ist abhängig von der Geschwindigkeit, mit welcher sich die Schraubenmutter nach unten bewegt, also von der Geschwindigkeit des Antriebmechanismus (Uhrwerk) und von dem Abstand PF = c. Aus diesen Größen, der Fallzeit der Bombe bzw. der Fallhöhe und dem Rücktriftwinkel, wird der Vorhaltewinkel bestimmt. Die Einstellung des Rücktriftwinkels erfolgt mit Hilfe der Schraube M an der zugehörigen Skala Rt.

Zum Ein- und Ausschalten des Antriebmechanismus (Uhrwerk) dient der Einrückhebel Eh.

Um das Gelände in der Flugrichtung ohne Betätigung des Uhrwerks innerhalb eines gewissen Bereiches absuchen zu können, ist die Visuränderung von Hand durch Knopf Va vorgesehen, durch dessen Betätigung lediglich das Reflektionsprisma Pr gedreht wird.

Der Knopf Va wird durch eine Feder nach dem Loslassen automatisch wieder in die Ursprungslage zurückgebracht, damit durch die vorerwähnte willkürliche Visuränderung von Hand kein Fehler in der nötigen Übereinstimmung des Vorvisurwinkels mit der Stellung des Reflektionsprismas entsteht.

Um beim Anfliegen des Zieles dem Piloten Zeichen für die Kursänderung geben zu können, sind die Instrumente mit einem elektrischen Richtungsweiser, bestehend aus einem Geber und einem Empfänger, ausgerüstet.

Der elektrische Geber ist auf der Fußplatte, auf der das Sehrohr gelenkig gelagert ist, montiert und be-

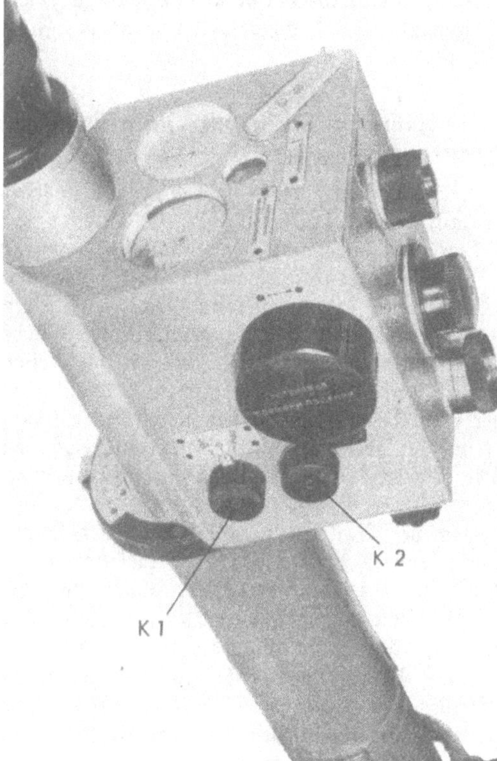

Bild 190. Gehäuse der Automatik des Goerz-Boykow-Abwurfsehrohres. $K^1$ Richtungsschalter für das Getriebe. $K^2$ Höheneinstellung.

steht aus einer Anzahl der Drehrichtung entsprechend angeordneten Kontakte, durch die der am Armaturenbrett des Piloten montierte Lampenempfänger betätigt wird. Diese Korrekturen erfolgen automatisch dadurch, daß der das Fernrohr Bedienende das Abwurfrohr prinzipiell so dreht, daß das Ziel parallel und gleichlaufend zum Fadenkreuz wandert. Durch diese Drehung wird der entsprechende Kontakt des Gebers geschlossen, und die korrespondierende Lampe am Empfänger leuchtet entweder rechts oder links von der roten Mittellampe auf und gibt dadurch dem Piloten das Zeichen, daß er, entsprechend der aufleuchtenden Lampe, nach rechts oder links steuern muß.

Als Stromquelle, sowohl für die Beleuchtung als auch für den Richtungsweiser, dient der im Flugzeug vorhandene Generator mit seiner Batterie von 12 Volt Spannung.

Am unteren Ende des Abwurfrohres befindet sich ein Kardanring mit Lagerungszapfen zum Einsetzen in die Fußplatte. Darunter befindet sich noch eine Klappe, die die Fokuslibellenkammer verschließt. Die Fußplatte mit ihrem kreisförmigen Ausschnitt zum Einsetzen des Sehrohres in die beiden Gabellager wird im Flugzeug fest eingebaut, während das Sehrohr, wenn es nicht gebraucht wird, aus der Grundplatte herausgenommen und an der Bordwand des Flugzeuges befestigt werden kann.

## Das Goerz-Universalgerät für Navigation, Höhenmessung, Feuerleitung und Bombenwurf aus Flugzeugen.

Die verschiedenartige Verwendung der Aufklärungs- und Beobachtungsflugzeuge für die Lösung vielseitiger militärischer Aufgaben hat den Bedarf nach einem Instrument gebracht, mit dem man sowohl die Horizontalentfernung bei bekannter Höhe, als auch die Höhe bei bekannter Horizontalentfernung vom Flugzeug aus mit hinreichender Genauigkeit bestimmen kann. Die Firma Goerz hat für Italien ein Abwurfsehrohr gebaut, das unter Zugrundelegung des bekannten Abwurfsehrohres mit Einrichtungen ausgestattet ist, die die Lösung dieser Aufgaben neben dem Abwurf von Bomben ermöglichen und außerdem noch für die Navigation geeignet sind. Demzufolge ist das nachstehende Goerz-Gerät entstanden, mit dem nicht nur die oben erwähnten Aufgaben gelöst, sondern auch die Feuerleitung einer Batterie vom Flugzeug aus vorgenommen werden kann.

Das Instrument besteht aus einem periskopischen Fernrohr mit den bekannten optischen Daten des Goerz-Abwurfsehrohres, d. h. 1,5fache Vergrößerung, 30° Gesichtsfeld und 6 mm Austrittspupille. Es ist um eine Vertikalachse um 360° drehbar und besitzt einen von der Drehung unabhängigen Horizontalkreis 1, so daß die Ablesung, auf eine vorher gewählte Richtung bezogen, erfolgen kann.

Der Tiefenwinkel wird in einem Bereich von −15° nach rückwärts bis +75° nach vorwärts durch Drehen des Reflektorprismas 3 mittels eines handlich angebrachten Kurbelgriffes 2 eingestellt und an dem Fenster 4 der Seitentrommel abgelesen.

Zwecks Messung der Höhe bei bekannter Kartenentfernung, oder der Kartenentfernung bei bekannter Höhe, ist das Instrument mit einer telemetrischen

Vorrichtung versehen, die aus zwei in einem Gehäuse 5 untergebrachten logarithmischen Kurven besteht. Diese gestatten, bei Einstellung der Höhe, die Messung der Horizontalentfernung zwischen dem Fußpunkt des Flugzeuges und dem anvisierten Punkt oder bei Einstellung einer bekannten Kartenentfernung zwischen zwei bekannten Punkten auf der Karte, von der einer überflogen werden muß, die Messung der Höhe über Grund vorzunehmen. Die Resultate beider Messungen sind unmittelbar auf dem Skalenring 6 abzulesen.

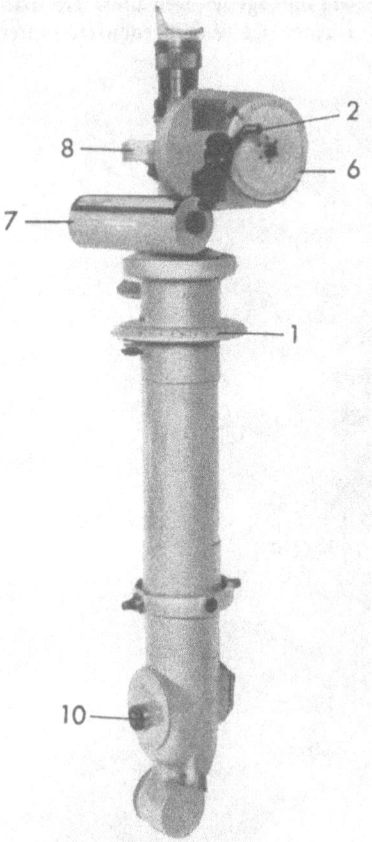

Bild 191. Goerz-Universalgerät für Navigation, Höhenmessung, Feuerleitung und Bombenwurf aus Flugzeugen.

Außerdem besitzt das Instrument die normale Ausrüstung des Goerz-Abwurfsehrohres für den Bombenwurf und für die Bestimmung der Geschwindigkeit über Grund mittels Walzentabelle 7 und Stoppuhr 8 und der Abtrift mittels Horizontskala 9 und eines Steuerstriches im Fernrohr.

Weiter ist das Instrument mit einer Einrichtung 10 für die notwendige Korrektur des Einflusses des Seitenwindes auf die Bombe versehen.

Ferner dient eine Spezialstrichplatte im Fernrohr selbst, die mit horizontalen Strichen in besonders berechneten Intervallen versehen ist, dazu, die Geschwindigkeit der Reihenfolge photographischer Aufnahmen bei Reihenbildern je nach Höhe und der Geschwindigkeit des Flugzeuges zu bestimmen.

Die bekannte patentierte Goerz-Fokuslibelle mit regulierbarer und beleuchteter Libellenblase vervollständigt die Ausrüstung.

Alle Skalen sind mit Nachtbeleuchtung ausgerüstet. Das ganze Instrument ruht auf einem Stoßdämpfer und ist mit einem Richtungsweiser versehen, um den Piloten einwinken zu können.

Die verschiedenen Aufgaben, die das Instrument durch die vorstehend beschriebenen Einrichtungen zu lösen imstande ist, sind folgende:

## 1. Als Navigationsinstrument

a) zur Bestimmung der relativen Geschwindigkeit,

b) zur Bestimmung des Abtriftwinkels.

Diese Bestimmungen können nicht nur mit den bisher verwendeten Methoden, d. h. Anvisierung des überflogenen Geländes, durchgeführt werden, sondern auch durch Annahme eines Hilfszieles im Gelände, das in der Flugrichtung oder in der Achse des Apparates liegt, ein Fall der häufig eintritt, wenn das überflogene Gelände wegen Wolken nicht sichtbar ist.

## 2. Als Beobachtungsgerät.

Mit diesem Sehrohr kann man, als Beobachtungsgerät verwandt, die altimetrischen und planimetrischen Koordinaten irgendeines Geländepunktes unter

Bild 192. Kopf des Goerz-Universalgerätes mit der Walzentabelle des Richtkreises und der telemetrischen Vorrichtung zur Messung der horizontalen Entfernung zwischen dem Fußpunkt des Flugzeuges und dem anvisierten Hilfspunkt im Gelände.

der Bedingung bestimmen, wenn das Flugzeug, auf welchem das Instrument angebracht ist, in Verbindung mit einer Erdstation (Batterie), die mit einem normalen Winkel- und Höhenmesser und einem Hilfsinstrument versehen ist, arbeitet.

Das Verfahren besteht aus zwei Arten, je nachdem das zu bestimmende Ziel in derselben Ebene, wie die gewählte Richtlinie, oder gegenüber dieser Ebene höher oder tiefer liegt.

Die Station muß das Flugzeug durch einen Winkelmesser oder ein anderes derartiges Instrument verfolgen, während der Beobachter im Flugzeug mit dem Feuerleitungsgerät das Ziel anvisiert, nachdem er mit der entsprechenden Vorrichtung die Flughöhe eingestellt hat.

Wenn das Ziel mit der Luftblase der Fokuslibelle zur Deckung kommt, gibt der Beobachter im Flugzeug ein Radiosignal, und in diesem Moment muß die Station den Richtungswinkel und den Geländewinkel des Flugzeuges gegenüber der Station an ihrem Instrument ablesen.

Der Beobachter des Flugzeuges teilt der Station seine Flughöhe und die abgelesene Kartenentfernung mit, die im Feuerleitungsgerät unmittelbar sichtbar ist.

Diese beiden ermittelten Faktoren genügen, wenn das Ziel in der Richtebene liegt.

Wenn aber das Ziel sich höher oder tiefer befindet, muß der Beobachter noch einen dritten Faktor übermitteln, und zwar den Richtungswinkel, in welchem sich das Ziel in dem Augenblick der Übereinstimmung mit der Libellenblase befunden hat.

Dies erfolgt durch die Ablesung auf dem drehbaren Teilkreis 1.

Nach Ermittlung dieser Faktoren kann es der Station nicht schwerfallen, den Fußpunkt des Flugzeuges zu bestimmen, da sich auf der Karte die entsprechende Richtung, in der sich das Flugzeug bewegt, feststellen und auf derselben eine Strecke, gleich der horizontalen Entfernung des Flugzeuges, die auf Grund der Höhe des Flugzeuges und seines beobachteten Geländewinkels errechenbar ist, übertragen läßt.

Diese Beobachtung wird vom Flugzeug und von der Station mehrmals wiederholt und die ermittelten verschiedenen Fußpunkte des Flugzeuges auf die Karte übertragen.

Falls das Ziel in derselben Richtebene liegt, ist seine Lage leicht feststellbar, wenn man mit Hilfe eines Zirkels die entsprechenden Kreise auf die Karte zeichnet, deren Mittelpunkte mit dem Fußpunkt des Flugzeuges und deren Radien mit dem vom Flugzeug mitgeteilten horizontalen Entfernungen übereinstimmen.

Der gemeinsame Schnittpunkt der gezogenen Kreise ist die Lage des Zieles.

Ferner kann man durch Messung der Durchwanderung eines Hilfszielpunktes zwischen zwei Strichen der Strichplatte, deren Lage im Verhältnis zum Format und zur Brennweite des Photoapparates des Flugzeuges steht, unmittelbar das zur Hestellung einer Photoserie notwendige Reihenbildintervall ermitteln.

Das Universalgerät für den Bombenwurf verwandt erfolgt in bekannter Weise unter Benutzung der Stoppuhr und der am Sehrohr angeordneten Walzentabelle.

Die erwähnten optischen Abwurfsehrohre haben den großen Vorteil, daß ihre Verwendung in der Hand von geschulten und geübten Bombenschützen genaue Bombenwürfe durchzuführen gestatten, und ihre Einrichtung, hinsichtlich der Fokuslibelle und der kardanischen Aufhängung, die Visierlinie, unabhängig und unbeeinflußt von der augenblicklichen Flugzeuglage, konstant gehalten werden kann.

Dies bedeutet eine wesentliche Entlastung des Schützen, da er frei von den Schwankungen des Flugzeuges in der Quer- wie auch in der Längslage genau das Ziel anvisieren, anfliegen und mit Bomben bewerfen kann.

Die Abwurfsehrohre von nicht geringem Ausmaß werden vorteilhaft nur in Großbombern eingebaut. Um auch die kleineren einmotorigen Bomber mit Zielgeräten auszurüsten, wurden mechanische Zielgeräte, auch Bombenvisiere genannt, entwickelt.

Verschiedene Staaten wählen für die Ausrüstung ihrer gesamten Bombenflugzeuge diese Visiere, da sie einfacher zu bedienen sind, keine allzu umfangreichen Kenntnisse erfordern, für den Einbau geringeren Platz benötigen und vor allem für Nachtbombenangriffe wegen der Licht- und Sehverhältnisse geeigneter erscheinen.

### Das Goerz-Bombenvisier „G".

Die Firma Goerz hat ein einfaches Bombenvisier „G" entwickelt, das mit Benutzung einer Stoppuhr die Messung der Geschwindigkeit über Grund, die Bestimmung des Vorhaltewinkels und damit eine genügend große Genauigkeit in der Bestimmung des Abwurfmomentes gestattet.

Das Instrument besteht aus einer mit drei Aufhängeschlitzen versehenen Grundplatte 1, auf welcher der Visierträger 2 mittels des Getriebeknopfes 3 um die Drehachse 4 vertikal verschwenkt und durch den Klemmhebel 5 in beliebiger Stellung festgeklemmt werden kann.

Im Träger 2 ruht die vertikale mit der Flügelschraube 6 feststellbare Drehachse 7. An deren unterem Ende befindet sich der Visierrahmen 8 mit eingebautem Zielfadenkreuz und weißlackierter Kugel als Visierkorn und am oberen Ende der Visierschlitten 9.

Der an der Drehachse 7 angebrachte Zeiger mit Index dient zur Einstellung der Seitentrift an der Skala 10, deren größter Einstellbereich $\pm$ 20° beträgt und von 5° zu 5° unterteilt ist.

Im seitlichen Teil des Visierschlittens 9 ist der Einstellrahmen längs der Abwurfskala 12 entlang geführt und durch einen Sperrhebel beliebig in einer Zahnstange feststellbar.

Am Rahmen 11 ist seitlich die Querlibelle 14 für das bequeme Ausnivellieren des Gerätes beim Einbau in das Flugzeug und Längslibelle 15 für die horizontale Einstellung des Gerätes, während des Visierverfahrens, angeordnet.

Die Visierkimme 16, die mit dem Zeiger 17 fest verbunden ist, kann durch Drehen der Einstellspindel 18 seitlich verschoben werden, wobei der Zeiger längs der Querlibelle läuft.

Das Instrument „G" wird mit 4 Abwurfskalen für 180, 200, 220 und 250 km/h Eigengeschwindigkeit des Flugzeuges geliefert, die, je nach der Fluggeschwindigkeit und dem verwandten Flugzeug auf einfache Weise durch Niederdrücken der Verriegelungsfeder 19 aus ihrer Fassung herausgehoben und umgewechselt werden können. Jede der Skalen besitzt außer den Teilungen für die Höhen und die gestoppte Zeit eine Grundskala, auf der der Vorhaltewinkel der entsprechenden Bombe abgelesen und eingestellt werden kann.

Bei dem Teilstrich 26,5° befindet sich eine Marke, die für die Geschwindigkeitsmessung des Flugzeuges über Grund Verwendung findet.

Auf den Abwurfskalen sind ferner zwei mit Höhe und gestoppter Zeit bezeichnete Teilungen angebracht. Die Höheneinteilung gibt die Meßstrecke für die betreffenden Flughöhen an, die Zeitteilung gibt die Vorhaltewinkel, die sich für die augenblickliche Geschwindigkeit ergeben, an. Um diese festzustellen, wird der mittlere Zeiger auf die vom Höhenmesser angezeigte Höhe eingestellt und ein Hilfsziel, das in der Anflugrichtung auf das Ziel liegt, überflogen. Beim

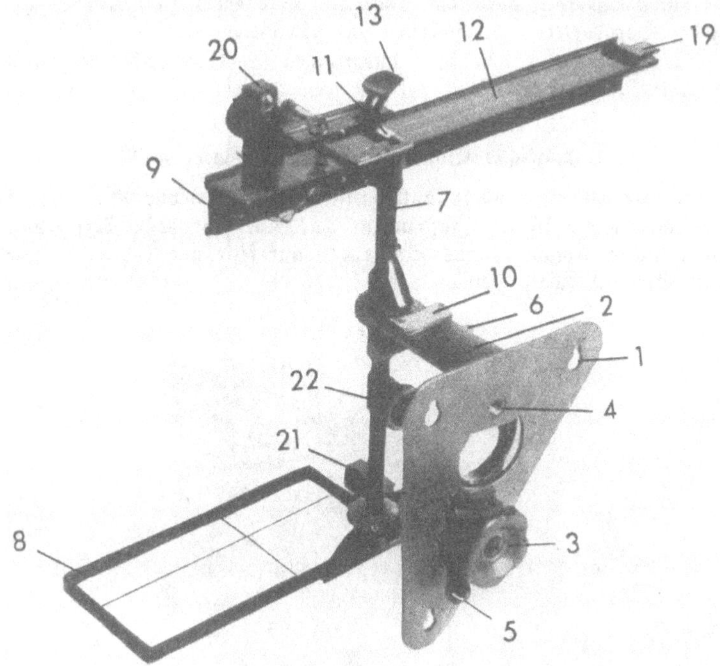


Bild 193. Goerz-Bombenvisier, Muster G.

Durchwandern des Hilfszieles durch die Visierlinie wird die Stoppuhr in Gang gebracht, der Zeiger auf 0 eingestellt und beim zweiten Durchwandern des Hilfszieles durch die Visierlinie die Uhr angehalten. Erst dann wird der rechte Zeiger des Visierschlittens auf die gestoppte Zeit gestellt. Beim Durchwandern des Zieles durch die Visierlinie ist die Bombe abzuwerfen.

Wenn beim Anflug auf das Ziel die Einwirkung von Seitenwind nicht vermieden werden kann, so muß die Seitentrift berücksichtigt werden. Dies geschieht in der Weise, daß bei gelöster Flügelschraube 6 an der Vertikalachse 7 der Visierrahmen so lange seitlich verdreht wird, bis das Ziel am Zielfaden des Visierrahmens 8 genau entlang wandert. Der Pilot muß die Seitensteuerung beibehalten, während die Vertikalachse des Bombenvisiers festgeklemmt wird. Alle weiteren Handhabungen erfolgen in normaler Weise.

Am Einstellrahmen befindet sich das Lampengehäuse 20, in welchem ein elektrisches Lämpchen eingebaut ist. Dieses beleuchtet die Visierkimme, Libellen und Abwurfskalen. Ein gleiches Lampengehäuse 21 mit eingebautem Lämpchen ist am Visierrahmen 8 angebracht, das zur Beleuchtung des Zielkornes dient.

Ein zweipoliges Kabel führt vom Lampengehäuse 20 zu den am Visierschlitten angebrachten Schleifkontakten und von diesen zu dem an der Drehachse 7 montierten Stecker 22, während durch ein gleiches Kabel das Lampengehäuse 21 mit dem Stecker 22 direkt verbunden ist.

Beide Lampen werden durch ein Kabel mit Steckerdosen an dem Stecker 22, bzw. an der Bordbatterie, angeschlossen und von dieser gespeist.

Die Leuchtstärke der Lampe kann durch einen im Stromkreis eingeschalteten Schalter mit Regulierwiderstand den äußeren Verhältnissen angepaßt werden.

## Automatisches Bombenabwurfvisier Goerz „C".

Das in Italien eingeführte automatische Bombenabwurfvisier der Firma Goerz in Bratislava ist ein Instrument, das eine sehr hohe Treffgenauigkeit des automatischen Abwurfes aus Flugzeugen auf feste und bewegliche Ziele in einfachster Art und Weise gewährleistet.

Bild 194. Goerz-Bombenvisier, Muster C.

Die leichte Bedienungsart und die Möglichkeit des automatischen Bombenwurfes geben obengenanntem Instrument anderen, dem gleichen Zwecke dienenden Instrumenten, wesentliche Vorteile, die darin bestehen, daß

1. für die Geschwindigkeitsbestimmung keine Rechenarbeit mehr erforderlich ist,

2. es gegen bewegliche Ziele verwendet werden kann,

3. es keine weiteren Hilfsmittel benötigt, weil es immer auf das Ziel selbst gerichtet ist und alle Einstellungen kurz vor dem Ziel vorgenommen werden können,

4. für jede Höhe und Geschwindigkeit des Flugzeuges die Einstellung des Vorhaltewinkels nur geringe Zeit erfordert und die dazu notwendigen Vorkehrungen relativ nahe am Ziel getroffen werden können, so daß die Aufmerksamkeit des Beobachters nicht gestört und unter den Angriffen feindlicher Flugzeuge nicht allzusehr abgelenkt wird,

5. zur Einwinkung des Flugzeuges gegen das Ziel außerordentlich wenig Zeit erforderlich ist,

6. es sehr leicht und in der Bedienung sehr einfach ist,

7. die elektrische Auslösung der Bombe zum Abwurf automatisch durch die Visur selbst vorgenommen, aber auch von Hand aus erfolgen kann,

8. der Einfluß der Seitentrift auf die Bombe durch eine eingebaute Vorrichtung automatisch vollkommen korrigiert wird,

9. die Einstellmöglichkeit der Rücktrift der Bombe nach den ballistischen Daten vorgesehen ist und endlich,

10. daß Vorkehrungen getroffen sind, die die Anwendung des Bombenvisiers auch bei Abtriftwinkeln bis zu 60° nach beiden Seiten gestatten.

Die Konstruktion des Instrumentes ermöglicht die dauernde Verfolgung des Zieles während einer konstanten Zeit über Kimme 1 und Korn 2 durch Betätigung eines Kordelknopfes 3.

Durch die über eine bestimmte Zeit dauernde Bewegung des Kordelknopfes wird der Vorhaltewinkel unter Berücksichtigung der vorher eingestellten Werte für Fallzeit und Rücktrift der Bombe automatisch gebildet, so daß nur durch weiteres Verfolgen des Zieles über die bestimmte Zeit hinaus die Bombe im richtigen Zeitpunkt automatisch abgeworfen wird.

Falls der Abwurf der Bombe nicht automatisch erfolgen soll, muß der Kordelknopf 3 und mit ihm das Visierkorn bis zum Aufleuchten einer grünen Lampe, die die Einstellung des richtigen Vorhaltewinkels anzeigt, gedreht werden und im Moment des Durchwanderns des Zieles die Bombe von Hand aus, mittels Hebel 4, abgeworfen werden.

Das Instrument ist mit einem elektrischen Richtungsweiser zum Einwinken des Piloten und mit Nachtbeleuchtung für die Skalen ausgestattet. Für die elektrische Einrichtung ist eine 4-Voltspannung vorgesehen.

Eine kardanartige Aufhängung 5 und 7 gestattet die Neigung nach vorn, rückwärts und nach der Seite, um die Schwankungen des Flugzeuges ausgleichen zu können.

## Das englische Bombenzielgerät „Wimperis".

Das in der englischen Fliegertruppe eingeführte Bombenzielgerät Wimperis wird von der Firma Smith and Sons in London gebaut.

Es wird in zwei verschiedenen Ausführungen geliefert. Das Muster I A findet Verwendung für den Bombenwurf aus niedriger Höhe mit einer Höhenskala von 90 bis 760 m (300 bis 2500 Fuß), das Muster II für den Bombenwurf aus großer Höhe mit der Höhenskala von 450 bis 4200 m (1500 bis 14 000 Fuß).

Das Zielgerät besteht aus einem Kompaß, der Höhenskala, dem Einlauffaden mit den Meßkugeln und den Einstellskalen für die Abtrift und Geschwindigkeit.

Das ganze Instrument ruht auf einem Träger, der am Flugzeug derart befestigt wird, daß die Visierlinie des Zielgerätes parallel zur Flugachse liegt. Zur genauen Einstellung sind eine Längs- und Querlibelle vorgesehen. Die Einstellung erfolgt durch die an der linken Seite angeordneten Nivellierschrauben.

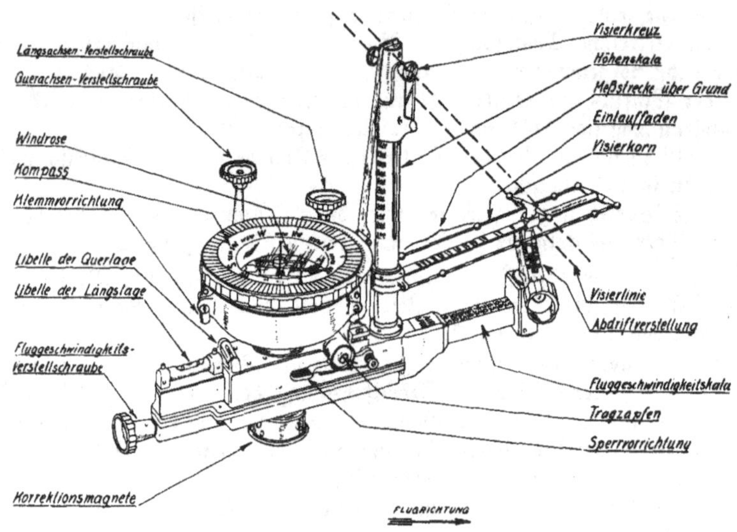


Bild 195. Wimperis-Bombenzielgerät Muster I A.

Über dem Kompaßgehäuse befindet sich die Windstange, mit welcher der an dem Kompaßgehäuse angebrachte Windpfeil immer parallel zur Windstange eingestellt werden kann und in die Abwindrichtung zeigt.

Auf dem Kompaßgehäuse ist eine bewegliche Platte mit Gradeinteilung angebracht. Eine Klemmvorrichtung erlaubt, die Platte unabhängig vom Windpfeil zu drehen und festzustellen.

Unter dem Instrument befinden sich die Kompensationsmagnete zur Einstellung des Kompasses.

Die Einlauffaden sind mit roten Kugeln versehen, die auf dem Erdboden bei Muster I A Strecken von 300 m und bei Muster II solche von 1600 m abschneiden.

Das Zielgerät wird hauptsächlich für den Bombenwurf verwandt. Hierbei wird zunächst die Fluggeschwindigkeit an dem Geschwindigkeitsmesser abgelesen oder durch Messung über Grund festgestellt. Bei dieser Feststellung werden die

Visierkreuze auf der roten Skala auf die Höhe eingestellt und über die Visierkreuze und einem roten Kügelchen auf dem Einlauffaden ein Hilfsziel anvisiert. Beim Passieren der ersten roten Kugel wird eine Stoppuhr in Gang gesetzt. Das Ziel wird nun weiter verfolgt, bis es die zweite Kugel erreicht hat. In diesem Augenblick wird die Zeit gestoppt und abgelesen. Der Zeitwert, in eine Tabelle eingesetzt, ergibt die Geschwindigkeit über Grund. Die nun erhaltene Geschwindigkeit wird auf der Fluggeschwindigkeitsskala eingestellt.

Ist die Windrichtung und Geschwindigkeit festgelegt, wird die Windskala entsprechend verstellt.

Bild 196. Wimperis-Bombenzielgerät, Muster II, der englischen Fliegertruppe.

Nachdem nun die Windgeschwindigkeit und die Windrichtung auf den Skalen berücksichtigt sind, wird das Gerät mit Hilfe der Libellen genau ausgerichtet. Der Höhenschlitten mit den Visierkreuzen wird auf der schwarzen Zahlenskala der Flughöhe entsprechend festgestellt und das Ziel angeflogen.

Das Ziel wird über die Einlauflinien grob anvisiert und der Flugzeugführer in die erforderliche Richtung eingewinkt.

Erscheint das Ziel in nächster Nähe der Visierkörner, werden nur noch feine Korrekturen vorgenommen. Das Ziel wandert nun parallel dem Einlauffaden entlang, bis es die Visierlinie erreicht hat.

In diesem Augenblick ist der Abwurfspunkt gegeben, wo der Abwurf der Bombe zu erfolgen hat.

# Das gefechtsmäßige Schießen aus Flugzeugen.

Unter gefechtsmäßigem Schießen versteht man das Schießen mit Maschinengewehren und das Üben mit der Waffe in der Weise, wie es einem Luftgefecht im Ernstfall gleichkommt.

Die Ausbildung für das gefechtsmäßige Schießen gehört daher zu den wichtigsten Abschnitten der Gesamtausbildung von Flugzeugführern und Maschinengewehrschützen.

Die Ausbildung der Besatzung von Flugzeugen stellt weit größere Anforderungen als die der anderen Waffengattungen, da die Verhältnisse im dreidimensionalen Raum, verbunden mit der ständig wachsenden Geschwindigkeit, ganz neue Gesichtspunkte ergeben.

Bild 197. Bewegliche Übungsgeräte mit starr eingebauten Maschinengewehren.

Schon sehr frühzeitig verwandte man Hilfsgeräte, die mit Maschinengewehren ausgerüstet waren und heute noch Verwendung finden. Diese Hilfsgeräte für Schießübungen am Boden mit starr eingebauten Waffen sind derart konstruiert, daß sie durch den Schützen mittels eingebauter Steuerung nach jeder Richtung gedreht und in jeder Lage gebraucht werden können. Die Lageveränderungen entsprechen den Bewegungen des Flugzeuges in der Luft, so daß sich der Schütze durch dieses einfache Übungsgerät auf dem Boden im Zielen mit dem Flugzeug einigermaßen vertraut machen kann.

Für die Ausbildung der Beobachter und Maschinengewehrschützen der beweglichen Waffen werden ähnliche Hilfsgeräte verwandt. Die erste Stufe der Ausbildung erfolgt mit auf Holzgerüsten montierten drehbaren Maschinengewehrringen und Schießen mit Maschinengewehrkameras auf bewegliche Ziele. Die weitere Ausbildung wird auf Flugzeugen fortgesetzt, die zunächst noch auf Dreh- und Kippvorrichtungen montiert sind. Das Flugzeug ist mit laufendem Motor nach allen Seiten dreh- und schwenkbar, damit nach Möglichkeit alle Situationen des Luftkampfes erfaßt und geübt werden können. In dieser

Zwischenstufe der Ausbildung wird bereits scharf auf bewegliche Ziele geschossen. Der Schütze gewöhnt sich, wenn auch in geringem Maße, an den Fahrtwind und an den Luftdruck beim Schwenken und Drehen der Waffe, und lernt durch das Gefühl, mit der Erde verbunden zu sein, die Waffe ausgiebig zu verwenden.

An diese Ausbildungsstufe schließt sich das gefechtsmäßige Schießen aus Flugzeugen an.

Auf dem Erdboden aufgestellte Scheiben dienen als Ziele. Der Flugzeugführer im Jagdeinsitzer lernt durch Schießen auf Scheiben im Sturzflug das richtige Zielen mit dem Flugzeug. Außerdem erlangt er große Übung, möglichst nahe an den Gegner heranzugehen, im richtigen Moment das Flugzeug hochzuziehen und es aus dem Schußbereich des Gegners abzudrehen. Hierbei erhält er aber keine Übung, und das trifft auch in gewissem Sinne für die Ausbildung

Bild 198. Auf Übungsgerüsten montierte M.G.-Ringe und M.G.-Kameras. Die Schützen zielen auf bewegliche Zielmodelle und üben sich zugleich in der Handhabung der M.G.s und des Drehringes.

der Beobachter im Schießen auf Erdziele zu, im Angriff von unten gegen und in der Verteidigung von unten angreifende Gegner. Auch werden keine Erfahrungen darüber gesammelt, wie im Luftkampf die Flugfiguren angewandt werden können und wie sich der Beobachter oder Maschinengewehrschütze im Kurvenkampf verhalten muß.

Das Schießen auf Erdziele bietet zwar dem Beobachter mehr Vorteile, doch ist es unbedingt erforderlich, auch andere Schießmethoden anzuwenden, um den zuvor erwähnten Punkten gerecht zu werden.

Die Vorteile im Schießen auf Erdziele liegen im Kennenlernen des Rückstoßes der Maschinengewehre, der sich im Fluge wesentlich anders auswirkt als

Bild 199. Englisches Fairey-Flugzeug mit einer Zielscheibe aus Stoff im Schlepptau.

Bild 200. Schütze mit M.G.-Kamera visiert den Gegner an.

Bild 201. Fairchild-M.G.-Kamera für den Übungsluftkampf.

auf den Übungsständen, ferner im Erlernen des richtigen Vorhaltens und sicheren Handhabung der Waffe mit seitlichem Winddruck, wenn der Schütze gezwungen wird aufzustehen und seinen Oberkörper dem Luftstrom auszusetzen.

Im weiteren Verlauf der Ausbildung und zur Ergänzung der bisher beschriebenen Schießmethoden werden die Schießübungen auf Luftziele vom Flugzeug aus fortgesetzt, die sich in den verschiedensten Richtungen zum eigenen Flugzeug bewegen. Hierzu dienen Schleppscheiben aus Stoff, die an einem etwa 150 m langen Schleppseil hinter einem Flugzeug hergezogen und mittels einer Winde eingezogen und ausgefahren werden können.

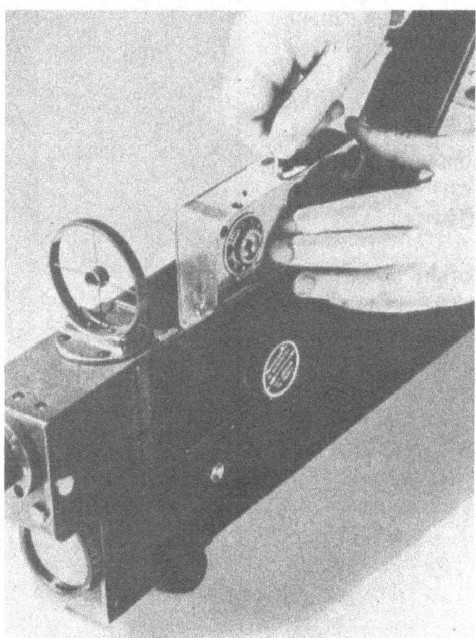

Bild 202. Der Filmstreifen, in Kassetten untergebracht, kann bei Tageslicht und im Fluge gegen unbelichtete neue Kassetten ausgewechselt werden. Auf der linken Seite des Bildes ist das Objektiv der Kamera sichtbar.

Diese Ziele werden auch zum Scharfschießen verwandt und ermöglichen somit eine vielseitige Ausbildung sowohl für den Flugzeugführer eines Jagdeinsitzers, als auch für den Beobachter und Maschinengewehrschützen mit seinem beweglichen Maschinengewehr. Hierbei wird nicht nur das richtige Vorhalten aus jeder beliebigen Richtung, das durch die hohe Geschwindigkeit des Gegners bedingt ist, erlernt, sondern auch die Möglichkeit geschaffen, Erfahrungen im Angriff aus allen Richtungen zu sammeln.

Durch die Erweiterung der Verwendungsmöglichkeit von Jagdeinsitzern für Nachtangriffe, werden besonders in England die Schleppscheiben auch zu den Nachtübungen verwandt. Bei mondhellen Nächten erfolgt der Angriff auf dunkle Scheiben, während bei dunklen Nächten die Scheiben, gleich den Auspuffflammen des Motors, schwach beleuchtet werden.

Bei Luftkampfübungen, in denen der Kampf Flugzeug gegen Flugzeug geübt wird, werden zur Kontrolle und Belehrung Maschinengewehrkameras verwendet.

Die Maschinengewehrkameras, in ihrer äußeren Form und Größe den normalen Maschinengewehren genau angepaßt, schießen photographisch, d. h., der Teil des Maschinengewehres, in dem das Schloß und die Patronenzuführung untergebracht sind, wurde zu einer Filmkamera ausgebildet. Die Kameraachse wird zur Seelenachse des Maschinengewehrs, die Patronen sind durch das laufende Filmband ersetzt. In den früheren Maschinengewehrkameras erfolgte der Antrieb des Filmapparates durch einen Elektromotor, der bei den neuzeitlichen Kameras durch ein Federwerk ersetzt wird. In beiden Fällen erfolgt die Betätigung der Maschinengewehrkameras durch den Schützen mittels eines Abzuges, genau so wie bei einem normalen Maschinengewehr. Die sehr lichtstarke Optik befindet sich entweder unter oder in dem Gewehrlauf und erlaubt somit ein einwandfreies Photographieren bzw. optisches Schießen auch bei stark bedecktem Himmel.

Die aufnehmbare Bildzahl entspricht der Schußzahl des normalen Maschinengewehres. Die Filmkassetten enthalten 25 m Film und können im Fluge leicht ein- und ausgebaut werden.

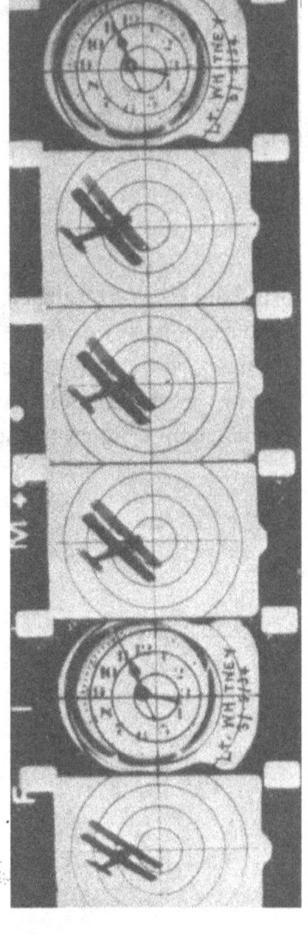


Bild 203. Der Filmstreifen zeigt das beschossene Flugzeug auf einem Feld von Zielkreisen und einem Fadenkreuz, aus dem das Treffergebnis genau festgestellt werden kann. Die wiedergegebene Uhr gibt die genaue Zeit des Luftkampfes und damit auch den Zeitpunkt des Treffers an.

Vor dem Bildfenster, an dem der Film vorbeiläuft, befindet sich ein Fadenkreuz mit Zielkreisen und ein Spiegel, der eine in unmittelbarer Nähe angeordnete Uhr mit großen Sekundenzeigern auf den Film reflektiert. Bei jeder Aufnahme wird das Fadenkreuz mit den Zielkreisen und die Uhr aufgenommen, so daß das Flugzeug auf dem Filmband mit den beiden erwähnten Anhaltswerten zu sehen ist.

Das Filmbild zeigt genau an, wie der Schütze geschossen hat, d. h., durch das mitaufgenommene Fadenkreuz kann genau festgestellt werden, ob der Schütze getroffen hat, wo der Schuß sitzen würde, ferner kann durch die aufgenommene Zeit genau geprüft werden, welcher der beiden Kämpfenden im Ernstfall zuerst getroffen und abgeschossen worden wäre.

Die während eines Luftkampfes aufgenommenen Filmbänder werden durch besonders hierfür geschaffene Vorführungsapparate im Hörsaal auf eine Leinwand projiziert und vor der Mannschaft von dem Lehrer kritisch besprochen. Die Stillstandvorrichtung ermöglicht das genaue Studium jeder einzelnen Kampfphase und jedes einzelnen Schusses. Die unanfechtbaren Zeugen der Schußresultate auf dem Filmband geben die Beweise für den Ausbildungsgrad der Schützen und die Möglichkeit, während der Ausbildung den Schützen über taktische Fehler aufzuklären, die im Ernstfall zum Absturz führen könnten.

Bild 204. Die französische M.G.-Kamera „Horo-Ciné" wird auch in Dänemark zur Ausbildung verwandt.

Die Ausbildung des Schützen schließt ab mit dem gefechtsmäßigen Schießen auf Flugzeuge im Verband und dem Angriff aus Verbänden.

Dies setzt naturgemäß voraus, daß der Schütze auch die Verteidigungsmöglichkeiten des Gegners genauestens kennt und sich darüber im klaren ist, wie der Gegner angegriffen werden kann, ohne sich selbst dessen Geschoßgarben allzusehr auszusetzen.

Die Kenntnis über das Schußfeld des anzugreifenden Flugzeuges wird daher zur Vorbedingung.

## Das Schußfeld unter Berücksichtigung des Flugzeugaufbaues.

Unter dem Schußfeld eines Flugzeuges versteht man das Feld im Raum, das von den verschiedenen Maschinengewehrständen aus bestrichen werden kann und durch die Flugzeugorgane begrenzt wird.

Die Schußfelder der einzelnen Flugzeuge sind aus diesem Grunde sehr verschieden. Sie werden durch die Konstruktion bzw. von dem Aufbau des Flugzeuges bestimmt und beeinflußt. Die Flugzeugformen und der Aufbau der Tragflächen und Leitwerke beschränken das Schußfeld mehr oder weniger und räumen der beweglichen Waffe eine verhältnismäßig kleine Bewegungsfreiheit ein. Es entstehen dadurch geschützte und ungeschützte Zonen.

Die ungeschützten Zonen werden vom Angreifer stets ausgenutzt werden. Es ist daher im Luftkampf notwendig, das Flugzeug in solche Stellung zu bringen, daß der eigene Maschinengewehrschütze ständig den Angreifer unter Feuer halten kann, ohne selbst beschossen zu werden.

Daraus ergibt sich, daß die Besatzung eines Flugzeuges das Schußfeld des gegnerischen Flugzeuges genau kennen muß, um zu wissen, wo sie angreifen kann, ohne selbst stark beschossen zu werden. Dasselbe gilt auch von dem eigenen Flugzeug, um sich dadurch vor Überraschungen zu schützen.

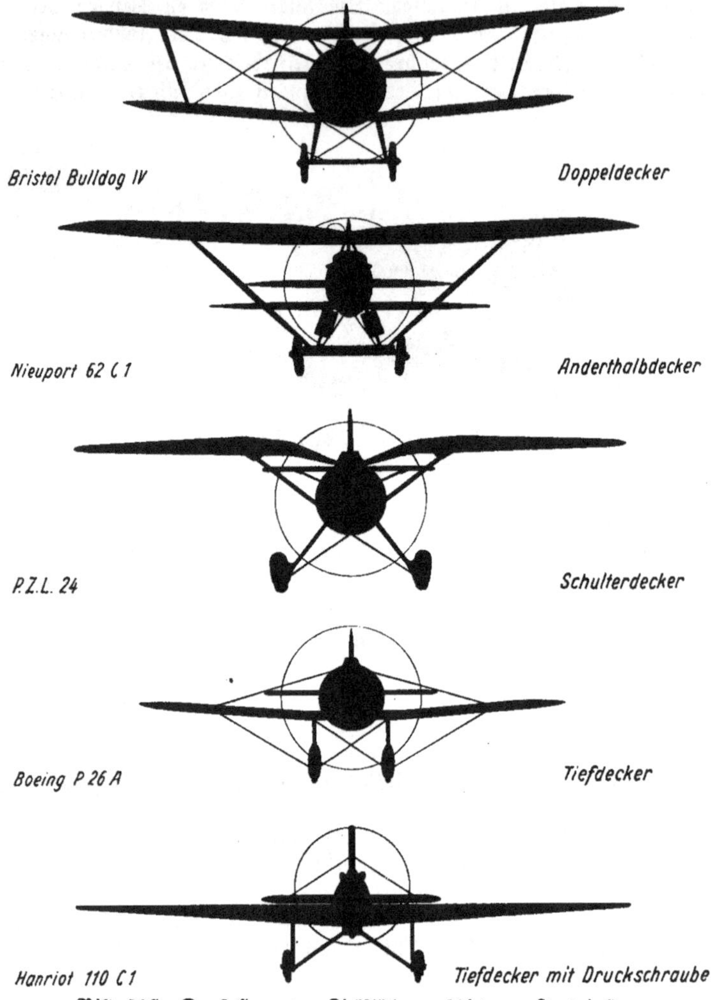


Bild 205. Darstellung der Zielfläche verschiedener Jagdeinsitzer.

Die heutigen Flugzeuge sind durchweg derart gebaut, daß der Führer eines einsitzigen Flugzeuges, mit einer Ausnahme, hinter dem Motor sitzt. Die starr eingebaute Waffe gestattet nur ein Schießen nach vorn. Das Schwenken der Maschinengewehre erfolgt daher entsprechend der Steuerung des Flugzeuges. In diesem Falle kann nur von einem Schußfeld gesprochen werden, wenn man den Raum, gebildet durch den maximalen Steig- und Sturzflugwinkel, als Schußzone bezeichnet. Beim Jagdeinsitzer wird deshalb das Hauptgewicht auf die Steigerung der Leistungen und den Steigflug- bzw. Sturzflugwinkel gelegt. An Stelle des Schußfeldes tritt die ständige Verbesserung des Sichtfeldes. Ungeachtet der geringen Unterschiede kann die weitere Betrachtung über das Sichtfeld unter denselben Voraussetzungen wie die des Schußfeldes vorgenommen werden. Hierbei wird angenommen, wie es auch der Praxis entspricht, daß der Führer des Jagdeinsitzers im äußersten Falle seinen Kopf nach der Seite hin um 90° dreht und seinen Blick nach oben um etwa 50° verändert. Trägt man

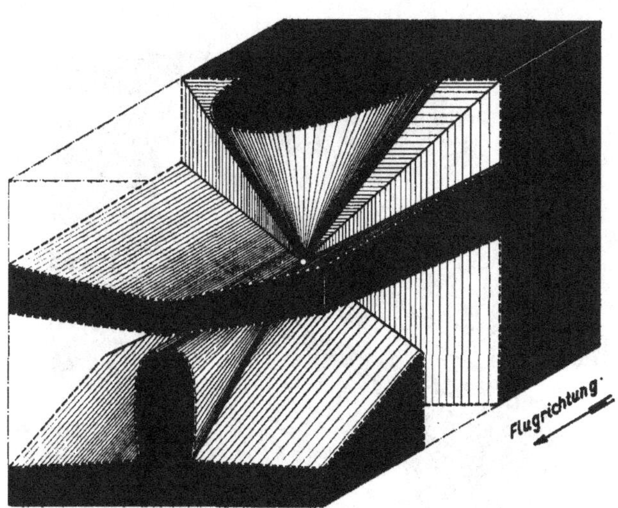


Bild 206. Nieuport-Delage 72 C 1. Sichtfeld mit Begrenzungsfläche im Würfelraum. Flugzeugbauart: Anderthalbdecker.

diese Winkel von dem gedachten Punkt der Augen des Führers im Raume auf, und zwar unter Berücksichtigung der von seinem Standpunkt aus gesehenen Konturen des Flugzeuges, so ergibt sich hieraus das Sichtfeld.

Für die weiteren Betrachtungen wird die nachfolgend eingehend besprochene stereometrische Darstellung des Sicht- und Schußfeldes zugrunde gelegt, da sie als gute und anschauliche Erklärung des Sicht- und Schußfeldes anzusehen ist.

Die Auftragung des Sichtwinkels ergibt, daß im Halbkreis mit dem Drehpunkt der Augen des Führers der hintere Teil vollkommen ungedeckt bzw. unbeobachtet bleibt. Der vordere Teil wird durch die Flugzeugorgane, Flügelflächen, Rumpf, Streben und bei Sternmotoren durch die Zylinder begrenzt. Das Bild, das sich durch die Begrenzung ergibt, ändert sich sofort durch leichtes Neigen des Kopfes nach der Seite, doch soll hier diese Abweichung für die Untersuchung verschiedener Bauarten außer acht gelassen werden. Es wird angenommen, daß der

Kopf bzw. die Augen des Führers in einem Punkte verharren und nur eine Bewegung nach rechts und links um 90° und nach oben um etwa 50° ausführen.

Bei Betrachtung der drei verschiedenen Bauarten, dem Nieuport-Anderthalbdecker, dem P.Z.L.-Hochdecker mit geknickten Flügelmittelstücken und dem Prototyp-Hanriot 110 mit hinten liegendem Motor, kann zunächst festgestellt werden, daß von diesen drei verschiedenen Mustern die Auswertung des Sichtfeldes aller anderen Bauarten abgeleitet werden kann.

Der Anderthalbdecker mit stromlinienförmig verkleidetem, wassergekühltem Reihenmotor kann mit einem Doppeldecker mit gleicher Motoranlage verglichen

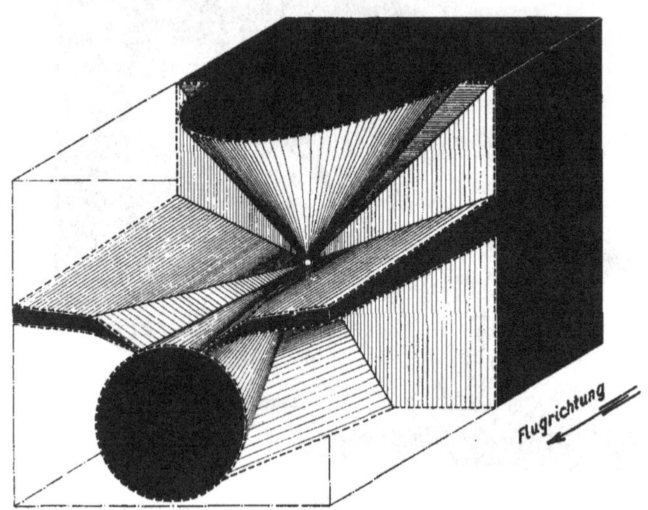


Bild 207. P.Z.L. – 11. Sichtfeld mit Begrenzungsfläche im Würfelraum. Flugzeugbauart: Schulterdecker, eingezogene Flügelwurzel.

werden. Der Hochdecker mit geknicktem Flügelmittelstück und eingebautem Sternmotor kann einerseits für den Vergleich mit Hochdeckern, andererseits mit Flugzeugen mit Sternmotoren allgemeiner Art, herangezogen werden.

Der Tiefdecker mit hinten liegendem Motor, eine bereits im Kriege verwandte Bauart, bietet nur den Vergleich mit Tiefdeckern, während für die Art des Motoreinbaues keine besonderen Vergleiche geboten werden können.

Abgesehen von den fliegerischen Eigenschaften und den Vor- und Nachteilen einer hinten liegenden Motoranlage in bezug auf die Sicherheit bei Start und Landung und den moralischen Einfluß auf die Besatzung und durch den Schutz des Motors gegen Maschinengewehrfeuer, werden die drei Muster nur im Hinblick auf das Sichtfeld unter Berücksichtigung des konstruktiven Flugzeugaufbaues betrachtet und verglichen.

Unter Zugrundelegung der stereometrischen Darstellungsart entstanden die nachstehend räumlichen Darstellungen der drei Musterbeispiele. Flügel und Rumpf bieten in der Projektion Flächen, die für die Auswertung des Sichtfeldes in Abzug gebracht werden müssen. Die Streben sind absichtlich nicht berücksichtigt, da sie in der Praxis nur unwesentliche Werte ergeben.

Vergleicht man die Darstellungen miteinander, so ist auf den ersten Blick zu erkennen, daß die Flügel den Hauptteil der Sicht nach vorn verdecken. Baut man den Oberflügel in Augenhöhe, wie bei Nieuport 62 Cl, wird durch das Flügelprofil und den Winkel von Auge über Flügelober- und -unterkante eine genügend große Fläche ausgeschnitten, die die Sicht stark beeinflußt. Es wird kaum möglich sein, einen Oberflügel derart anzuordnen, daß die Ausfallfläche noch kleiner wird. Es muß mit der Ausfallfläche gerechnet werden, die sich sofort erweitert, wenn sich der Abstand zwischen Flügel und Rumpfoberkante vergrößert. Verringert sich der Abstand, kann sich unter Umständen die Ausfallfläche noch um einen kleinen Betrag verbessern, bis wieder der entgegengesetzte Fall eintritt und der Flügel noch mehr Sicht wegnimmt wie zuvor. Ein Schulterdecker mit dem darüber angeordneten Führersitz würde sich demnach als sehr ungünstig erweisen.

Eine Zwischenlösung entwickelt die polnische Flugzeugfabrik P.Z.L., indem sie ein Flugzeug mit geknicktem Flügelmittelstück baute und das Flügelendstück in die Höhe verlegte, was einem Hochdecker bzw. der Anordnung des Oberflügels von Nieuport 62 Cl gleichkommt. Damit ist erreicht, daß die Sicht unmittelbar vor dem Führer vollkommen frei wird und nach der Seite hin nur in der Weise eines Hochdeckers verdeckt wird. Diese Lösung ist als unbedingt günstig zu bezeichnen, falls nicht zu der Flügelanordnung eines Tiefdeckers in der Art, wie es das letzte Beispiel des Hanriot 110 Jagdeinsitzers, zeigt, übergegangen wird. Der reine Tiefdecker mit vorliegendem Motor ist für das Sichtfeld nach unten sehr ungünstig, jedoch für die Sicht nach oben ideal.

Die Entscheidung der Taktiker des Luftkampfes liegt in der Wahl der Flugzeugbauart, die jedoch für einen erfolgreichen Luftkampf nicht allein ausschlaggebend ist, sondern es müssen auch die flugtechnischen Eigenschaften berücksichtigt werden. Die einen geben dem unbeschränkten Sichtfeld nach oben den Vorzug, die anderen dem Sichtfeld nach unten. Zieht man die obigen drei Beispiele in Betracht, so wäre dem Hochdecker mit geknicktem Flügelmittelstück der günstigste Platz einzuräumen.

Dieser Feststellung muß noch die Bauweise des Hanriotflugzeuges gegenübergestellt werden. Der nach hinten verlegte Motor brachte den Vorteil mit sich, daß der Führersitz vor die Vorderkante des Flügels angeordnet werden konnte. Die Nachteile eines Tiefdeckers wurden damit beseitigt. Die Sicht nach vorn störten keine Streben mehr, der Flügel konnte die Sicht nach unten nicht mehr beschränken und nach oben war kein Flugzeugteil, der die Sicht behindern konnte.

Im Sinne der Sichtverhältnisse wäre diese Konstruktion sogar der polnischen Bauweise vorzuziehen.

Es ist aber nicht anzunehmen, daß sich diese Bauweise durchsetzen wird, da die technischen wie auch fliegerischen Nachteile den Vorteil der uneingeschränkten Sicht zu sehr überwiegen.

Wie aus den Beispielen zu ersehen ist, war das Bestreben, die Sicht nach vorn ständig zu verbessern, bei allen Konstruktionen maßgebend. Dies schloß jedoch die Tatsache nicht aus, daß alles, was hinter der Sichtlinie quer zur Sehachse des Führers lag, unbedeckt blieb.

Dieser Umstand führte zur Forderung der Rückendeckung und zur Einführung des Jagdzweisitzers.. Dieser, zu Anfang dieser Niederschrift eingehend beschrieben, erhielt ein zweites nach hinten gerichtetes Paar Augen in Form eines Maschinengewehrschützen, der mit seinem Rücken gegen den Rücken des Führers

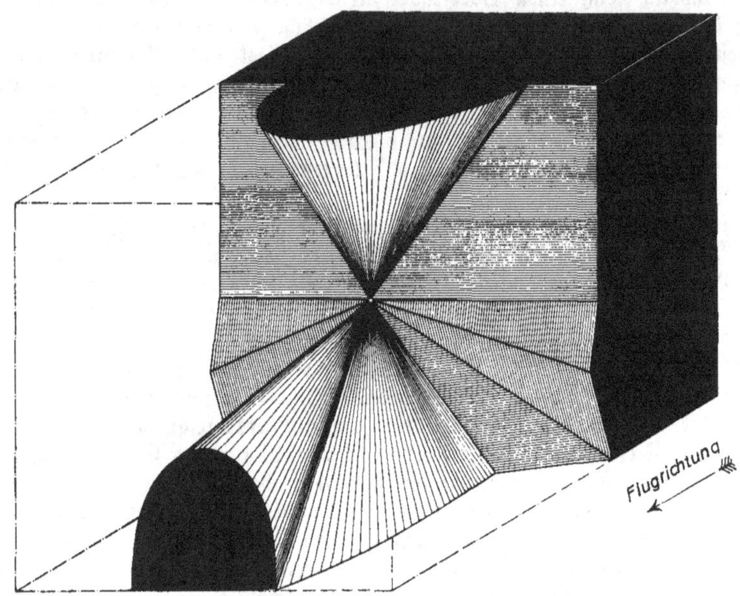


Bild 208. Hanriot 110 C 1. Sichtfeld mit Begrenzungsflächen im Würfelraum. Flugzeugbauart: Tiefdecker mit hintenliegendem Motor.

saß und somit das ungedeckte Sichtfeld nach hinten zum Schutz gegen Angriffe aus dem Rückhalt überwachen konnte und das vordere Sichtfeld nach hinten ergänzte.

Wenn auch bei der Auswertung des Sichtfeldes eines Flugzeuges kleine Flugzeugorgane, wie Streben, Kabel usw., nicht ins Gewicht fallen, so wird diese Ansicht und die Vernachlässigung dieser Werte bei der Auswertung des Schußfeldes nicht mehr vertreten werden können. Als Begrenzungsfläche ist daher jede Außenkontur eines Flugzeugteiles zu bewerten, deren Überschreitung die Zerstörung gewisser Bauteile oder gar des Flugzeuges zur Folge haben kann. Vorliegende theoretische Betrachtung muß und kann demzufolge nur mit einem Zuschlag zu ungunsten des Schußfeldes in die Praxis übertragen werden, da in der folgenden Auswertung das Maximum des Schußbereiches ohne Zuschlag und ohne Rücksicht auf die Streuung des Gewehres und die persönliche Verfassung des Schützen, dessen Schießsicherheit auch nicht immer die gleiche sein kann, zugrunde gelegt werden kann. Diese Werte können mit 6 bis 10% für den gesamten Raum als angemessen angenommen werden, die bei einer Gesamtauswertung der ungeschützten Zone mit in Rechnung zu stellen sind.

Dieser Prozentsatz hängt selbstverständlich ganz besonders von dem Einbau der Waffe und von der geschützten Lage des Maschinengewehrstandes ab in bezug auf den Winddruck im Fluge.

Je nach Art und Verwendung der Flugzeuge sind diese mit 1, 2, 3, 4 oder 5 beweglichen Maschinengewehren ausgerüstet. Nur in einem Fall ist eine Bewaffnung von 7 oder 6 Maschinengewehren und einer Maschinengewehrkanone vorgesehen.

Im allgemeinen sind die beweglichen Maschinengewehre bei einmotorigen Flugzeugen hinter den Flügeln auf der Rumpfoberseite und auf dem Rumpfboden, bei zweimotorigen Flugzeugen auf der Rumpfkanzel, auf der Rumpfoberseite hinter den Flügeln, auf dem Rumpfboden oder in einem drehbaren Turm, und in dem Rumpfende, bei dreimotorigen Flugzeugen auf der Rumpfoberseite vorn und hinten, auf dem Rumpfboden vorn und hinten, bei sechsmotorigen Flugzeugen (Caproni 90 P) in der Rumpfkanzel, zwei auf der Rumpfoberseite hinter den Flügeln, auf jeder Seite des Rumpfes in der Bordwand, eins im Turm unter dem Rumpf und ein Maschinengewehr auf dem Oberflügel angeordnet.

Da der Ein- und Unterbau der Maschinengewehre genügend beschrieben ist, kann von der Tatsache ausgegangen werden, daß die Maschinengewehre nach allen Seiten, so weit es die Flugzeugkonturen zulassen, geschwenkt werden können. Die Fläche, die die Maschinengewehre bestreichen können, nennt man, räumlich gedacht, das Schußfeld oder die gedeckte Zone.

Die Größe des Schußfeldes richtet sich nach dem Aufbau des Flugzeuges und nach der günstigen Anordnung der Maschinengewehrstände.

Aufklärer, die gewöhnlich nur mit einem beweglichen Maschinengewehr ausgerüstet sind, besitzen nach hinten ein verhältnismäßig günstiges Schußfeld. Dies wird noch vergrößert durch die Anordnung von freitragenden Leitwerksflächen und durch die von Frankreich durchgeführte Rumpfkonstruktion. Bréguet und Potez sind bisher die einzigen Vertreter der nach hinten stark verjüngten Rumpfkonstruktion, die die Firma Bréguet ernsthaft weiter entwickelt und bereits auf den mehrmotorigen Flugzeugbau übertragen hat. Die beiden Vorteile verbesserten das Schußfeld um 34% gegenüber den normalen Rumpf- und Leitwerksbauarten. Der Rumpf und das Leitwerk werden nach wie vor den größten Teil der ungeschützten Zone verursachen. Dieser Übelstand wurde zum Teil durch die Anordnung eines zweiten Maschinengewehres, als Bodenmaschinengewehr, zu ändern versucht. Wichtig ist hierbei aber immer wieder, daß das Leitwerk der Forderung des Schußfeldes gerecht werden muß. Es muß so angeordnet sein, daß der Schütze von seinem Stand aus ohne besondere außergewöhnliche Bewegungen über und unter dem Leitwerk hinwegschießen kann, damit nicht ein

Angreifer die tote Zone, die durch das Leitwerk und dicke Rumpfende gebildet wird, erreichen kann, der aber wiederum den Angegriffenen abschießen kann, ohne selbst beschossen zu werden.

Nur ein Maschinengewehr gestattet einigermaßen nach vorn zu schießen, das zum Oberflügel entsprechend hoch gelagert ist. Große Unterflügel beschränken den Schußwinkel nach schräg vorn unten erheblich. Anderthalbdecker sind in dieser Hinsicht im Vorteil, da sie außer einer erträglichen Sicht noch ein verhältnismäßig gutes Schußfeld nach vorn unten bieten. Hochdecker weisen noch ein

Bild 209. Seitenansicht des modernen Breguet 273 Aufklärers. Diese Ansicht läßt deutlich das schmale Rumpfende erkennen, das das Schußfeld um einen beträchtlichen Betrag verbessert.

größeres Schußfeld auf, so daß die Begrenzungslinie bis an die Stützstrebe des Flügels und Fahrwerks herangezogen werden kann.

Die immer steigende Geschwindigkeit der Flugzeuge wird das Schußfeld mehr beeinflussen, da der Maschinengewehrschütze nicht alle Bewegungen, die zum Teil im Luftstrom ohne Winddruckdeckung erfolgen mußten, mehr ausführen kann. Dieser Übelstand wird durch das Fliegen im Verband wieder etwas ausgeglichen. Das durch die Verbesserung des Flugzeugaufbaues vergrößerte Schußfeld erleidet durch die Bewegungseinschränkung eine Einbuße, die durch die gegenseitige Unterstützung der Verbandsmitglieder ausgeglichen werden kann.

Das beigefügte Schema zeigt in sehr anschaulicher Weise, wie sich die einzelnen Schußfelder ergänzen und überdecken, so daß von einer geschlossenen Zone gesprochen werden kann. Die Darstellung läßt deutlich erkennen, daß, wenn die

Verbandsmitglieder in Keilform in gleicher Höhe fliegen, aus nächster Nähe ein Angriff nicht leicht durchführbar ist.

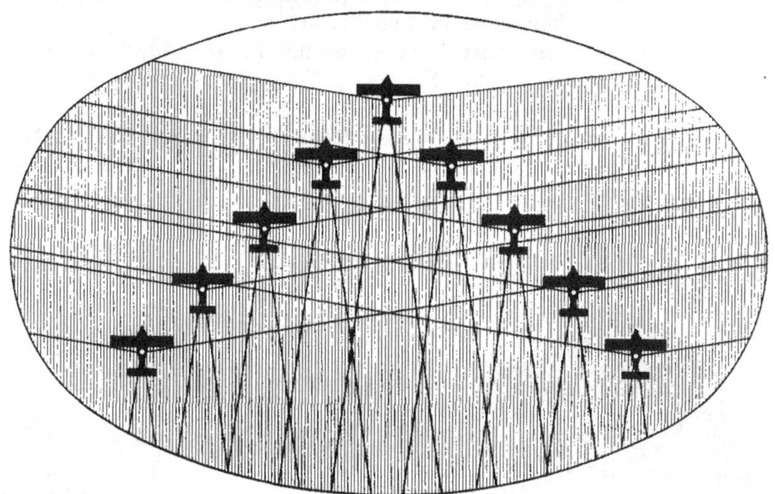

Bild 210. Schußfeld einer Flugzeugstaffel in Winkelform mit je 1 M.G.-Stand.

Noch ungünstiger werden die Verhältnisse für den Angreifer bei Betrachtung der zweiten Darstellung. Hier werden Flugzeuge mit einem Maschinengewehrstand in der Kanzel und einem in der Rumpfmitte im Verband zusammen-

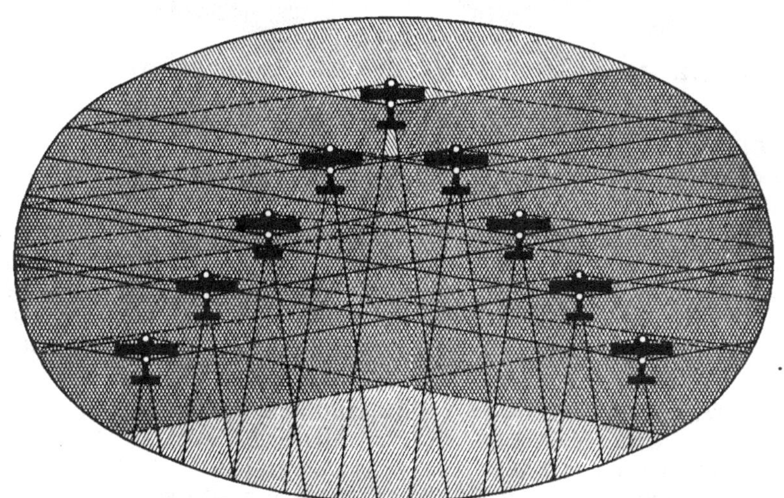

Bild 211. Schußfeld einer Flugzeugstaffel in Winkelform mit je 2 M.G.-Ständen.

gestellt. Der im ersten Fall verwundbare vordere Teil des Flugzeuges ist vollkommen gedeckt. Die Überdeckung ist so günstig, daß auch ein Angriff von zwei verschiedenen Seiten erfolgreich bekämpft werden kann. Dies setzt aber wieder voraus, daß die Maschinengewehrstände derart angeordnet sind, daß sich die Schußfelder auch in einer anderen Ebene als nur horizontal lückenlos ergänzen.

Beispiele wie Bréguet 41 und Douglas B 7 zeigen, daß eine günstige Rumpfkonstruktion, ein freitragendes Leitwerk und ein Knickflügel für ein hochwertiges Flugzeug zur Bedingung werden kann. Daraus ist zu ersehen, daß für die Gestaltung eines günstigen Schußfeldes die vorgenannten Flugzeugteile den größten Anteil daran haben.

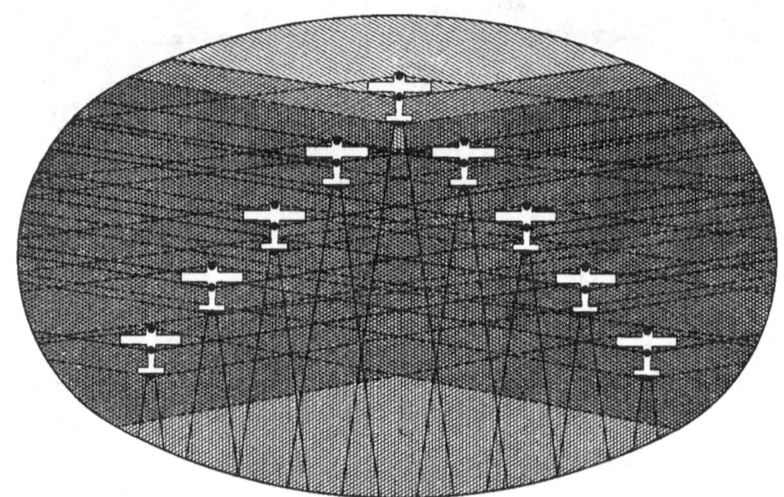

Bild 212. Schußfeld einer Flugzeugstaffel in Winkelform mit je 3 M.G.-Ständen.

Ein hochgezogener Rumpfmittelteil mit stark verjüngtem Rumpfende verbessert das Schußfeld um etwa 35% gegenüber der gewöhnlichen Bauweise. Es ist zwar nicht unbedingt erforderlich, daß die Rumpfhöhe den Flächenabstand ausfüllt, aber es ist wichtig, daß die Rumpfoberseite mit der oberen Tragfläche eines Doppeldeckers abschließt, um die ganze obere Seite des Flugzeuges ungehindert von Flugzeugteilen bestreichen zu können. Ein geknicktes, nach dem Rumpf zu eingezogenes Flügelmittelstück erreicht zwar denselben Zweck und ist im Falle eines Hochdeckers sogar noch vorteilhafter, da die störende Unterflügelfläche wegfällt.

Die Leitwerkfrage wird durch die Bauweise von Handley Page sehr günstig gelöst. Das geteilte Seitenruder macht mit einem Schlag die ungeschützte Zone unmittelbar hinter dem Leitwerk zur geschützten Zone. Der Schütze ist dadurch in der Lage, auch den geschicktesten Gegner abzuwehren. Die verwundbare Fläche ist verschwunden und der übriggebliebene Teil ist so klein, daß er praktisch in diesem Sonderfall für die Auswertung des gesamten Schußfeldes oder für die Bewertung der Rückendeckung nicht mehr berücksichtigt zu werden braucht.

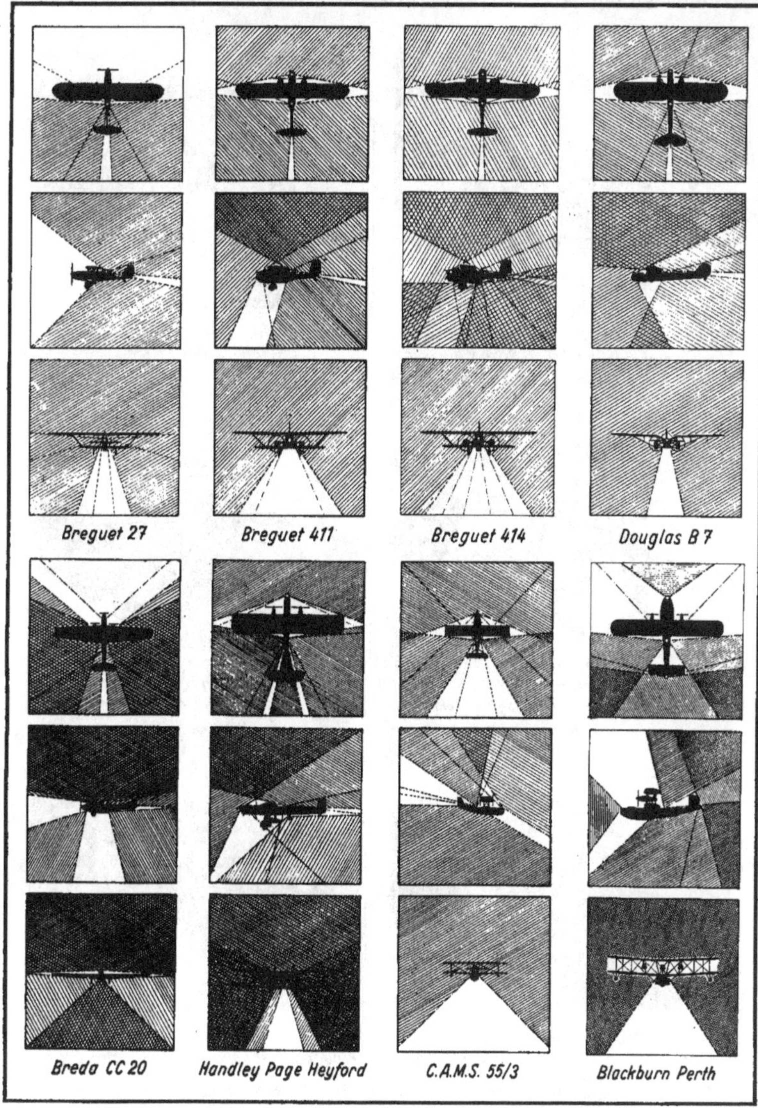


Bild 213. Vergleich der Schußwinkel verschiedener Flugzeuge.

Aus den obigen Ausführungen läßt sich der Schluß ziehen, daß breite Rümpfe mit in der Mitte angeordneten Maschinengewehrständen eine große ungedeckte Zone nach unten verursachen, die daher einen Maschinengewehrstand auf dem

Rumpfboden oder einen Senkturm, der um seine Achse drehbar gelagert ist, oder einen verschiebbaren Maschinengewehrring, oder zwei nebeneinander oder in der Längsrichtung versetzte Maschinengewehrstände bedingt.

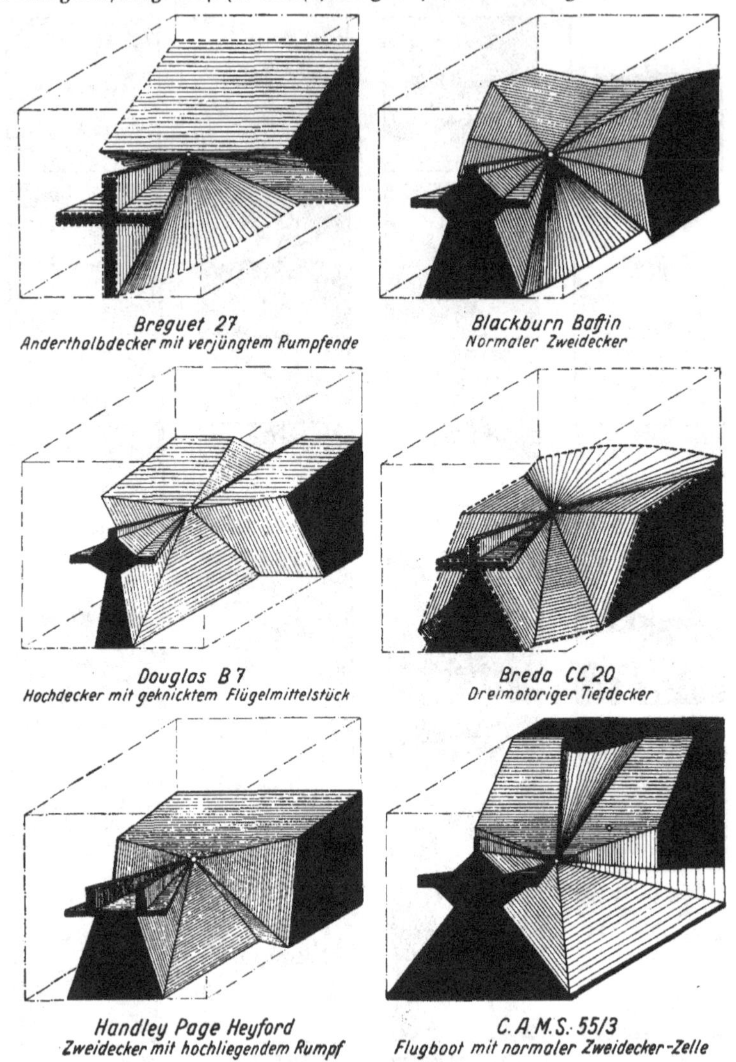


Bild 214. Schußfeld des mittleren M.G.-Standes verschiedener Flugzeuge.

Auch hier gilt das über das Leitwerk erwähnte, woraus hervorgeht, daß das Leitwerk freitragend, hochliegend oder geteilt anzuordnen ist.

Die Flügel müssen so nahe wie möglich an die Rumpfoberkante herangezogen werden, besser sogar mit der Rumpfoberkante abschließen oder in der Mitte auf den Rumpf heruntergezogen werden. Nur dadurch können die Flugzeuge mit geringem Aufwand von Waffen und Bedienung günstig geschützt werden.

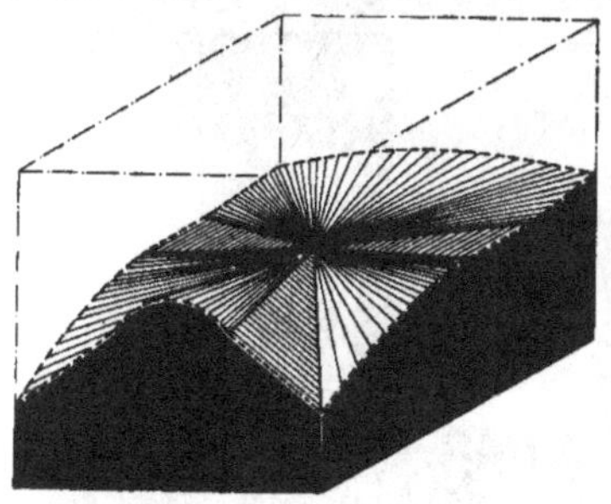

Breda CC 20
MG-Stand auf der Rumpfoberseite eines Tiefdeckers.

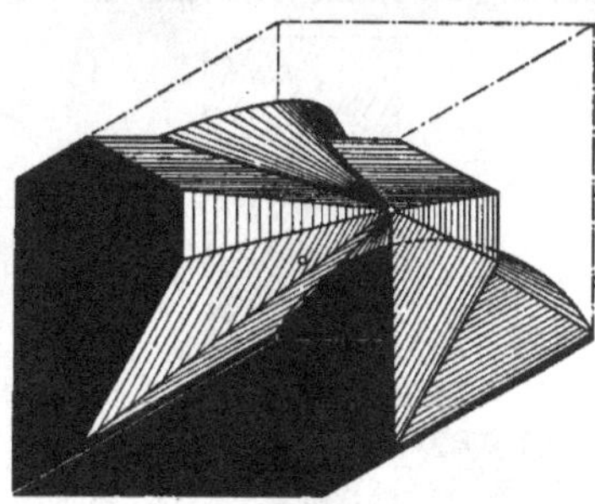

C.A.M.S. 55/3
MG-Stand in der Rumpfkanzel eines Zweideckers.

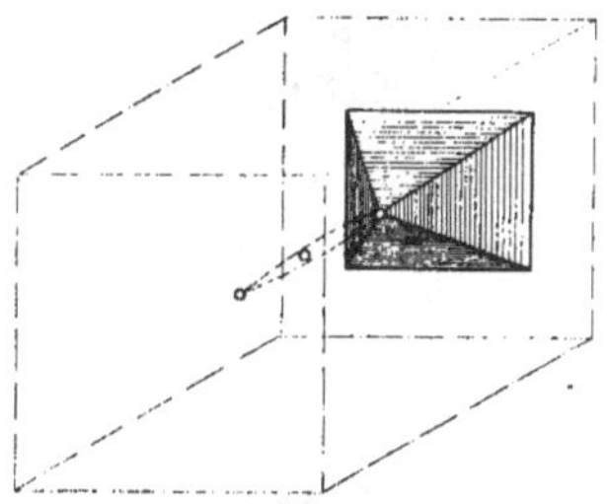

Blackburn Perth
M-Kanone in der Bootskanzel eines Zweideckers.

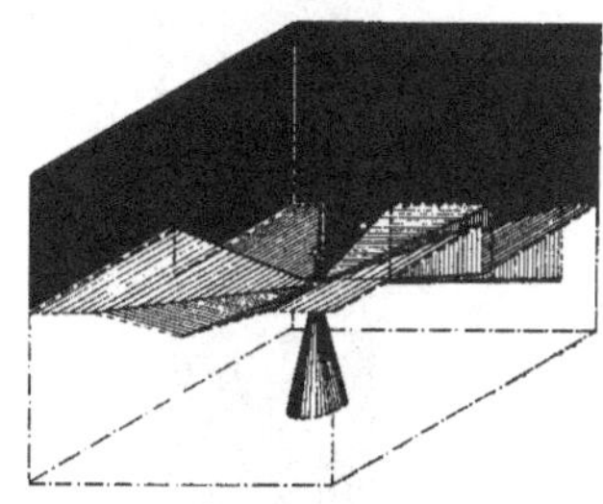

Breguet 414
MG-Stand im schwenkbaren Turm unterm Rumpf.

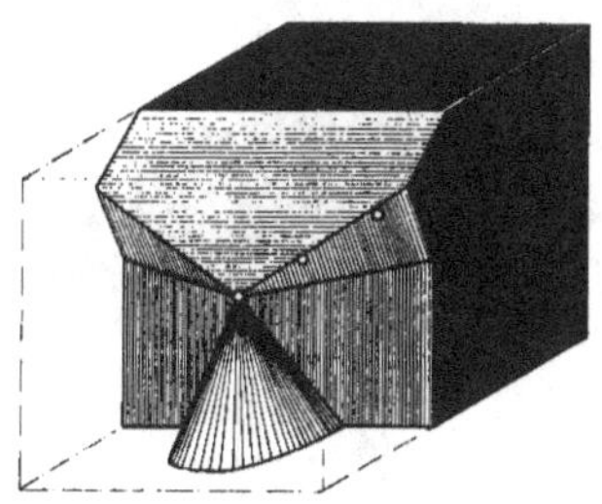

Blackburn Perth
MG-Stand im Heck eines Flugbootes.

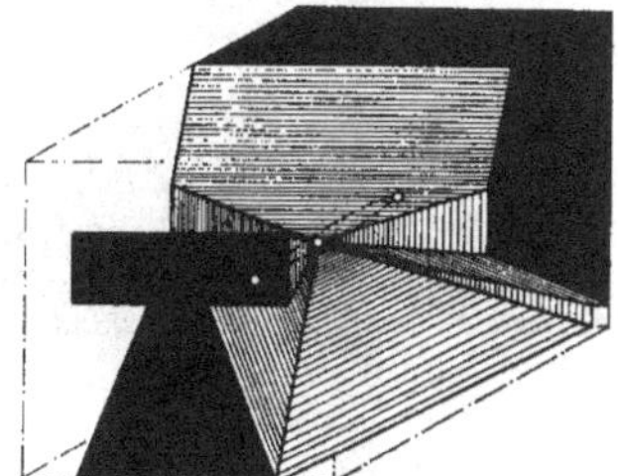

Blackburn Perth
MG-Stand auf der Rumpfoberseite eines Flugbootes mit Kastensteuer

Bild 215. Beispiele mehrerer Schußfelder von verschiedenen M.G.-Ständen.

Die Maschinengewehrstände müssen aber auch so angeordnet sein, daß sich die einzelnen Schußfelder überdecken, die Maschinengewehrstände sich gegenseitig unterstützen können, um eventuell einen großen Teil des Schußfeldes eines außer Gefechts gesetzten Maschinengewehrstandes mit übernehmen zu können.

Flugzeuge mit großem Leitwerk, wie z. B. Vickers Virginia oder die Flugboote Blackburn Iris-Perth oder Bréguet Bizerte, machten noch einen weiteren Maschinengewehrstand erforderlich, der in das Rumpfende hinter dem Leitwerk

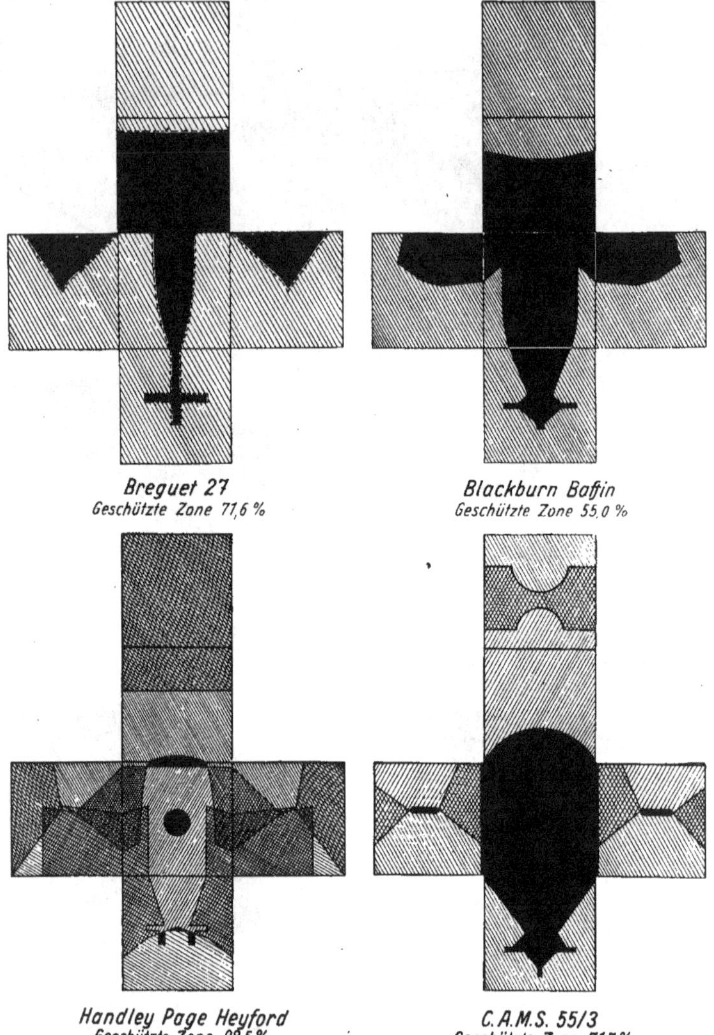


Bild 216. Vergleich des gesamten Schußfeldes nach Abwicklung der Würfel zwischen zwei Aufklärern, einem Bomber und einem Flugboot.

angeordnet wurde. Hiermit ist das gesamte hintere Feld vollkommen gedeckt und gegen Angriffe von hinten geschützt.

Die dritte Schußfeld-Darstellung zeigt eine Staffel obengenannter Flug-

Bild 217. Schußfeld des Handley Page Heyford nach hinten. Diese Aufnahme veranschaulicht das gute Schußfeld nach hinten und den Vorzug der geteilten Seitenruder.

zeuge in Keilform. Die hierbei bestrichene Fläche, vielfach von drei Maschinengewehren überdeckt, läßt erkennen, daß die Verteidigungskraft dieser Flugzeuge -- Tag- und Nachtbomber – unbedingt von der geschlossenen Formation abhängt und die Schießfertigkeit wie auch die überlegene Feuerleitung dem Angreifer zur unüberwindlichen Macht wird.

Die Überlegenheit der mehrmotorigen Flugzeuge ist bereits so groß, daß der Jagdeinsitzer allmählich an Bedeutung verliert, wenn er nicht mit weittragenden und schwereren Maschinengewehren oder mit einer Schnellfeuerkanone ausgerüstet ist.

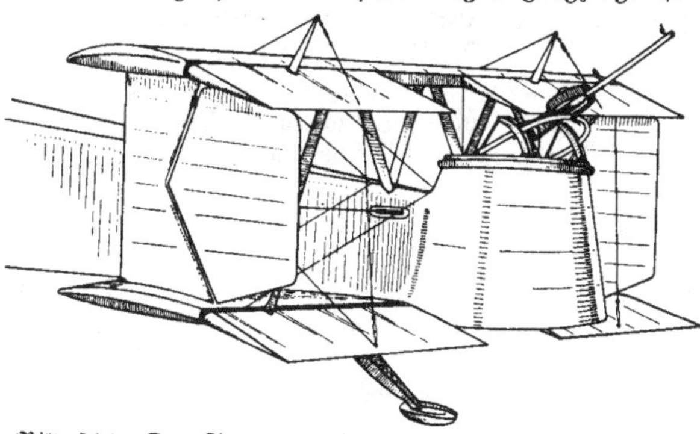

Bild. 218. Das Rumpfende mit dem Kastenleitwerk und dem Heckstand des Vickers Virginia Nachtbombers.

Wie aus den wenigen Beispielen und aus den Schußfeldbildern ersichtlich ist, hängt ein günstiges Schußfeld nur von der geschickten

Bauweise des Flugzeuges ab. Es ist daher erforderlich, daß sich der Flugzeugkonstrukteur mit diesen Fragen eingehend beschäftigt und vertraut macht, da es in seiner Hand liegt, dem Flugzeug das Schußfeld zu geben, das den heutigen Forderungen gerecht wird.

## Konstruktion und Auswertung der Schußfelder.

Das Schußfeld eines Flugzeuges läßt sich auf den ersten Blick nicht ohne weiteres festlegen. Es ist nicht möglich, die genauen Grenzen zu nennen und zu erkennen. Doch ist es dringend erforderlich zu wissen, wie groß ein Schußfeld sein kann und wie weit die einzelnen Maschinengewehre sich gegenseitig ergänzen. Die Schußfelder sind nie gleich, sondern sich höchstens einander ähnlich. Sie werden durch die Konturen des Flugzeuges gebildet und begrenzt, durch sinngemäße und vorteilhafte Anordnung der Maschinengewehrstände vergrößert und durch eine nicht gut durchdachte Flugzeugbauweise stark beeinträchtigt.

Für die Darstellung des Schußfeldes gibt es drei verschiedene Methoden.

Die erste stellt das Schußfeld in der Ebene dar, die zweite räumlich in der Kugelform und die letzte räumlich in der Würfelform.

Die planimetrische Darstellung der ersten Methode bildet die Grundlage für die Durchführung der räumlichen Wiedergabe des Schußfeldes.

Von den beiden räumlichen Darstellungen wird die letztere für die nachfolgende Ausführung angewandt, da sie räumlich leichter zu lesen ist und bildlich klarer wirkt.

Allerdings sind die Endwerte an der Kugelfläche genauer als im Würfel, aber die Konstruktion bietet so viele Schwierigkeiten, daß die stereometrische Darstellung im Würfel unbedingt vorzuziehen ist. Sie kann von jedem leicht durchgeführt werden, wenn sie an einem Beispiel erklärt wird.

Die räumliche Darstellung erleichtert ganz beträchtlich die Anschauung und die Auffassung der Materie im Unterricht durch die bildliche Wirkung und charakteristischen Formen, die sich leicht einprägen und deshalb ständig im Gedächtnis bleiben.

Ferner können die prozentualischen Endwerte der Würfelauswertung den praktischen Werten gleichgesetzt werden. Die Ungenauigkeiten des stereometrischen Aufbaus im Würfel können den Ungenauigkeiten der Praxis, hervorgerufen durch die Vibration des Flugzeuges, erhöhte Erregung im Luftkampf, Winddruck und nicht zuletzt durch Streuung der Maschinengewehre, absolut gleichgesetzt werden.

Die Stereometrie behandelt Gebilde, deren einzelne Teile beliebig im Raume liegen.

Sie beschäftigt sich mit den Eigenschaften und den Gesetzen räumlicher Gebilde, mit ihrer Messung, Berechnung und mit ihrer Konstruktion. Die Konstruktion kann im Raume selbst ausgeführt werden, indem man ein Modell des betreffenden körperlichen Gegenstandes herstellt.

Diesen Gegenstand bringt man in die Mitte eines aus Draht hergestellten Würfelgestelles und zieht von dem Punkt, von dem aus die Betrachtung bzw.

die Darstellung des Gegenstandes erfolgen soll, einen Faden bis zur Seitenwand und umfährt damit den Gegenstand.

Ein räumliches Gebilde läßt sich nicht ohne weiteres auf einer Ebene abbilden, weil ein solches Gebilde drei, die Ebene der Zeichnung nur zwei Ausdehnungen besitzt. Aus diesem Grunde können die Konstruktionen der Stereometrie nicht unmittelbar in einer Zeichenebene mit Zirkel und Lineal ausgeführt werden. Man muß sie zunächst im Geiste mit der Einbildungskraft vollziehen, der man jedoch durch Zeichnung zu Hilfe kommen kann.

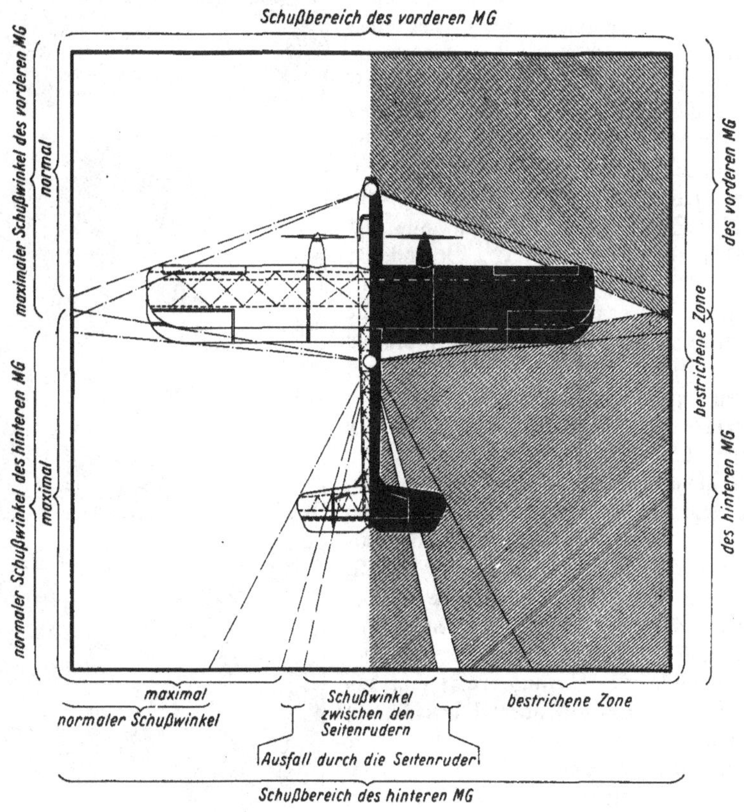


Bild 219. Einzeichnen der Schußwinkel in eine maßstäbliche Zeichnung.

Es ist daher von großem Vorteil, wenn man im vorliegenden Spezialfall in ein Würfelgestell ein Flugzeugmodell hängt und von dem betreffenden Maschinengewehrstand aus einzelne Fäden zieht, die die Schußstrahlen darstellen. Die beweglichen Fäden erlauben, an den Konturen des Flugzeuges entlang zu fahren und somit das Schußfeld anzudeuten.

Durch Zuhilfenahme der Planemetrie wird das räumliche Gebilde zunächst auf drei verschiedene Ebenen projiziert.

Die Grundformen der Flugzeuge, Grundriß, Seitenansicht und Vorderansicht, geben die Möglichkeit, einige Schußstrahlen aufzuzeichnen. Eine maßgerechte Zeichnung ergibt genaue Anhaltspunkte über den Grenzen, die dem Schußwinkel in der betreffenden Ebene gesetzt werden können. Es lassen sich hierbei die maximalen und normalen Winkel leicht auftragen. Für die Beurteilung der Schußwinkel in der betreffenden Ebene können nur die normalen Schußwinkel zugrunde gelegt werden, da die maximalen Winkel kleine Ungenauigkeiten in der ebenen Darstellung ergeben.

Die Schußwinkel entstehen aus der Überlegung heraus, daß ein Gegenstand, wie z. B. ein Flugzeug, in drei Ebenen dargestellt werden kann, wobei nicht alle Linien genau in den Ebenen liegen, die für die räumliche Darstellung notwendig sind.

Ein Flugzeug, Anderthalbdecker, mit größerem oberem Flügel, ist im Grundriß gezeichnet. Die horizontale Ebene ist aber nicht gleich der gezeichneten Grundform. Sie geht, da der mittlere Maschinengewehrstand eines Flugzeuges stets als Mittelpunkt des Würfels zu betrachten ist, unter dem Oberflügel hindurch, so daß der Oberflügel über der gezeichneten Ebene liegt und die Rumpfoberseite mit der Ebene abschließt. Daraus ergibt sich, daß die Schenkel des als normal bezeichneten Schußwinkels die eigentliche Linie für die Kontur des Flugzeuges ist und der maximale Winkel die größte Schußmöglichkeit darstellt. Für die räumliche Darstellung sind beide unentbehrlich, der normale Winkel begrenzt das normale Schußfeld, der maximale Winkel verfeinert das Schußfeld bezüglich der räumlichen Wiedergabe der Flugzeugkonturen. Diese Abweichungen von der gezeichneten Ebene müssen aber mit in Betracht gezogen werden, da sonst

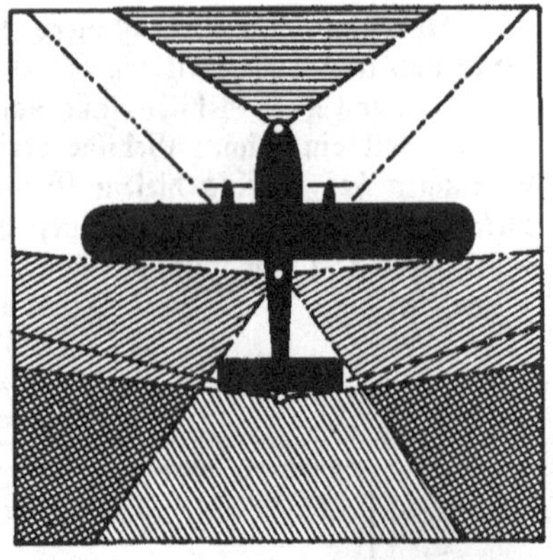

Bild 220. Schußwinkel des Blackburn-Perth-Flugbootes in drei Ebenen gezeichnet. Sie geben nun den genauen Anhalt für die räumliche Darstellung.

die räumliche Darstellung nicht gezeichnet werden kann. Dasselbe gilt auch für die anderen Flugzeugteile und für die beiden anderen Ebenen.

Die Schußwinkel und Strahlen sind in den drei Ebenen aufgezeichnet.

Nun folgt die Übertragung in den räumlich aufgezeichneten Würfel. Es empfiehlt sich, die einmal angenommene Würfelform und Lage beizubehalten und die Flugrichtung von links nach rechts zu wählen.

Der Mittelpunkt des Würfels wird festgelegt, der durch Ziehen der Diagonalen gefunden wird. In diesen Mittelpunkt ist der mittlere Maschinengewehrstand zu legen. Die drei Ebenen werden als Hilfsfelder eingezeichnet und auf ihnen die normalen Winkel aufgetragen. Damit wären die wichtigsten Punkte festgelegt.

Es folgt die Auftragung der maximalen Winkel, deren Endpunkte aber nicht mit den vorher gefundenen Punkten an den Würfelseiten verbunden werden dürfen.

Jetzt beginnt die Denkarbeit und Vorstellungskraft. Vorerst die ungeschützte Zone, die durch das Leitwerk gebildet wird. In der Ebene mit der Seitenansicht wurde der Schußstrahl bis zur Oberkante des Seitenleitwerkes als obersten Punkt für die Leitwerkszone festgelegt. Dieser Punkt wird auf die entsprechende Würfelfläche übertragen. Er bildet die oberste Grenze des Leitwerks in der räumlichen Darstellung. Wie aus der Planzeichnung des Grundrisses bekannt, hat das Seitenleitwerk durch seine Profilstärke und durch den Seitenruderausschlag einen Winkelbetrag verursacht. Dieser Betrag wird auf die hintere Fläche des Würfels übertragen. Der gefundene Ausfall reicht bis zu der obersten Stellung des Höhenruderausschlages und führt rechts oder links der Höhenflosse entlang. An dem Ende der Höhenflosse wird der in der Planzeichnung des Grundrisses gefundene Winkel erreicht, der den Ausfall des Höhenleitwerkes nach der Seite hin begrenzt. Durch die Möglichkeit, daß der Schütze mit seinem Maschinengewehr noch unter der Höhenflosse nach hinten schießen kann, wird der Ausfall des Höhenleitwerkes nach unten und nach dem Rumpf zu begrenzt. Diese Grenzlinie endet an der Rumpfkontur, so daß der Schütze sein Maschinengewehr den Rumpf entlang nach unten bewegen muß. Deshalb werden in der räumlichen Würfeldarstellung die Konturen des Rumpfes zunächst noch auf der hinteren Würfelfläche aufgezeichnet, die sich bei steiler Maschinengewehrstellung nach unten auf der Unterseite des Würfels fortsetzen. Der Rumpfform entsprechend wird sich die Linie aufzeichnen lassen unter Berücksichtigung, daß der steilste Winkel nach unten durch die Planzeichnung des Flugzeuges von vorn bereits gegeben ist.

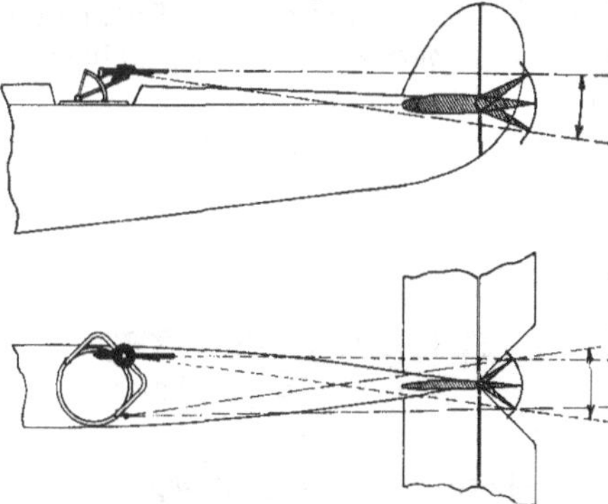

Bild 221. Für die Festlegung der Schußstrahlen ist die Bewegungsfreiheit der Ruder in Betracht zu ziehen.

Dasselbe Bild ergibt sich, wenn der Schütze auf der anderen Seite des Rumpfes denselben Weg um die Konturen des Leitwerkes und des Rumpfes mit seinem Schußstrahl wandert.

Auf diese Weise wird der Leitwerksausschnitt begrenzt und räumlich dargestellt. Der Ausfall richtet sich, wie nach diesem Beispiel zu erkennen ist, ausschließlich nach der Leitwerks- und Rumpfkonstruktion. Ein freitragendes Leitwerk und schmales Rumpfende wird eine kleinere ungeschützte Zone ergeben, als ein verspanntes Leitwerk mit weniger schlankem Rumpfende.

Das Schußfeld nach hinten, begrenzt durch das Leitwerk, ist gefunden und die Punkte für die Flügelbegrenzung aus den Planzeichnungen aufgetragen.

Der Schütze fährt nun mit seinem Schußstrahl an den Konturen des Tragwerkes entlang. Der Schuß nach vorn oben wird durch die Flügelkante begrenzt. Ein Entlangwandern nach links oder rechts ergibt je nach dem Neigungswinkel auf der Ober- oder Vorderwürfelfläche der Flügelkante entsprechende Linien. Sie ändern ihre Richtung, wenn der Schußstrahl am Ende des Flügels angelangt ist und der Flügelzelle entsprechend nach unten weiter wandert. Die Bewegung zeichnet sich auf der Würfelseitenwand auf und verläuft gemäß dem Schußstrahl unter dem Flügel entweder nach vorn unten oder gradlinig nach unten bis zur Rumpfbegrenzung. An der Würfelseitenwand markiert sich dieser Weg entweder in einer fortgesetzten Linie nach vorn oder in einer steilen Richtung nach unten oder sogar na chhinten, je nachdem der Flügelaufbau die Wanderung des Schußstrahles bestimmt.

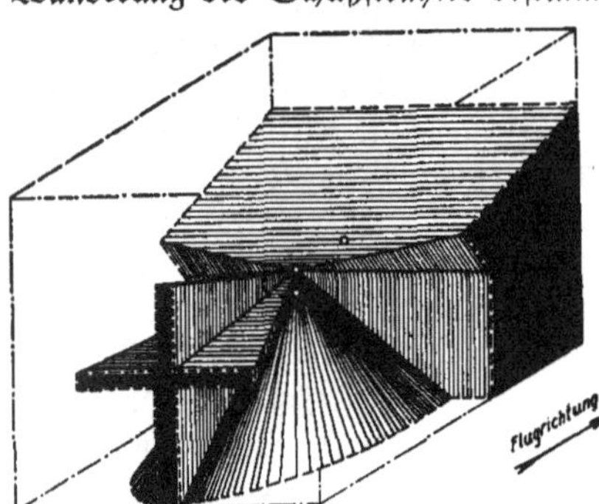

Bild 222. Schußfeld des mittleren M.G.-Standes fertig gezeichnet und die Flächen gleich der Bestreichungsrichtung des M.G.s schraffiert.

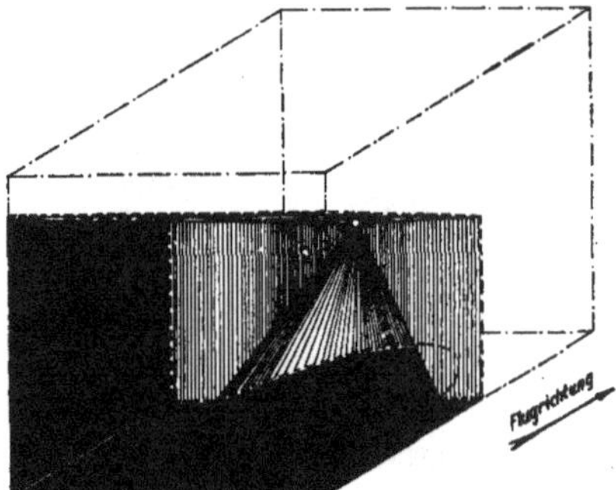

Bild 223. Schußfeld des M.G.-Standes in der Rumpfkanzel gezeichnet. Ungedeckte Zonen schwarz angelegt und die Begrenzungsflächen schraffiert.

Mit der Rumpfbegrenzung und dem Zusammentreffen der beiden Konturenlinien um das Leitwerk am Rumpfende entlang bis zu dem aus der Planzeichnung der Flugzeugvorderansicht entnommenen Punkt einerseits, und um die Flügelkonturen herum bis zum selben Punkt andererseits, ist das Schußfeld des hinteren mittleren Maschinengewehres erschlossen.

Die gefundene Begrenzungslinie des Schußfeldes für das mittlere Maschinengewehr auf der Würfelfläche weist keine harmonisch verlaufende geschwungene Linie auf, sondern bildet scharfe Ecken, die als Wendepunkte anzusehen sind.

Diese Wendepunkte werden mit dem Mittelpunkt des Würfels, bzw. mit dem Standort des Maschinengewehrstandes, verbunden. Die dadurch entstandenen Flächen schraffiert man vorteilhaft in der Weise, daß die Schraffurlinien den Bestreichungsrichtungen entsprechen.

Damit wäre das Bild des hinteren Schußfeldes geschaffen, das heißt, die räumliche Darstellung des Schußfeldes für den mittleren Maschinengewehrstand beendet.

Wirkungsvoll und deutlich steht nun das Schußfeld schirmähnlich mit vielen verschiedenen Flächen im Raum. Die Bedeutung der Flächen und Linien tritt klar hervor, und jeder Schütze kann sich darüber klar werden, wo die verwund-

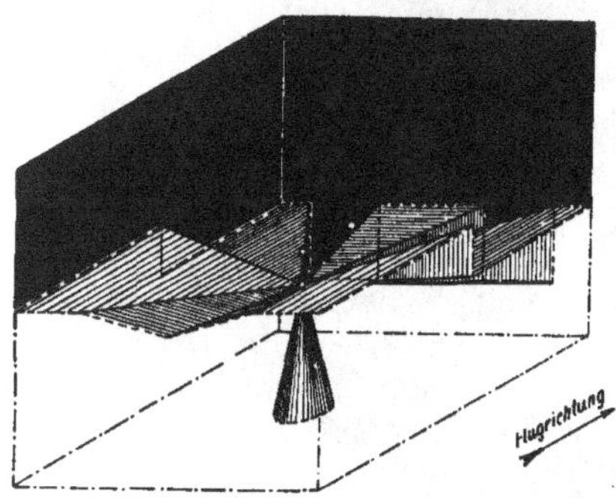

Bild 224. Schußfeld des M.G.-Turmes, begrenzt durch die Rumpfunterkante, Fahrwerk und Bodenfläche des Turmes.

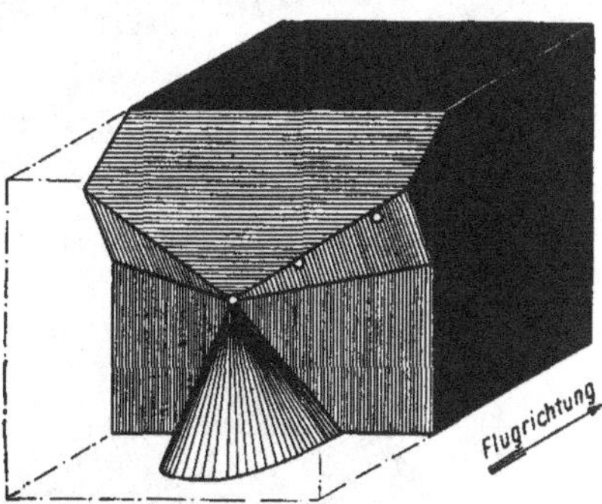

Bild 225. Schußfeld des Heckstandes, begrenzt durch die Konturen des Kastenleitwerkes und der Form des Heckstandes.

bare Zone des Gegners zu suchen ist oder welche Fläche der Gegner unter Feuer nehmen kann.

In derselben Weise konstruiert man das Schußfeld von den anderen Maschinengewehrständen. Vorteilhaft wählt man für die verschiedenen Konstruktionen jedesmal einen neuen Würfel, jedoch in derselben Lage, um sich die Darstellung nicht zu erschweren.

Nach Beendigung werden die Würfel einzeln abgewickelt, das heißt, die

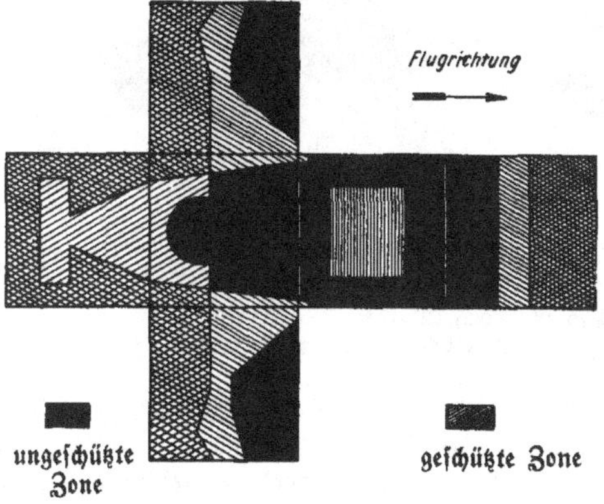


Bild 226.
Die Würfelabwicklung enthält die Schußfelder aller M.G.-Stände, so daß daraus die geschützten und ungeschützten Zonen nunmehr berechnet werden können. Die Abwicklung entspricht den Darstellungen von Bild 215 – 220 und 226 des Flugbootes Blackburn Perth.

einzelnen Würfelflächen aufgeschlagen. Auf den aufgeschlagenen und abgewickelten Würfelflächen zeichnet man die Ausschnitte der geschützten und ungeschützten Zonen ein. Die Würfelabwicklungen der verschiedenen Schußfelder eines Flugzeuges werden aufeinandergelegt und ausgewertet.

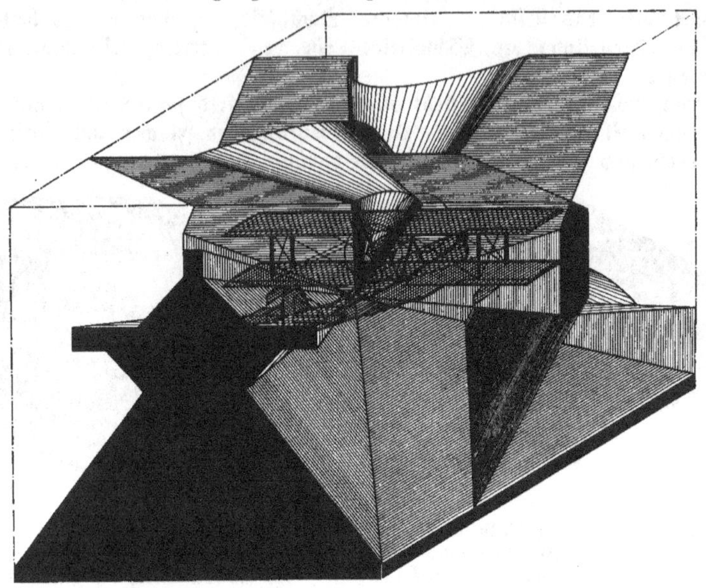

*Schußfelddarstellung mit eingezeichnetem Flugzeug*
*Die Flugzeugkonturen begrenzen das Schußfeld. Die Zusammenfassung der beiden Felder läßt die Deckung des Flugzeuges erkennen*

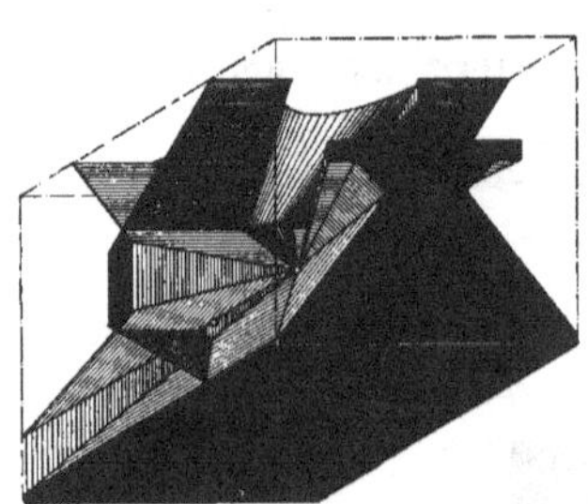

*Die Schußfeldzusammenfassung von schräg-hinten unten gesehen*

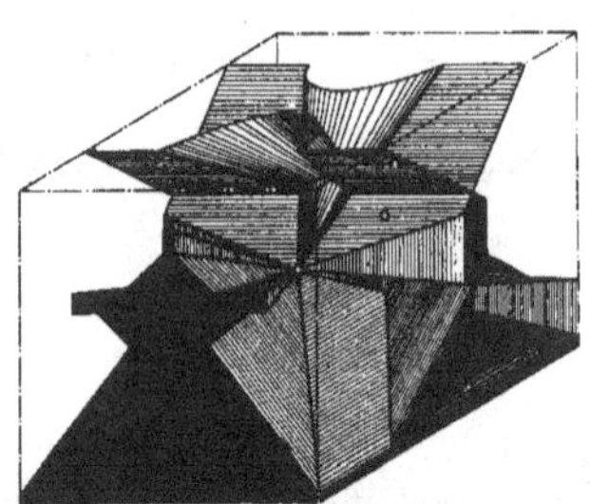

*Die Schußfeldzusammenfassung von schräg-hinten oben gesehen*

Bild 227. Räumliche Darstellung der beiden Schußfelder eines C.A.M.S. – 55 Flugbootes in einem Würfel.

Hieraus ergibt sich die interessante Tatsache, daß sich einige Felder überdecken, einige nur einfach geschützt sind und manche Flecken oder ganze Felder ungedeckt bleiben. Die gedeckten Felder sind geschützte, die anderen ungeschützte Zonen, die nun prozentual ausgewertet werden. Diese Auswertung hat zwar nichts mehr mit der Praxis zu tun, sie gibt nur für die Beurteilung des Flugzeuges, hinsichtlich des Schußfeldes und für die Konstruktion eines Flugzeuges, wertvolle Anhaltspunkte.

Mehrere Beispiele auf diese Weise ausgewertet und verglichen fördern das Verständnis und die Wertschätzung der Schußfeldkonstruktionen. Sie geben den richtigen Einblick über die Ausdehnung des Schußfeldes und die Abhängigkeit von dem Aufbau des Flugzeuges. Der Flugzeugführer bzw. der Maschinengewehrschütze zieht großen Nutzen aus dieser Darstellung, den er im Luftkampf zu seinem Vorteil anbringen kann. Auch der Konstrukteur wird wertvolle Schlüsse daraus entnehmen können und durch die Anschauung des Schußfeldbildes sich Vorstellungen über die Wahl der Maschinengewehrstandanordnung machen können, um sich diese zu erleichtern.

Die räumliche Darstellung des Schuß- bzw. Sichtfeldes wird daher die beste Methode sein, die Besatzung mit einem noch unbekannten Gebiet vertraut zu machen und dem Flugzeugerbauer eine ausgezeichnete Kontrolle für seine Arbeiten zu geben.

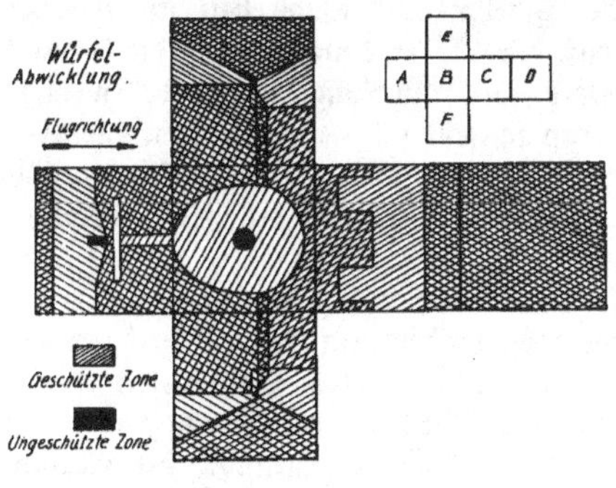


Auswertung der Schussfelder.

| Würfelfläche schützt M.G. | A | B | C | D | E | F | Dimension |
|---|---|---|---|---|---|---|---|
| 1 | 13,5 | 22,0 | 100,0 | 100,0 | 71,8 | 71,8 | % |
| 2 | 97,5 | 25,0 | 23,8 | 100,0 | 72,2 | 72,2 | % |
| 3 | 52,2 | 1,6 | 26,2 | 0,0 | 44,0 | 44,0 | % |
| Schusswinkel M.-G. | Horizontal | | Vertikal | | Querlage | | |
| | norm. | max. | norm. | max. | norm. | max. | |
| 1 | 200 | 200 | 215 | 243 | 292 | 292 | 0° |
| 2 | L 94<br>R 94 | L 104<br>R 104 | O 128<br>U 34 | O 159<br>U 96 | 313 | 313 | 0° |
| 3 | 94 | 360 | 80 | 0 | 84 | 84 | 0° |

Geschützte Zone = 99,57 % und ungeschützte Zone = 0,43 %

d.h. das Flugzeug ist praktisch 100 % geschützt.

Bild 228. Prozentuale Auswertung der Schußfelder.

## Der Bombenwurf aus Flugzeugen.

### Ausbildung der Bombenschützen.

Die immer wachsenden Anforderungen an den Bombenschützen und die ständig zunehmende Anzahl der Ziele machen eine gründliche Ausbildung des Beobachters bzw. Bombenschützen zur unbedingten Notwendigkeit.

Für den Bombenwurf, der, von gut ausgebildeten Schützen durchgeführt, von großer Bedeutung sein wird, kommen nicht nur die üblichen toten Ziele in Betracht, sondern auch lebende, wie marschierende Kolonnen, Tankformationen, oder für Marineflugzeuge Schiffe aller Art.

Die horizontalen wie auch die Sturzbombenangriffe erweitern die Kenntnisse über alle für den gezielten Bombenwurf in Betracht kommenden Verhältnisse.

Die Ausbildung der Bombenschützen erfolgt stufenweise an Übungsgeräten und im praktischen Bombenübungswurf. Die einzelnen Stufen und Phasen werden getrennt erlernt und erst bei zunehmender Sicherheit zusammengefaßt.

Die Ausbildung beginnt damit, daß der Lehrer dem Schüler die Grundlagen des Bombenwurfs, die Munition und ihre Wirkung an Modellen und graphischen Aufzeichnungen erklärt. Hieran schließt sich der Unterricht für die Zielgeräte, deren Einrichtung und Handhabung an. Vor dem praktischen Abwurf müssen dem Schüler die Grundlagen für das Anfliegen des Zieles bekannt sein, die nachfolgend angeführt werden.

Bestimmend für den Abwurf ist die Windrichtung in der jeweiligen Flughöhe, die meistens nicht mit dem Bodenwind übereinstimmt. In größeren Höhen bietet die Beobachtung der Wolkenschatten ein gutes Hilfsmittel. Das Zielgerät kann aber auch zur Bestimmung der Windrichtung benutzt werden, indem man die Bewegung eines Hilfspunktes im Gelände gegenüber der Einlauflinie im Zielgerät beobachtet. Um in den richtigen Kurs gegen den Wind zu kommen, muß der Führer so eingewinkt werden, daß er das Flugzeug mehr nach rechts steuert oder umgekehrt.

Nachdem das Flugzeug genau gegen den Wind eingestellt ist, wird der Vorhaltewinkel ermittelt.

Zur Ermittlung des Vorhaltewinkels werden Hilfsziele anvisiert. Das Hilfsziel läßt man der Einlauflinie im Zielgerät entlang laufen und stoppt je nach Art des Gerätes die Zeit ab. Dieses Verfahren hat der Schüler an verschiedenen Hilfszielen mehrmals zur Herstellung eines Mittelwertes zu wiederholen, mit dem er nachher den Vorhaltewinkel ermittelt. Hierbei hat der Schüler darauf zu achten, daß das Flugzeug in gleicher Höhe und auf gleicher Geschwindigkeit gehalten wird. Die Bestimmung der Windrichtung und des Vorhaltewinkels muß in derselben Höhe, in der das Ziel überflogen wird, erfolgen. Beim Ermitteln der Höhe ist die geographische Höhe des Zieles gegenüber dem Standort in Rechnung zu ziehen.

Unmittelbar vor dem Ziel erfolgt der Anflug geradlinig in gleicher Höhe und mit derselben Geschwindigkeit wie bei der Messung am Hilfsziel, anderenfalls sinkt die Treffgenauigkeit.

Den Weiterflug nach dem Abwurf hat der Führer so auszuführen, daß die Einschlagstelle sicher beobachtet werden kann.

Grobe Fehlwürfe lassen auf falsche Messungen schließen. In diesem Falle ist vor dem neuen Abwurf die Messung zu wiederholen.

Geringe Fehler bei einwandfreier Messung und Abkommen sind durch Tageseinflüsse bedingt, die bei weiteren Abwürfen nach Schätzung berücksichtigt werden müssen.

Nachdem dem Schüler diese Grundzüge, die in jedem Lande und jeder Fliegertruppe gleich gelehrt werden, erklärt sind, wird mit dem Zielen am Boden auf Geländedarstellungen begonnen.

Zweck der Geländedarstellung ist das Aufsuchen von Hilfszielen und das richtige Arbeiten am Zielgerät sowie das Abstoppen der Zeit einzuüben.

In großen Hallen sind zu diesem Zwecke die Übungsstände für die Bombenschützen aufgebaut.

Bild 229. Bombenschützenübungsgerät einer amerikanischen Beobachterschule mit laufendem Geländestreifen. Im Hintergrund oben sitzen die Bombenschützen, darunter der Flugzeugführer.

Lange Leinwandstreifen, auf denen in Farben Geländedarstellungen aufgezeichnet sind, die eine Landschaft aus 3000 m Höhe wiedergeben, dienen als Zielflächen. Eine große Anzahl Ziele, wie Straßenknotenpunkte, Bahnanlagen, Flugplätze, Kasernen, Fabriken usw., ermöglichen eine vielseitige Ausbildung. Der Leinwandstreifen läuft über zwei Walzen, die durch einen Elektromotor angetrieben werden. Die Schüler und der Lehrer sitzen an dem einem Ende etwa 2 m über dem Leinwandstreifen, bedienen die Zielgeräte und üben sich im Zielen am laufenden Geländestreifen. Der Lehrer ist somit in der Lage, durch ein zweites Gerät die Übungen nachzuprüfen.

An den Walzen ist eine Vorrichtung angebracht, die zur Darstellung der Windeinflüsse beim Anfliegen und zum Einwinken des Führers dient.

An das Aufsuchen von Hilfszielen und Abstoppen der Zeit schließt sich die Ermittlung des Vorhaltewinkels, bei der der Lehrer dem Schüler die Höhe ansagt, die der Geschwindigkeit der vorbeirollenden Geländedarstellung entspricht.

Ein solches Lehrgerät wurde von Vickers gebaut. Dieser Apparat lehrt auf der Erde die Navigation und den Bombenwurf aus der Luft, und dies unter Bedingungen, die eine sehr genaue Vorstellung vom normalen Flug geben. Der Unterricht findet in einem verdunkelten Zimmer mit weißem Fußboden statt, auf dem ein bewegliches Bild projiziert wird, das das Gelände darstellt, so, wie es sich vom Flugzeug aus zu bewegen scheint. Der Kinoapparat ruht auf einer durch einen Elektromotor gesteuerten Plattform, die über der in dem Zimmer befindlichen Plattform, die das Flugzeug darstellt, aufgebaut ist, und von dem aus man das bewegliche Bild betrachtet. Das Bild läßt sich von verschiedenen Richtungen gegen die Plattform verschieben, um die Wirkung des Windes während des Fluges nachzuahmen. Der Apparat kann sehr getreu die Wirkung des Wendens des Flugzeuges wiedergeben.

Die Plattform ist mit Navigations- und Visierapparaten für den Beobachter versehen und trägt einen Sitz und Steuerung für den Piloten, um tatsächlich den Flugzeugausschnitt darzustellen.

Die Verhältnisse sind genau denen in der Praxis angepaßt. Der Schütze liegt auf dem Boden und zielt mit dem normalen Zielgerät, während der Führer nach Kursänderungsanzeige das Bild steuert. Im geeigneten Moment kann das Bild angehalten und der Abwurf bzw. der Treffer festgestellt werden.

Beherrscht der Schüler diese Grundsätze, dann werden ihm auf dem Geländestreifen Punkte bezeichnet, die er zu bewerfen hat. Hierbei muß er selbständig seinen Vorhaltewinkel nach der jeweils eingestellten Geschwindigkeit ermitteln. Sobald der Zeitpunkt für den Abwurf gekommen ist, wird der Geländestreifen angehalten oder eine kleine Bombe mit Spitze abgeworfen, die sich in dem Streifen feststicht.

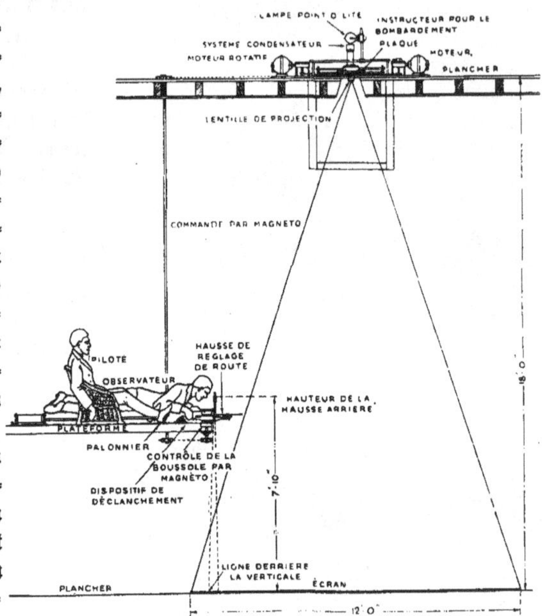

Bild 230. Englisches Vickers-Bygrave-Bombenwurfübungsgerät mit projizierendem Geländestreifen.

Wenn der Schüler hierin die nötige Sicherheit erlangt hat, wird er zu den Zielübungen in der Luft herangezogen. Es werden zunächst mit kleineren Flugzeugen, die speziell dazu hergerichtet werden, Flüge in Höhe von 1000 bis 1500 m ohne Bomben ausgeführt, um die Flugzeugbesatzung im geraden Anfliegen des Zieles, der Bestimmung der Windrichtung und Betätigung der Richtungsweiser zu üben.

Bei diesen Flügen führt der Beobachter eine Zielskizze mit, in die die Anflugrichtung, Hohe, Vorhaltewinkel und das Abkommen eingetragen werden. Die Zielskizzen werden unter den Schülern miteinander verglichen, um daraus gemeinsam die Fehler zu besprechen und zu lernen. Derartige Flüge werden so oft wiederholt, bis das Ziel geradlinig angeflogen und die Messung in kürzester Zeit vorgenommen werden kann.

Alsdann werden diese Flüge mit scharfen oder Übungsbomben durchgeführt. Auch zu diesen Flügen werden Zielskizzen mitgenommen, die alle die vorher genannten Angaben enthalten müssen. Aus der Flugrichtung, Vorhaltewinkel und der Lage vom Abkommen, beobachtetem und wirklichem Einschlag zueinander, werden gemachte Fehler ermittelt. Die einzelnen Würfe werden fortlaufend numeriert, um eine Kontrolle ausüben zu können, ob sich der Schüler verbessert hat.

Nach und nach werden die Abwurfübungen nach Höhe gesteigert, da mit der Höhe die Schwierigkeiten im Erkennen des Zieles wachsen. Ebenso werden die Zeiten, in denen die Würfe zu erfolgen haben, verkürzt, um den Schüler an schnelle Handhabung zu gewöhnen.

Die Übungen werden im Einzelwurf und Reihenwurf und zum Schluß mit beiden Übungen im Geschwader abgeschlossen.

Bild 231. Englische 8 kg Übungsbomben werden zum Flugzeug gebracht. Die Bomben enthalten einen Rauchsatz, der durch einen Aufschlagzünder entzündet wird und damit den Einschlag kennzeichnet.

Alle vorangegangenen Übungen werden aus Einzelflugzeugen vorgenommen, während das Werfen der Bomben aus Flugzeugen im Geschwader besonders geübt und erlernt wird. Für Geschwader kommt meist nur der Reihen- oder Massenwurf in Frage.

Bei geschlossenem Geschwaderangriff muß berücksichtigt werden, daß die äußeren Formationsmitglieder durch seitliches Herauskommen über das Ziel dieses nicht fassen können.

Beim Geschwaderangriff in geöffneter Ordnung muß berücksichtigt werden, daß das Ziel in einer Drehrichtung überflogen wird und daß höher oder tiefer fliegende Flugzeuge sich nicht stören.

Die gesamte Ausbildung muß stufenweise erfolgen und anfangs weniger, später mehrere Flugzeuge im Geschwader fliegen und Bomben werfen.

Für die Marineflieger schließt sich an diese Ausbildung noch eine größere Übungszeit auf Wasserziele an.

In verschiedenen Staaten verwendet man Schleppscheiben, die auf dem Wasser von großen Motorbooten in entsprechender Weise geschleppt werden. Die Bombenschützen haben die Aufgabe, entweder im Horizontalflug oder im Sturzflug das Ziel anzugreifen und Bomben zu werfen.

Da diese Ziele nicht vollkommen befriedigen können, werden seit über einem Jahr in England Zielboote erprobt. Diese Scheibenmotorboote werden im Auftrage des englischen Luftfahrtministeriums von Hubert Scott Paine gebaut.

Der Angriff erfolgt direkt auf diese Boote, die mit Übungsbomben direkt beworfen werden. Erstere sind durch ihre günstige Schotteneinteilung und durch die Anordnung von Spezialluftkammern unsinkbar. Der Antrieb erfolgt durch 3×100 PS Motoren, die jeweils mit einer Schraube gekuppelt sind. Diese direkte Kupplung verleiht dem Boot eine sehr hohe Geschwindigkeit von 45 km/h und eine außerordentliche Wendigkeit in voller Fahrt.

Das Boot besitzt eine Länge von 11 m.

Das Vorder- und Hinterschiff sind nicht gepanzert, können aber trotzdem ohne jede Gefahr des Sinkens von einer Bombe durchschlagen werden. Das Mittelstück, das Raum für die Besatzung von einem Unteroffizier, zugleich Kommandant des Bootes, einem Maschinisten und einem Funker bietet und außerdem noch den Motor enthält, ist mit einer 1,25-mm-Panzerung versehen, die in Gummistoßdämpfern gelagert ist, um die Stöße der Bombentreffer zu mildern.

Für die Bombenwurfübungen werden gußeiserne Bomben von 8 kg Gewicht mit Rauchsatzfüllung verwendet. Wenn das Boot getroffen oder durchschlagen

Bild 232. Englisches Zielboot für den praktischen Bombenwurf.

ist und dadurch der Rauchsatz nicht zur Entwicklung kommt, werden durch den Führer die Treffer mittels Rauchentwickler, der sich am Heck befindet, angezeigt.

Mit einer Schleppvorrichtung für Schleppscheiben bietet das Boot noch die Möglichkeit, das Maschinengewehrschießen auf bewegliche Ziele zu üben.

Der größte Vorteil dieser Boote liegt darin, daß durch sie die Übungsplätze wegen der großen Gefahr des Bombenwurfes auf See verlegt werden konnten.

Dadurch wurde eine neue Methode geschaffen, die ermöglicht, die Besatzungen weit besser auszubilden. Frankreich trägt sich aber mit der Absicht, seine kriegsmäßigen Übungen in der Praxis mit allen der Wirklichkeit entsprechenden Mitteln durchzuführen. Zu diesem Zwecke wird in der Wüste Sahara ein größerer Abschnitt vorgesehen, der kriegsmäßige Bombenangriffe in Verbindung mit Luftkämpfen abzuhalten gestattet, wobei zwar das Scharfschießen durch Maschinengewehrkameras ersetzt wird, aber das Bombenwerfen mit scharfer Munition zur Durchführung gelangt.

Diese Ausführungen lassen erkennen, welch großer Wert den Übungen und der Ausbildung der Bombenschützen beigemessen wird, weil nur eine hochentwickelte Mannschaft den Bombenwurf mit Erfolg durchführen kann. Es ist daher verständlich, daß alle Anstrengungen gemacht werden, um auch für die Ausbildung das vollendetste Übungsgerät zu schaffen.

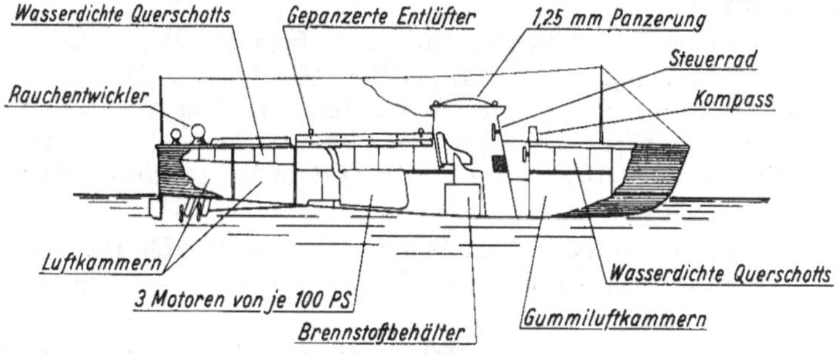


Bild 233. Längsschnitt durch das englische Zielboot der R.A.F.

## Der Bombenwurf aus Flugzeugen.

Der Bombenwurf wird im Ernstfalle eine sehr große Rolle spielen, da die fortwährenden Entwicklungsarbeiten noch Möglichkeiten erschließen werden, die bis heute noch nicht vorausgeahnt werden können.

Wenn es auch der Bombenflugwaffe nicht beschieden sein wird, den Krieg allein zu entscheiden, so wird sie bestimmt einen großen Einfluß darauf ausüben können. Allein Angriffe weit im Feindesland werden auf die Bevölkerung eine nicht zu unterschätzende Auswirkung mit sich bringen und somit die Stütze der Front, die starke Heimat, brechen.

Dem Bombenangriff stehen unzählige Ziele zur Verfügung. Zu den dankbarsten Zielen gehören die großen Industrieanlagen aller Art. Sie besitzen durchweg eine große Ausdehnung und sind dem Angreifer meistens bekannt. Die Bombenflugzeuge werden die Industrieanlagen oft nicht ganz zerstören, wohl aber ernstlich beschädigen können. Es genügt, wenn die regelmäßige Arbeit und der Nachschub gestört werden.

Die weitgehende Elektrisierung der Industrie und der Eisenbahnen in bestimmten Gegenden schafft neue Gefahren. Die Zerstörung eines Kraftwerkes kann zahlreiche Fabriken und Bahnlinien lahmlegen.

Wenn auch der Flugzeugangriff zuweilen von sehr geringer Dauer ist, werden sich die Angriffe so oft wiederholen, bis der Widerstand gebrochen ist.

Die Bombenwürfe erfolgen kaum noch durch Einzelangriffe, sondern immer mehr durch größere Formationen im Reihen- oder Massenwurf.

Der Bombenschütze hat daher nur noch die Aufgabe, seine Messungen zur Bestimmung des Vorhaltewinkels vorzunehmen, das Ziel in der bereits geschilderten Form anzufliegen und im gegebenen Moment die Bomben abzuwerfen oder den Bombenabwurfautomaten für einen Reihenwurf einzuschalten.

Im Verband wird der Führer das Anfliegen und das Zielen übernehmen und durch Radioübertragungen an seine Verbandsmitglieder den Befehl zum Abwurf geben.

Ein Verband besteht durchschnittlich aus 9, oft aber auch aus 18 bis 27 Flugzeugen.

Wie in früheren Abschnitten zu lesen war, kann die Bombenlast aus verschiedenen Kalibern zusammengestellt werden. So kann z. B. eine Bombenstaffel, bestehend aus 9 Flugzeugen, mit einer Traglast von je 1000 kg, 9000 kg Bomben über einem Ziel abwerfen. Da die Last auch aus 50 kg Bomben bestehen kann, können von der Staffel zu diesem Fluge 180 Bomben mitgenommen werden.

Wie bekannt, hat die 50 kg Bombe einen Wirkungsbereich von etwa 80 m, d. h. die Druckwelle richtet noch in 40 m Entfernung vom Sprengzentrum größeren Schaden an.

Wenn man annimmt, daß die Staffel in etwa 72 m Abstand fliegt und alle 2 Sekunden aus jedem Flugzeug eine Bombe geworfen wird, so wird eine Fläche von 650 m Breite und 1600 m Länge derart mit Bomben belegt, daß mit einer größeren Zerstörung zu rechnen sein muß. Wird nun unter denselben Voraussetzungen alle Sekunden eine Bombe je Flugzeug abgeworfen, dann überdecken sich die Sprengungen derart, daß sie sich gegenseitig in ihrer Wirkung unterstützen. Im letzteren Fall wird eine Fläche von 650 m Breite und 840 m Länge gleich 546 000 qm bedeckt, die durch die konzentrierte Belegung der Fläche stark zerstört werden wird. Abgesehen von der Streuung, die sich hierbei kaum nachteilig bemerkbar machen wird, wird ein derartiger Bombenangriff auch ohne Wiederholung so starke Wirkungen hinterlassen, daß ein Industriebetrieb von oben genannter Ausdehnung für eine längere Zeit stillgelegt ist.

Daraus geht hervor, daß Angriffe nur wirksam sind, wenn sie in geschlossener Formation und im Reihenwurf durchgeführt werden. Wird nun trotz der großen Menge Bomben, die über eine Stadt oder Fabrik abgeworfen werden, ein nicht befriedigendes Resultat erzielt, so folgen mehrere Angriffe auf die gleiche Weise so lange, bis das Ziel restlos zerstört ist.

Die Wirkung wird unterstützt, wenn die Angriffe mit stärkeren Bomben vermischt unternommen werden.

Die Bombenwürfe werden aus nicht allzu großer Höhe durchgeführt werden können, da die Besatzung bei zunehmender Höhe stark unter der Kälte und Sauerstoffabnahme zu leiden hat. Zwar können Sauerstoffapparate und elektrisch heizbare Anzüge verwandt werden, doch auch diese machen einen längeren Flug in großen Höhen unmöglich.

Bombenflugzeuge werden daher selten aus über 6000 m angreifen, falls die Besatzung für den Angriff und für die Verteidigung vollwertig bleiben soll.

Der Bombenschütze wird, wie bereits früher erwähnt, in liegender, gebückter oder in stehender Haltung den Bombenwurf durchführen.

Die Bomben fallen nach ballistischen Gesetzen in einer parabellähnlichen Kurve.

Nach amerikanischen Angaben beträgt die Fallgeschwindigkeit der

10 kg Bombe aus 6000 m Höhe geworfen etwa 275 m/sec,
120- bis 240 kg Bombe aus 6000 m Höhe geworfen etwa 300 m/sec,
800 kg Bombe aus 4500 m Höhe geworfen etwa 290 m/sec,

die mit zunehmender Höhe größer wird.

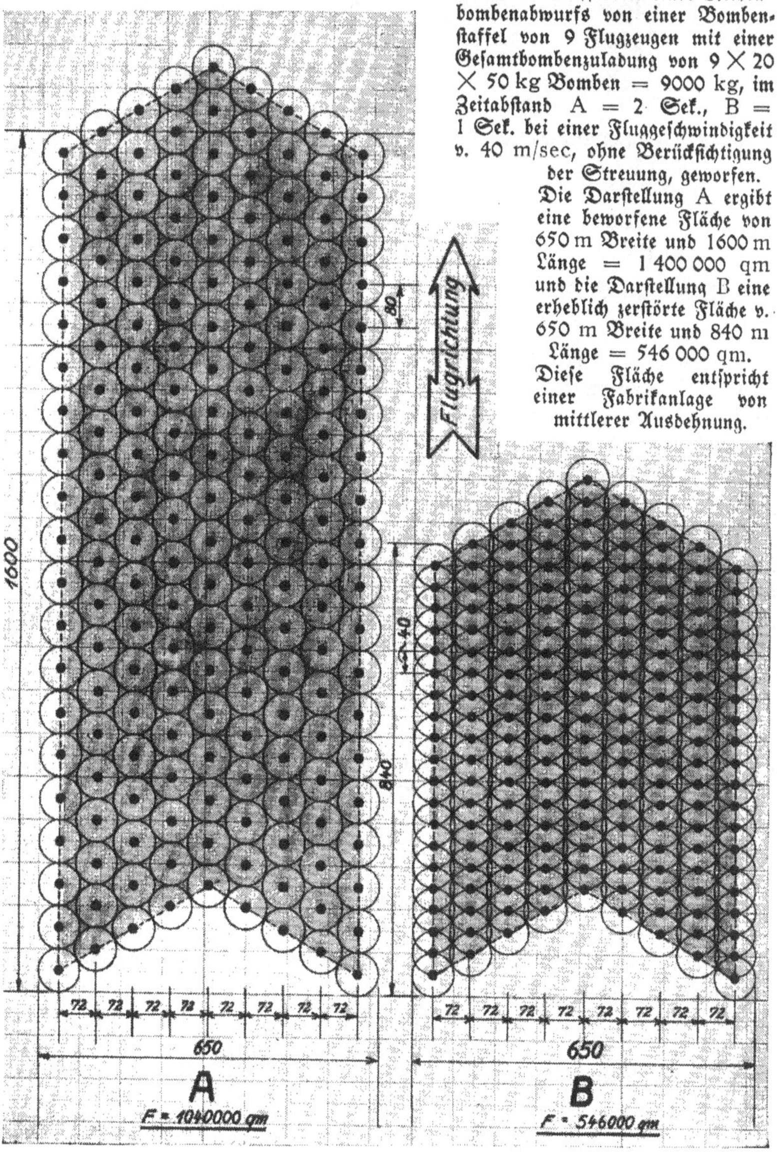

Bild 234. Trefferbild eines Reihenbombenabwurfs von einer Bombenstaffel von 9 Flugzeugen mit einer Gesamtbombenzuladung von 9 × 20 × 50 kg Bomben = 9000 kg, im Zeitabstand A = 2 Sek., B = 1 Sek. bei einer Fluggeschwindigkeit v. 40 m/sec, ohne Berücksichtigung der Streuung, geworfen. Die Darstellung A ergibt eine beworfene Fläche von 650 m Breite und 1600 m Länge = 1 400 000 qm und die Darstellung B eine erheblich zerstörte Fläche v. 650 m Breite und 840 m Länge = 546 000 qm. Diese Fläche entspricht einer Fabrikanlage von mittlerer Ausdehnung.

Auch die Wurfweiten werden mit zunehmender Fluggeschwindigkeit größer, so daß man diese Tatsache beim Bombenwurf berücksichtigen muß.

So beträgt z. B. die Wurfweite und Fallzeit der 800 kg Bombe bei 160 km Geschwindigkeit

| Flughöhe | Wurfweite m | Fallzeit in Sek. |
|---|---|---|
| 2400 | 940 | 23,0 |
| 3000 | 1050 | 25,8 |
| 4500 | 1270 | 32,0 |
| 4800 | 1400 | 35,4 |
| bei 225 km Geschwindigkeit | | |
| 2400 | 1500 | 23,0 |
| 3000 | 1650 | 26,0 |
| 4500 | 2000 | 32,0 |
| 4800 | 2200 | 35,5 |
| und bei 320 km Geschwindigkeit | | |
| 4500 | 2400 | 36,0 |

Diese Zeiten werden durch den Sturzbomber noch wesentlich verkürzt. Aus horizontal fliegenden Flugzeugen in 3500 m Höhe geworfene Bomben erreichen eine Fallgeschwindigkeit von 240 bis 250 m/sec, nach einem Fall von 27 sec aus 1000 m Höhe 140 m/sec und 15 sec Fallzeit.

Der Sturzbomber führt aus der gleichen Höhe von 3500 m einen Angriff durch, wobei er bei 250 m/sec Horizontalgeschwindigkeit eine Sturzfluggeschwindigkeit von 500 km/h und mehr erreicht. Dies umgerechnet, ergibt eine Fallgeschwindigkeit von 140 m/sec. In diesem Fall wird die Sturzfluggeschwindigkeit von 140 m/sec der Bombe übertragen, während die Auslösung in 1000 m erfolgt. Die Bombe fällt nun mit der ihr verliehenen Geschwindigkeit frei nach unten und erhält nun noch die bis zum Einschlag erreichte Fallgeschwindigkeit dazu. Umgerechnet in die Fallgeschwindigkeit trifft die Bombe mit einer praktischen Endfallgeschwindigkeit von 250 m/sec gleich der aus 3500 m Höhe geworfenen Bombe auf der Erde auf. Der Vorteil wäre demnach sehr teuer erkauft. Die Zeit jedoch, die die Bombe für den Fall der letzten 1000 m benötigt, verringert sich durch den Sturzflug von 15 sec auf 5 sec. Dieser Wert der kürzeren Fallzeit und der größeren Aufschlagswucht gibt erst dem Sturzbomber den großen Vorzug, der ihm besonders bei Angriffen auf bewegliche Ziele zugute kommt.

Anders wird es werden, wenn die Entwicklung des Autogiroflugzeuges so weit fortgeschritten ist, daß es als Bombenflugzeug Verwendung finden wird. Durch die erhöhte Treffsicherheit bei senkrecht abgeworfenen Bomben wird der Sturzbomber verdrängt werden können. Die Zeitfehler bei Auslösung der Vorrichtungen zum Werfen der Bomben, die sich bei schnell fliegenden Flugzeugen besonders stark auswirken, fallen bei langsam fliegenden oder stehenden Autogiroflugzeugen vollkommen fort.

Der Bombenwurf aus Flugzeugen richtet sich daher sehr nach dem verwandten Flugzeugmuster unter Berücksichtigung der Fallzeit und Fallkurve der Bombe.

## Bombenwirkungen.

Vielfach wird bei der Beurteilung der Bombenwürfe aus Bombenflugzeugen und deren Wirkungen auf die Erfahrungen und Ergebnisse der Bombenwürfe des letzten Krieges zurückgegriffen. Der Ansicht, die heutigen Bombenangriffe könnten nicht wirkungsvoller und erfolgreicher als die im Kriege sein, muß doch entschieden widersprochen werden. Schon die Voraussetzungen für einen Bombenangriff von heute sind ganz andere als wie sie 1918 zugrunde gelegt wurden. Erst Ende des Krieges verfügten die kriegführenden Mächte über einigermaßen brauchbares Material, das aber nicht mehr zur vollen Entfaltung gekommen ist.

Man darf bei einer klaren und unbeeinflußten Feststellung nicht unbeachtet lassen, daß die Luftwaffe und damit auch das Bombenflugzeug im Kriege erst

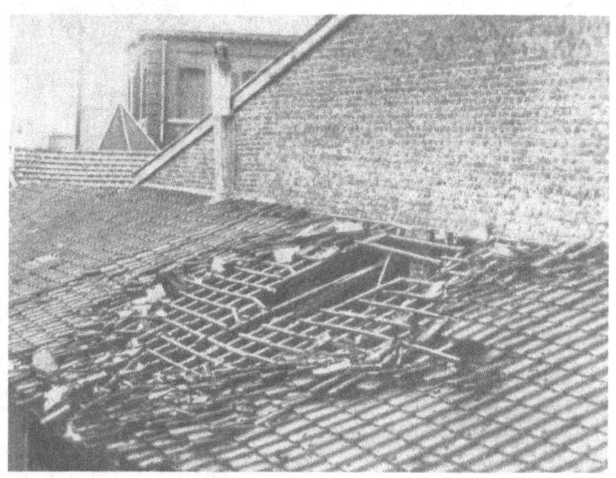

Bild 235. Einschlag einer Brandbombe, die sich jedoch nicht entzündete.

richtig entwickelt werden konnte, da früher keine Erfahrungen vorlagen und die Leistungen und Anforderungen der Front unter dem Druck der Übermacht ständig gesteigert werden mußten. Es war daher einerseits gar nicht die erforderliche Zeit vorhanden, das wirksamste und erfolgreichste Mittel zur Sicherung der Erfolge erschöpfend zu entwickeln, andererseits gar keine Möglichkeit vorhanden, die erdachte Konstruktion bis zur höchsten Vollendung zu erproben.

Kurz die Luftwaffe befand sich noch in einem Entwicklungsstadium, das noch wenig befriedigende Ergebnisse mit sich brachte.

Heute stellt dagegen die Luftwaffe eine erprobte und schlagkräftige Waffe dar. Dem heutigen Stand der Technik liegen Kriegserfahrungen und eine sechzehnjährige Nachkriegserprobung und Entwicklung zugrunde, die mit aller Sorgfalt und Ruhe durchgeführt werden konnte.

Die Luftstreitkraft verfügt heute, was gerade für den Bombenwurf das wichtigste ist, über eine gründliche, sachgemäß und mit allen Mitteln der modernen

Luftkriegskunst ausgebildete Mannschaft. Dies sind die Voraussetzungen einer modernen, hochwertigen Luftwaffe, die den Grundstock dafür liefern, um behaupten zu können, daß die Erfolge moderner Luftangriffe erheblich größer und der Schaden und die Wirkung erheblichere Ausmaße annehmen werden.

Bombenangriffe und -würfe einzelner Flugzeuge werden immer seltener werden, dagegen der Massenangriff von größeren Formationen mit großen Lasten in kurzen Zeitabschnitten immer mehr vorkommen. Die Schlagkraft wird dadurch größer und die Wirkung wesentlich gesteigert.

Die Formation richtet sich nach dem Ziel und der Durchführung des Angriffes. Schmale Ziele werden in auseinandergezogenen Formationen angegriffen werden, größere Ziele in engen, geschlossenen Verbänden, entweder in Winkel-, Keil- oder Würfelform.

Bild 236. Einschlag einer 30-kg Bombe. Die Bombe, auf den linken Teil des Hauses gefallen, durchschlug das Dachgeschoß und explodierte im 3. Stockwerk. Die Druckwelle brach die Vorderwand des Hauses aus und zerstörte den ganzen oberen Teil des Hauses, den rechten und darunterliegenden Teil derart, daß das Haus abgerissen werden mußte.

Tiefangriffe von Sturzbombern werden stets aus der Staffelform Reihe rechts oder Reihe links erfolgen, damit sich die einzelnen Flugzeuge nicht gegenseitig rammen können und die Übersicht verlieren.

Die Wirkung der Bomben ist sehr verschieden. Es wird daher unmöglich sein, genaue Zahlen anzugeben, da die örtlichen Verhältnisse, die Größe und Beschaffenheit der Ziele in Abhängigkeit von der Wirkung stehen.

Im allgemeinen werden Splitterbomben nur auf lebende Ziele, Sprengbomben auf mittlere tote Ziele, Minenbomben auf größere befestigte und schwer verletzbare tote Ziele und Torpedos auf bewegliche Ziele, auf See, geworfen.

Die Splitterbomben von geringerem Gewicht werden bei der Explosion in bis zu 600 bis 1200 Sprengstücke zerlegt, die bis auf 300 m Entfernung noch tödlich wirken.

Brandbomben durchschlagen das Dach, um den Dachboden zu entzünden.

Die Sprengwirkung hängt von der Sprengstoffmenge ab. Je größer die Sprengladung ist, desto größer die Druckwelle und Wirkung.

Die Sprengladung der Bomben bewirkt Vertiefungen im Erdboden und Zerstörungen von Bauten. Der Trichter ist ein Maß für die Zerstörungskraft, seine Größe hängt wiederum von der Sprengladung ab, von der Art des Sprengstoffes und von der Lage des Sprengpunktes zum zerstörten Gegenstand, von dessen Eigenschaften und der Zündereinstellung.

Der Trichter nimmt mit zunehmender Eindringtiefe zu, bis er das maximale Maß erreicht hat. Danach wird der Trichter wieder kleiner, bis die Bombe im Erdreich versackt und nur noch einen Hohlraum (sogenannte Birne) bildet.

**Bombentrichter in Abhängigkeit der Eindringtiefe.**

| Eindringtiefe m | Trichterraum cbm | Eindringtiefe m | Trichterraum cbm |
|---|---|---|---|
| 0,945 | 6,37 | 2,000 | 24,17 |
| 1,000 | 7,09 | 2,200 | 28,15 |
| 1,200 | 9,90 | 2,500 | 36,50 |
| 1,500 | 14,80 | 2,700 | 35,60 |
| 1,700 | 18,16 | 3,000 | 33,90 |

Die obige Tabelle läßt erkennen, daß der größte Trichter bei einer Eindringtiefe von 2,7 m zu erreichen ist. Wird die Eindringtiefe noch weiter gesteigert, so verkleinert sich der Trichter und die Wirkung der Bombe.

Bild 237. Sprengwolke einer 50 kg Bombe. Die mit Erde vermischte Rauchwolke läßt deutlich die Verteilung der Druckwelle erkennen. Der Druck verteilt sich nach allen Seiten gleichmäßig, so daß dicht in der Nähe stehende Häuser stark beschädigt werden können.

Mit Spätzündung geworfen, beträgt die Eindringtiefe in mittelhartem, leicht lehmigem Boden:

| | |
|---|---|
| bei der 50 kg Bombe . . . . . | 4,2 m |
| bei der 100 kg Bombe . . . . . | 4,4 m |
| bei der 300 kg Bombe . . . . . | 6,3 m |
| bei der 1000 kg Bombe . . . . . | 9,0 m |
| bei der 1800 kg Bombe . . . . . | 16,0 m |

Daraus geht hervor, daß die Wirkung der Bomben, mit Spätzündung geworfen, für tiefgelegene Bauten sehr gefährlich werden kann.

Bild 238. Trichter einer 50 kg Bombe, die in den Garten zwischen zwei etwa 20 m auseinanderstehenden Häusern gefallen war. Die Druckwelle brachte die Häuser nicht zum Einsturz. Das eine erhielt jedoch weit klaffende Risse in den Grund- und Seitenmauern, so daß das Haus zum Abbruch freigegeben werden mußte.

Bild 239. Der Volltreffer einer 50 kg Bombe zerstörte das zweistöckige Haus vollständig. Das Kellergewölbe hielt jedoch dem Druck stand. Dieses Beispiel zeigt, daß Häuser von dieser Bauart der meist verwandten Bombe von 50 kg keinen Widerstand mehr bieten.

Die Wirkung der 50 kg Bombe bei Gebäuden gleicht einer 15 cm Granate. Zwei- bis dreistöckige Häuser können bis auf die Grundmauern zerstört werden. Größere Häuser erleiden bei gut sitzenden Treffern große Beschädigungen, wobei das Kellergeschoß unberührt bleibt. Mittlere Häuser werden auch stark beschädigt, falls die Bombe in unmittelbarer Nähe des Hauses einschlägt. Zerstörungen der Grundmauern mit 50 kg Bomben gehören zu den seltensten Fällen.

100 kg Bomben besitzen eine Wirkung wie eine 21 cm Granate. Großstadthäuser, bis zu vier Stockwerken, werden bis auf die Grundmauern zerstört. 300 bis 500 kg Bomben können bereits ganze Häuserblöcke zum Einsturz bringen, auch wenn sie in unmittelbarer Nähe auf Straßen oder Höfen einschlagen. Sie zerstören die Häuser bis auf die Grundmauern und bringen auch die Fundamente zum Einsturz, so daß auch verstärkte Keller keinen genügenden Schutz bieten. Ein Beispiel aus dem Kriege lehrt, daß eine 300 kg Bombe 20 Häuser erheblich zerstörte und nahezu 400 Häuser in der Umgebung leicht beschädigt hatte.

Bild 240. Sprengwolke einer englischen 104 kg Bombe.

Bild 241. Einschlag einer 104 kg Bombe. Die Bombe zerstörte das ganze vierstöckige Wohnhaus und brachte zwei weitere Nachbarhäuser zum Einsturz.

Die schweren Bomben von 800 bis 1800 kg werden in den seltensten Fällen auf Wohngebiete geworfen werden. Ihre Wirkung ist zu groß, um sie verschwenderisch auf kleinere Ziele, die durch kleinere Kaliber bereits vollkommen zerstört werden, zu werfen. Auf Stadtteile mit großen mehrstöckigen Häusern geworfen, würden sie mehrere Häuserblöcke restlos zerstören können. Die Eindringtiefe beträgt bis zu 16 m; eine 800 kg Bombe aus 4000 m geworfen, durchschlägt eine Betonschicht von etwa 4 m.

Wenn auch die Durchschlagskraft im ersten Augenblick sehr groß zu sein scheint, so sinkt diese mit abnehmendem Bombengewicht sehr rasch, so daß starke Betondecken gegen mittlere Kaliber unbedingt noch schützen.

Lehmiger und trockener Sand verringert die Eindringtiefe, was aber wieder zur Folge hat, daß die Druckwelle der Bomben mehr Schaden anrichten kann.

Bild 242. Einschlag einer 500 kg Bombe. Von der Druckwelle wurden mehrere Häuser vollkommen zerstört und die Kellerräume eingedrückt.

Die beigefügten Abbildungen veranschaulichen die Wirkungen der verschiedenen Bomben und verstärken den Eindruck ihrer Zerstörungskraft.

## Der Torpedowurf aus Flugzeugen.

Ein wirksames Kampfmittel gegen Schiffe stellt der Torpedo dar, der von Flugzeugen aus niedriger Höhe abgeworfen wird.

Obwohl die Treffsicherheit gegen einzelne Schiffe unter Umständen noch sehr gering sein kann, wird die Wahrscheinlichkeit auf Erfolg wesentlich größer werden, wenn das Ziel aus einem Flottenverband besteht. Die Gefahr für das angreifende Flugzeug wächst zwar damit erheblich, da die gesamte Flugabwehr sich auf den Angreifer konzentrieren kann.

Angriffe auf Schiffe, die im Hafen vor Anker liegen, werden den völligen Verlust der Schiffe ergeben. Dieser Umstand wird zweifellos eine Umwälzung der See-Strategie zur Folge haben. Die Flottenverbände werden es nicht mehr wagen, zwischen den Schlachten und größeren Unternehmungen auf See, längere Zeit den Hafen aufzusuchen und dort länger als notwendig verweilen.

Der Angriff auf Schiffe erfolgt im Anflug in großer Höhe, herunterstoßen in Abwurfhöhe von etwa 20 m, Verbesserung der Visiereinstellung in bezug auf das Torpedierungsdreieck, das vom Ziel-Einfallpunkt des Torpedos ins Wasser und vom Treffpunkt gebildet wird, und genaues Ansteuern auf das Ziel.

Die englische und französische Marine hat an der Entwicklung der Torpedoflugzeugwaffe größten Anteil. Die französische Industrie ist eine der ersten gewesen, die die Erforschung geeigneter Aufgaben für die Entwicklung dieser neuen Kriegswaffe aufgenommen hat. Es wurden zu diesem Zweck die Société d'Application Maritimes et Aéronautiques in Verbindung mit den beiden Spezialfirmen, Les Chantiers Aéromaritimes de la Seine C.A.M.S. für Wasserflugzeuge und Société des Torpilles de Saint Tropez für Torpedos gegründet, die diese Aufgaben zu lösen hatte. Auf Grund der großen Erfahrungen dieser beiden Firmen entwickelte die S.A.M.A. brauchbare Abwurfgeräte, die den Bedingungen vollkommen entsprachen.

Bild 243. Vickers-Torpedoflugzeug mit einem Torpedo und Bomben beladen. Von der im Bilde ersichtlichen Ladung kann entweder nur der Torpedo oder nur die Bomben getragen werden.

Wie bekannt, bot der Abwurf von Torpedos in das Wasser mit Hilfe von Flugzeugen große Schwierigkeiten. Die Abwurfhöhe stellte große Anforderungen an den Bau der Torpedos. Die Aufschlaggeschwindigkeit auf das Wasser, die Verhinderung des Hochspringens vom Wasser und eines allzu großen Tiefganges bereiteten große Mühe und machten eine unendliche Kette von Versuchen notwendig.

Der englischen Marine sind die Abwürfe zuerst geglückt, da sie nach langen Versuchen fanden, daß der Tiefflug für den Abwurf der wichtigste Faktor war und verminderte Fluggeschwindigkeit den Erfolg vergrößerten.

Die englische Marine verwendet Blackburn- und Vickers-Abwurfgeräte, bei denen die Torpedos zur Flugzeugachse nach vorn geneigt aufgehängt und der Torpedo durch zwei Mittelgurte befestigt ist, die an das Gerät so angeschlossen sind, daß ihre Auslösung gegeneinander erfolgt.

Diese Aufhängung verhindert eine Drehung des Torpedos im Augenblick der Auslösung, die durch das Abrollen an den Seilen hervorgerufen wird.

Die S.A.M.A. hat seit Beginn dieser Arbeiten ein Torpedoabwurfgerät geschaffen, das mit einer einfachen mechanischen Einrichtung ausgestattet ist. Es besteht in der Hauptsache aus einem Haken, an welchem der Torpedo mittels zwei Ösen aufgehängt ist. Eine leichte Bewegung genügt, den Auslösehebel im Beobachtersitz niederzudrücken, um den Torpedo zu lösen, ohne ihn aus seiner vom Flugzeug verliehenen Richtung zu bringen.

Bild 244. Vickers-Torpedoaufhängevorrichtung für eine nach vorn geneigte Aufhängung des Torpedos.

Der Torpedo hat selbst besondere Verstärkungen und Vorrichtungen erhalten, die den Stößen beim Auftreffen auf der Wasserfläche standhalten und den entsprechenden Unterwasserkurs beibehalten.

Die S.A.M.A. baut nach langjährigen Versuchen Torpedoflugzeuge und Torpedoabwurfsvorrichtungen, die die günstigsten Abwurfbedingungen bei einer Flughöhe von etwa 20 m und einer Geschwindigkeit von 150 km/h erfüllen.

England verwendet Torpedos, die aus 30 m Höhe bei einer Geschwindigkeit von 200 km/h abgeworfen werden können. Ihre Länge beträgt 5500 mm, das Gewicht 780 kg, die Sprengladung 180 kg, Laufgeschwindigkeit 42,5 sm bei einer Laufstrecke von 1800 m. Diese Torpedos treffen unter einem Winkel von 10 bis 15° auf das Wasser auf und stellen sich dann sofort auf die bestimmte Unterwassertiefe ein.

Die Torpedos werden nach Bestimmung des Zieldreiecks geworfen. Das Zieldreieck kann bestimmt werden, wenn folgende Werte bekannt sind:

1. Die Wegstrecke des Torpedos.
2. Die Geschwindigkeit des Zieles.
3. Die Laufgeschwindigkeit des abgeworfenen Torpedos.
4. Der Vorhaltewinkel, unter dem das Torpedoflugzeug fliegen muß, um den Schnittpunkt von Schiffskurs und Torpedokurs zu verfolgen.
5. Der Schiffsweg bei gleichbleibendem Kurs, der derselben Zeit entspricht, in der der Torpedo den Weg bis zum Schnittpunkt zurücklegt.
6. Die Strecke zwischen Flugzeug und Schiff im Augenblick des Torpedowurfes.

Das Zieldreieck setzt sich meist aus bekannten Werten zusammen, so daß die Aufgabe verhältnismäßig einfach zu lösen ist. Diese wird noch dadurch vereinfacht, daß alle Angaben über das zu torpedierende Schiff bereits vorher bekannt sind und fast die ganze Aufgabe schon vor dem Start gelöst werden kann.

Bild 245. In etwa 15 m Höhe über dem Wasserspiegel wird der Torpedo in Flugrichtung auf das Ziel abgeworfen.

Die Torpedoangriffe erfolgen aus niedriger Höhe zur Vernichtung von Kriegstransporten, armierten und nicht armierten Handelsschiffen oder zur Zwingung von Kursänderungen des Gegners, falls diese für die Schlachtoperation von Bedeutung sind. Der Torpedoschütze liegt bei den meisten Torpedoflugzeugen auf dem Boden des Rumpfes und visiert über ein mechanisches Zielgerät durch eine größere Öffnung im Rumpfboden das Ziel an, gibt durch ein Verständigungsgerät die erforderlichen Kursänderungen dem Führer an und wirft in bestimmter Entfernung seinen Torpedo ab, um dann sofort von seinem Kurs abzudrehen.

Da die angreifenden Flugzeuge dem starken Abwehrfeuer ausgesetzt sind, werden die Angriffe meistens unter dem Schutze von Nebelwänden stattfinden, vorausgesetzt, daß die Vernebelungsflugzeuge imstande sind, genügend große Vorhänge zu legen.

Für die Nebelwand wird Titantetrachlorid verwandt, das, im flüssigen Zustand der Luft ausgesetzt, eine dicke, gasförmige Wolke entwickelt. Es wird gewöhnlich in einem Tank mitgeführt und durch komprimierte Luft mit der gleichen Geschwindigkeit, in der sich das Flugzeug bewegt, ausgestoßen. Dadurch wird erreicht, daß die Flüssigkeit an der Stelle, an der sie ausgestoßen wird, in der

Bild 246. Große Nebelwände, von Flugzeugen gelegt, schützen den Angreifer vor der Flugabwehr des Gegners.

Luft stehenbleibt und einen ständigen Strom bildet, der sich zu einer Nebelwand nach unten verteilt. Bei idealen klimatischen Bedingungen können von einem Flugzeug wirksame Nebelwände von etwa 300 m Höhe und 1500 m Länge ausgelegt werden.

Die Vernebelungsstaffel fliegt den Torpedoflugzeugen voraus und beginnt in geeigneter Entfernung vom Schiff auf beiden Seiten eine Nebelwand zu ziehen, die kurz hinter dem Ziel abgebrochen werden kann. Sofort nach Bildung des Rauchvorhanges folgen die Torpedoträger in gleichem Kurs und durchbrechen den Vorhang etwa in der Hälfte und in direktem Kurs auf das Ziel, um den Torpedo abzuwerfen. Nach Abwurf sofortige Kehrtwendung und verschwinden hinter dem Vorhang, um sich der Artilleriegefahrenzone zu entziehen. Diese Angriffsmethode setzt natürlich voraus, daß das Ziel den Kurs beibehält.

Wenn nun aber das Ziel nach links abdreht, werden die Torpedoträger den Angriff nach einer anderen Methode durchführen. Die rechte Staffel wird gezwungen sein, ihre Abwurfstellung durch eine rasche Wendung wiederzuerlangen, während die linke Staffel so bald als möglich die Nebelwand durchbricht, um nicht zu weit über das Ziel hinauszufliegen.

In diesem Falle erhält die rechte Staffel größere Bewegungsfreiheit, da dauernd die Lage des Zieles geändert wird und infolgedessen die Abwehr fast unwirksam bleibt. Die linke Staffel befindet sich bei diesem Angriff in dem Winkel der geringsten Feuerkraft der Artillerie des Zieles.

Dieses Angriffssystem bietet Nachteile, die nicht zu unterschätzen sind.

Der Schutz des Angreifers verdeckt aber auch sein Ziel, und das Wendungsmanöver beeinträchtigt stark den Erfolg des Angriffes.

Das allzu lang verdeckte Ziel verhindert die genaue Berechnung des Zielwinkels. Die Zeit ist zu kurz, um eventuelle Verbesserungen vorzunehmen.

Die moralische Einwirkung auf die Besatzung, hervorgerufen durch die verschleierte Nähe des Feindes und durch den zu kleinen Raum, die geringe Höhe,

Bild 247. Volltreffer eines Torpedos.

in der die Staffel manövrieren muß, das Hinein- und Herausfliegen durch einen gänzlich undurchsichtigen Nebel reizen die nervöse Spannung der Mannschaft bis zum vollständigen Versagen des Angriffes.

Die Nebelwand läßt den Beginn des Angriffes erkennen, die Flugzeuge werden daher von den vorbereitenden Mannschaften und von den geladenen Geschützen empfangen. Der Kommandant des Schiffes ist sich bei der Legung der Nebelwand sofort klar, in welcher Lage er sich befindet, worauf er versuchen wird, seinen Kurs zu ändern.

Eine andere Angriffsart, die auch die Ablenkung der feindlichen Abwehrgeschütze zur Folge hat, bietet die Verwendung von Sturzbombern zur gleichen Zeit. Während ihrer Angriffe können Torpedoflugzeuge an ihr Ziel heranfliegen und es mit Ruhe torpedieren.

Die Angriffsmethoden sind voneinander sehr verschieden, so daß es dem Kommandanten freigestellt ist, entsprechend den Verhältnissen zwischen dem größeren Risiko und der größeren Genauigkeit zu wählen. Sie werden unter Berücksichtigung der gegebenen Situation bestimmt, welcher Angriff am zweckmäßigsten ist.

## Zusammenfassung.

Der Mensch hat heute die Möglichkeit, sich in der Luft zu bewegen und in der Luft zu kämpfen. Seine Natur hat sich aber nicht geändert. Die Entscheidung im Kriege muß daher durch die Landstreitkräfte herbeigeführt werden. Den Streitkräften der Luft ist, ebenso wie jenen zur See, im Gesamtbild des Krieges die Aufgabe vorbehalten, mit den Landstreitkräften an der Erringung des Endsieges mitzuwirken. Die Luftwaffe wirkt in der Hauptsache zerstörend. Auch nach einem siegreichen Angriff muß sie sich notgedrungen von ihren Zielen entfernen und kann den Erfolg nicht ausnützen. Sie besitzt nicht die Fähigkeiten, feindliche Gebiete zu erobern, den Gegner dauernd zu beherrschen, ihn zu packen und bis zu seiner vollständigen Niederlage festzuhalten. Der Luftangriff ist daher für sich allein nicht entscheidend. Er trägt lediglich im Verein mit der Tätigkeit der anderen Waffen dazu bei, die Moral des Feindes zu erschüttern. Das Ausnutzen dieser Erschütterung ist Sache der Landstreitkräfte.

Zweifellos muß aber anerkannt und gesagt werden, daß sich die Luftwaffe zu einer Waffe entwickelt hat, deren Vorteile nicht mehr entbehrt werden können und vereint mit der Landstreitmacht entscheidend mitzukämpfen imstande ist.

Die Luftwaffe ist auf einer Entwicklungsstufe angelangt, die bezüglich ihrer Kampfkraft und ihrer Wirkung unbedingt den anderen Waffengattungen gleichgestellt werden kann. Die ständig wachsenden Forderungen werden die Konstrukteure immer zu neuen Versuchsarbeiten und Verbesserungen anspornen, so daß die heute noch gültigen Leistungen morgen überholt sein werden. Die tatsächliche Kampfkraft und Stärke der Luftstreitkräfte wird sich daher, wie es in der vorliegenden Niederschrift versucht wurde, nur annäherungsweise deuten lassen.

Die Entwicklung schreitet vorwärts, sie wird sich, solange der Luftwaffe die Bedeutung gezollt wird, die ihr heute zukommt, nicht hemmen lassen. Ungeahntes wird in den Staaten der Luftstreitkräfte konstruiert, gebaut und erprobt, so daß sich noch nicht voraussehen läßt, was die Zukunft bringen wird.

Man darf sich daher keine falschen Vorstellungen machen und die Kampfkraft der Luftwaffe und ihre Wirkung unterschätzen.

Zeitfracht Medien GmbH
Ferdinand-Jühlke-Straße 7
99095 Erfurt, Deutschland
produktsicherheit@kolibri360.de